本书受到国家重点研发计划“绿色宜居村镇技术创新”重点专项项目“村镇聚落空间重构数字化模拟及评价模型”（2018YFD1100300）支持。

村镇聚落空间重构规律与设计优化研究丛书

乡村聚落空间演化的规律与机制

仝 德 著

科 学 出 版 社

北 京

内 容 简 介

我国乡村地域存在资源环境约束、区域发展不平衡、人口流失严重等突出问题。党的十九大提出的乡村振兴战略，是全面建设社会主义现代化国家的重大历史任务。目前，学界有关乡村聚落空间演化的系统研究不足，导致在开展乡村振兴工作时，难以准确把握乡村演化的客观规律。本书重点研究我国乡村聚落演化的内在规律，探索构建具有中国特色的乡村聚落演化分析框架，并以广东省为实证研究对象，分析乡村系统的空间特征、物质空间与社会经济子系统的互馈时空演化机制，以及乡村振兴耦合协调发展路径，为乡村聚落的规划管理提供理论指导与技术支持，服务于国家乡村振兴战略。

本书可以为城乡规划、乡村地理、城市地理、区域治理等研究领域的科研人员、基层乡村空间规划与管理从业者，以及对乡村聚落空间结构与重构分析研究感兴趣的读者提供理论、方法与实践参考，也可供相关专业的硕士、博士研究生学习参考。

审图号：粤 S(2022)299 号

图书在版编目(CIP)数据

乡村聚落空间演化的规律与机制 / 仝德著. —北京：科学出版社，2022.11
ISBN 978-7-03-071661-3

Ⅰ.①乡… Ⅱ.①仝… Ⅲ.①乡村地理-聚落地理-研究-中国
Ⅳ.①K92

中国版本图书馆 CIP 数据核字（2022）第 033951 号

责任编辑：李晓娟 王勤勤 / 责任校对：樊雅琼
责任印制：吴兆东 / 封面设计：美 光

科 学 出 版 社 出版
北京东黄城根北街 16 号
邮政编码：100717
http://www.sciencep.com

北京捷迅佳彩印刷有限公司 印刷

科学出版社发行 各地新华书店经销

*

2022 年 11 月第 一 版 开本：787×1092 1/16
2023 年 3 月第二次印刷 印张：13
字数：300 000

定价：188.00 元

（如有印装质量问题，我社负责调换）

“村镇聚落空间重构规律与设计优化研究丛书”编委会

总　　序

村镇聚落是兼具生产、生活、生态、文化等多重功能，由空间、经济、社会及自然要素相互作用的复杂系统。村镇聚落及乡村与城市空间互促共生，共同构成人类活动的空间系统。在工业化、信息化和快速城镇化的背景下，我国乡村地区普遍面临资源环境约束、区域发展不平衡、人口流失、地域文化衰微等突出问题，迫切需要科学转型与重构。由于特有的地理环境、资源条件与发展特点，我国乡村地区的发展不能简单套用国外的经验和模式，这就需要我们深入研究村镇聚落发展衍化的规律与机制，探索适应我国村镇聚落空间重构特征的本土化理论和方法。

国家“十三五”重点研发计划“绿色宜居村镇技术创新”重点专项项目“村镇聚落空间重构数字化模拟及评价模型”，聚焦研究中国特色村镇聚落空间转型重构机制与路径方法，突破村镇聚落空间发展全过程数字模拟与全息展示技术，以科学指导乡村地区的经济社会发展和空间规划建设，为乡村地区的政策制定、规划建设管理提供理论指导与技术支持，从而服务于国家乡村振兴战略。在项目负责人重庆大学李和平教授的带领和组织下，由 19 家全国重点高校、科研院所与设计机构科研人员组成的研发团队，经过四年努力，基于村镇聚落发展“过去、现在、未来重构”的时间逻辑，遵循“历时性规律总结—共时性类型特征—实时性评价监测—现时性规划干预”的研究思路，针对我国村镇聚落数量多且区域差异大的特点，建构“国家—区域—县域—镇村”尺度的多层级样本系统，选择剧烈重构的典型地文区的典型县域村镇聚落作为研究样本，按照理论建构、样本分析、总结提炼、案例实证、理论修正、示范展示的技术路线，探索建构了我国村镇聚落空间重构的分析理论与技术方法，并将部分理论与技术成果集结出版，形成了这套“村镇聚落空间重构规律与设计优化研究丛书”。

该丛书分别从村镇聚落衍化规律、谱系识别、评价检测、重构优化等角度，提出了适用于我国村镇聚落动力转型重构的可持续发展实践指导方法与技术指引，对完善我国村镇发展的理论体系具有重要学术价值。同时，对促进乡村地区经济社会发展，助力国家的乡村振兴战略实施具有重要的专业指导意义，也有助于提高国土空间规划工作的效率和相关政策实施的精准性。

当前，我国乡村振兴正迈向全面发展的新阶段，未来乡村地区的空间、社会、经济发展与治理将逐渐向智能化、信息化方向发展，积极运用大数据、人工智能等新技术新方法，深入研究乡村人居环境建设规律，揭示我国不同地区、不同类型乡村人居环境发展的地域差异性及其深层影响因素，以分区、分类指导乡村地区的科学发展具有十分重要的意义。该丛书在这方面进行了卓有成效的探索，希望宜居村镇技术创新领域不断推出新的成果。

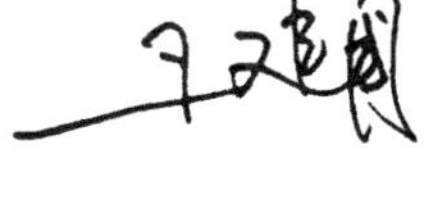

前　言

乡村作为兼具自然、社会、经济属性的地域综合体，同时承担着生产、生活、生态、文化等多重功能，并与城镇互促互进、共生共存，共同组成人类活动的主要承载空间。我国人民日益增长的美好生活需要和不平衡不充分的发展之间的矛盾在乡村地区尤为突出，广大乡村地域面临着资源环境约束、区域发展不平衡、人口流失严重等突出问题和新矛盾。党的十九大提出实施乡村振兴战略，是以习近平同志为核心的党中央着眼于党和国家事业全局，深刻把握现代化建设规律和城乡关系变化特征，顺应亿万农民对美好生活的向往，对“三农”工作做出的重大决策部署，是全面建设社会主义现代化国家的重大历史任务。

目前学界有关乡村聚落空间演化的系统性研究成果并不多，在开展乡村振兴工作实践时，难以准确把握乡村演化的客观规律。本书依托国家重点研发计划课题“村镇聚落演变的阶段特征与衍化规律”（2018YFD1100301），旨在探索构建具有中国特色的乡村聚落演化分析框架，揭示我国乡村聚落空间演化的内在规律，为乡村聚落的规划管理提供理论指导与技术支持，服务国家乡村振兴战略。面向这一目标，本书在全面梳理乡村聚落空间研究理论脉络和我国乡村聚落空间演化宏观趋势的基础上，选取广东省作为主要实证对象，从经济-社会-物质空间互馈、时空演化、耦合协调发展等方面系统解剖乡村聚落体系形成、生长、发展、重构的全生命周期演化规律。

广东省是我国改革开放的前沿阵地，由珠江三角洲（简称珠三角）冲积平原和粤东西北山地丘陵区组成，省内区域差异十分明显。珠三角地区是我国经济增长的三极之一，也是我国城镇化水平最高的地区，乡村聚落经历了从传统发展的城乡分割、到快速城镇化时期的城乡对冲、再到城镇化后期的城乡融合发展的全过程；但在粤东西北偏远山区，可能还处于城乡分割或城乡对冲阶段。与此同时，广东省地形地貌复杂多样、空间资源禀赋不均，传统乡村聚落形成与发展所依托的自然环境本底差异巨大，因此，以广东省作为实证研究对象，分析乡村聚落空间演化的规律与机制，不仅可以发现我国乡村聚落演变的共性规律，还能够充分发掘城镇化背景下由自然、区位、社会、经济条件等因素导致的差异性机制，实证案例选择具有典型性和代表性。

本书共分为上、中、下三篇。

上篇为理论基础篇，介绍乡村聚落的基本概念和相关理论，综述国内外研究进展，构建乡村聚落空间演化研究的分析框架。第 1 章明晰乡村聚落的概念及内涵，并从行政、统计和研究等不同角度介绍如何识别乡村聚落，梳理我国乡村聚落定位的历史变迁；第 2 章从乡村聚落空间特征研究、乡村聚落结构体系、乡村聚落空间演化机制和乡村聚落振兴发展四个方面对相关研究进展进行评述；第 3 章系统搭建了本书关于乡村聚落空间演化分析的理论框架，并就重点研究方法进行简单阐释。

中篇为宏观分析篇，从全国尺度分析乡村聚落的空间演化特征与影响机制，提炼宏观尺度乡村聚落空间演化规律，重点发掘地域差异性与宏观政策因素的影响。第4章对我国乡村聚落的整体空间分布及演化特征进行宏观概括；第5章综合考虑地方空间资源禀赋、社会和经济发展基础等因素的影响，深入剖析县域空间发展的动力机制（即各因素对县域经济增长的推动作用），并就国家针对农村地域帮扶政策的空间绩效开展重点分析评价。

下篇为广东实证篇，突破以往宏观尺度研究多以区县或乡镇等行政单元为对象的局限，本书以30m×30m遥感影像解译数据获取的乡村聚落斑块为基本研究单元，开展广东省乡村聚落空间演化规律与机制的实证研究。第6章全面系统地介绍广东省乡村聚落空间现状与演化特征；第7章基于系统论视角研究广东省乡村聚落子系统间各要素的相互作用机制，重点剖析乡村聚落物质空间与社会经济子系统的互馈机制；第8章重在揭示乡村聚落空间规模演化动力机制的时空差异性，提炼阶段性发展规律；第9章以乡村振兴为目标，进一步探索乡村聚落物质空间与社会经济子系统的耦合协调发展关系，对广东省乡村聚落耦合协调发展水平进行测度、分类与引导，为推进乡村振兴目标的实现提供有价值的策略建议。

本书是国家重点研发计划课题“村镇聚落演变的阶段特征与衍化规律”系列成果的总结与提炼，内容涵盖了多篇本人参与撰写的学术论文和指导的研究生毕业论文。本人的多位博士研究生、硕士研究生和科研助理在相关章节的资料收集、文本整理、建模运算、插图制作等方面给予了大力协助，具体分工如下：第1章由陈可欣协助编写；第2章由孙裔煜、杨辉宇协助编写；第3章由吕可协助编写；第4章由孙裔煜、陈可欣、吕可协助编写；第5章由罗圳英、陈可欣协助编写；第6章由孙裔煜、龙嘉骞、高静协助编写；第7章由吕可、罗圳英协助编写；第8章由孙裔煜、高静协助编写；第9章由杨辉宇协助编写；全书文字由孙裔煜、郑红霞、林琳协助校核。

仝　德

2022年1月

目　录

下篇 广东实证

上篇　理 论 基 础

第 1 章　乡村聚落的概念内涵和演化变迁

1.1　乡村聚落概念解析

1.1.1　聚落

“聚落”（settlement）一词在中国古代文献中就已经出现，《史记·五帝本纪》有“一年而所居成聚，二年成邑，三年成都”，注释中便提到“聚，谓村落也”。《汉书·沟洫志》中也写道“或久无害，稍筑室宅，遂成聚落”。《现代汉语词典》中聚落的意思为“人聚居的地方；村落”。在中国古代很长一段时间里，聚落的定义与都邑、城池等不同，特指在各级行政单位管理下的城池以外的所有农村居民点。根据历史发展脉络，聚落可以分为史前聚落、传统聚落和现代聚落。史前聚落是从考古学视角出发研究的史前居民点，其大部分已湮没在土层之下，成为考古学科的重要研究内容。传统聚落又称历史文化聚落，是指“在历史时期形成的，保留有明显的历史文化特征且历史风貌相对完整的古城古镇古村”（刘沛林等，2010），是经过长时间发展演化形成的乡村聚居场所，其蕴藏着丰富的历史信息与文化景观，凝结着历史的记忆，反映了文明的进步，不仅具有历史文化传承等方面的功能，对于推进农业现代化进程、推进生态文明建设等也具有重要价值（浦欣成，2012；浦欣成和董一帆，2018；浦欣成和黄铃斌，2019）。传统聚落更多地强调地域属性与文化属性，成为历史学、建筑学和地理学交叉融合研究的重要内容。现代聚落泛指一切居民点，是人类生产、生活、休憩或进行政治、文化活动的场所，通常是指固定的居民点，只有极少数是流动的。聚落由各种建筑物、构筑物、道路、绿地、水源地等物质要素组成，规模越大，物质要素构成越复杂（金其铭，1988）。聚落作为人类社会发展过程中最为重要的活动中心和聚集场所，具有居住生活、经济生产、社会交往等多重功能（成亮，2016），是包括居住空间（住宅、商店、文化娱乐以及教育卫生等）、生产空间（农地、工厂、仓库等）、公共空间（街道、公园、公共设施等）和生态空间（林地、湿地、河流等）在内的复合地理空间。聚落具有以下三个重要特征。

1）聚落具有功能多样性。聚落具有居住生活、经济生产、社会管理等多重功能。其中，居住生活功能指聚落作为人们聚居、生活和赖以生存的栖息之地，是聚落的基础性功能；经济生产功能指聚落是人们进行经济活动的中心和载体，第一、第二、第三产业生产以及运输、交易和消费活动都在聚落内部进行，人类的社会物质财富也均集中在聚落空间内；社会管理功能指聚落是人类发生社会行为的空间载体，是人类进行文化、教育、医疗卫生、公共事务管理等社会活动的场所。

2）聚落在空间上高度集聚。从微观尺度来看，聚落不是单独的居民建筑物，是若干个居民建筑物和其他附属聚落元素的空间集合，在区域体系中因为高度集聚呈现点状空间分布，因此被称为“居民点”。聚落在规模上差别很大，小至三两住户的村落，大至千万人口集聚的城市，都呈现出空间高度集聚的特征。集聚规模的不同，导致其聚落功能的不同，在区域社会、经济、文化发展中所起的作用也各有不同。

3）聚落是动态演变的。聚落有其自身的形成和发展规律，在不同的历史时期，在自然条件、经济条件和社会条件的共同影响下，聚落的内部结构、定位与功能、体系和空间格局也会不断发生改变（宋金平，2001）。

1.1.2 乡村聚落

乡村聚落（rural settlement）是聚落形态中最为普遍的一种聚落类型，与城市聚落相对应。乡村聚落占据着相当大的空间规模，包括村落居住区、耕地、草地、林地、水域等不同土地利用类型。在离散性和广域性的空间背景下，乡村聚落构成了一个聚落空间的有机整体，以农业生产与农业人口为主，具有较为浓厚的乡村属性。

从聚落地理学的视角来看，乡村是聚落地理的普遍形式，而城市是聚落的一种特殊形态。正如费孝通先生所认为的，从基层上看去，中国社会是乡土性的（费孝通，2020）。聚落点是中国传统社会的基本空间单元，是一个具有血缘、关系、市场、生产和社会等特征的综合共同体，深刻地塑造了中国社会转型的路径与态势，存在着与城市截然不同的特征（李远行和李慈航，2019）。乡村聚落承载了多重传统社会功能和厚重的历史文化，是中国文化的浓缩与象征（秦红增和刘佳，2009）。

乡村聚落与城市聚落的边界界定是动态的、相对的、非整合性的，一直是聚落地理学研究中较为复杂的议题（张小林，1998）。比较常用的方法是构建指标体系，对聚落的各项属性要素进行量化，根据指标差异界定乡村聚落与城市聚落的分类。例如，通过人口密度和规模、土地利用、就业方式、交通、景观特征和社会经济发展水平等指标进行评价划分。乡村的人口密度和规模比城市小，土地利用以农业生产为主，乡村劳动力主要从事第一产业，乡村的交通较为落后，与城市中心的空间距离较远。

综上，乡村聚落是城市以外，以农业生产活动为主、以田野和散布的居民点景观为主的广阔区域（石忆邵和任浩然，2019）。

1.1.3 乡村聚落地域系统

长期以来，地理学研究促进地域功能以及空间组织的理论和方法逐渐完善，并且通过在空间规划中的应用得到进一步发展。地域功能理论是识别功能空间、划分功能区的基础，主要从地域功能的内涵、形成以及空间格局的演化机制等几个方面展开，在地理学研究中具有较深厚的积累。

地域功能是用来阐述某一“地域”在人地关系系统中所承担作用的概念，同时也是地理学等学科用来认知“空间作用力”的方法之一。19 世纪初，近代地理学逐渐发展，欧洲众多地理学家开始从区域差异以及地理系统的整体性角度阐述空间分异与地理功能的思想，逐渐形成了地理学中的系统理论与功能理论，归纳起来，即地理系统是一个不可分割的整体，区域与系统的关系就是部分与整体之间的关系（Richard 和黎樵，1963）。在国内，20 世纪 90 年代初，吴传钧（1991）提出“地理学研究的核心内容就是基于人地关系的地域系统”，从人地协调理论的视角发现：一方面人地关系会伴随着社会经济的发展与科学技术水平的提高逐渐趋于密切；另一方面由于一定的自然环境与社会经济在地理空间单元内部随着时间演化，其空间格局也发生变化，间接导致人地关系系统不断在“协调—失衡—再协调”的动态演化模式中出现新的人地关系系统特征。因此只有人类社会尊重自然发展演化规律，维系良好的地理环境格局，并且能够与其和谐共生，最终才能逐渐形成一个人地关系和谐发展的新格局（陆大道和郭来喜，1998）。立足于人地关系科学，创新发展地域功能理论，将为地域分异格局的深入研究与解析创造科学的认知基础（龙花楼和屠爽爽，2017）。

乡村地域系统是在特定的人地关系作用环境下，由聚落所处的自然与社会经济环境、地理区位条件、资源禀赋、地域文化、人口结构与特征等多维度的地理要素，在相互作用的驱动下，所形成的具有一定功能与结构的开放系统（图 1-1），是地域系统理论在乡村聚落地理学研究中的理论拓展，也是一个由城乡融合体、村镇有机体、居业协同体、乡村综合体等多维体系构成的空间系统（刘彦随等，2019）。

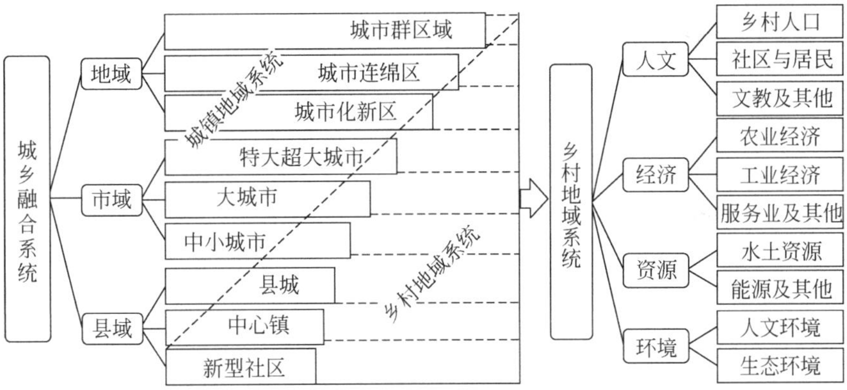

图 1-1　城乡融合系统与乡村地域系统结构

资料来源：刘彦随（2018）

乡村聚落地域系统将作为本书讨论乡村聚落时依托的主要对象，地域功能理论也将成为本书讨论所依据的重要理论。

1.2　乡村聚落的识别

1.2.1　行政角度的识别

从行政角度上看，一般认为乡村聚落是在行政规划层次中县级以下（不包括县级）的人口聚居点（许学强等，1997）。行政村是乡村地区的基础行政单元，其基层治理机构为“村委会”，与之相对应的城市基层治理机构为“居委会”，二者分别为我国农村村民、城市居民的自治组织。村作为行政体系中的一个层级，对于乡村聚落等级的影响显著（朱纪广和李小建，2020），行政等级越高的乡村聚落往往经济越发达，呈现出更强的多要素集聚能力。然而，随着近年来城乡联系逐渐加强，城镇化过程中的诸多“行政村”虽已在地域功能上转为城市型社区，但行政体制还保留着乡村属性，并未转为“居委会”，这为乡村聚落的识别带来了诸多障碍，也亟须建立更多元的标准识别乡村聚落。

1.2.2　统计角度的识别

从统计角度上看，城乡划分客观反映了我国现阶段城乡人口、社会和经济发展情况，是准确评价我国城镇化水平的基础。我国最早的城乡划分是1955年颁布的《国务院关于城乡划分标准的规定》（已废止），也是我国第三次人口普查采用的城乡划分标准，依据行政区划类型、行政机关所在地、人口总量、农业人口占比进行划分，其划分结果并不会改变基层治理机构的类型。此后，我国统计上城乡划分的方法与标准经过多次变化，现行的城乡划分标准为2008年由国家统计局与民政部、住房和城乡建设部、公安部、财政部、国土资源部、农业部共同制定，国务院批复的《统计上划分城乡的规定》，也是第六次、第七次人口普查遵循的城乡划分标准。该规定基于政府驻地的实际建设连接以及常住人口总量，将我国地理区域划分为城镇和乡村，并进一步将城镇细分为城区和镇区，而乡村可细分为乡中心区和村庄（图1-2）。

然而，正在实行的《城市（县城）和村镇建设统计调查制度》中，我国城乡体系划分模式与《统计上划分城乡的规定》有很大不同。《城市（县城）和村镇建设统计调查制度》将我国地理区域分为三层，首先分为城市（县城）和村镇，然后对城市（县城）进行一级细分即设市城市城区与县城，并分别规定划分标准，而对村镇进行两级细分，村镇分为建制镇和乡，二者又分别可以划分为建成区和村庄（图1-3）。

统计上城乡划分方法是对我国现阶段城乡人口、社会和经济发展情况的客观反映，与基于行政角度的划分结果存在较大不同，行政村内的居民点在统计意义上可能并不是乡村聚落，虽然在基层治理制度上没有发生变化，但从其内部社会经济发展情况及其行使的职能来看，该“行政村”内的居民点已经是城市，因此以行政村边界来提取乡村聚落是不准确的。

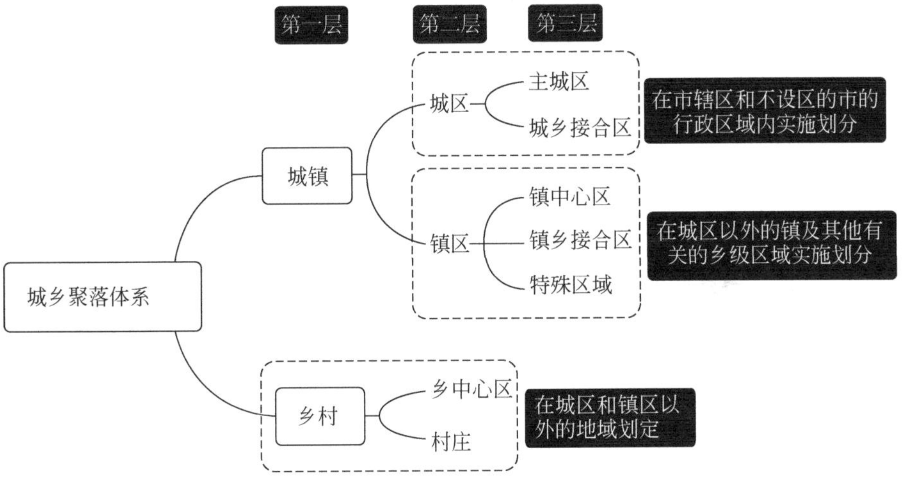

图 1-2　2008 年《统计上划分城乡的规定》

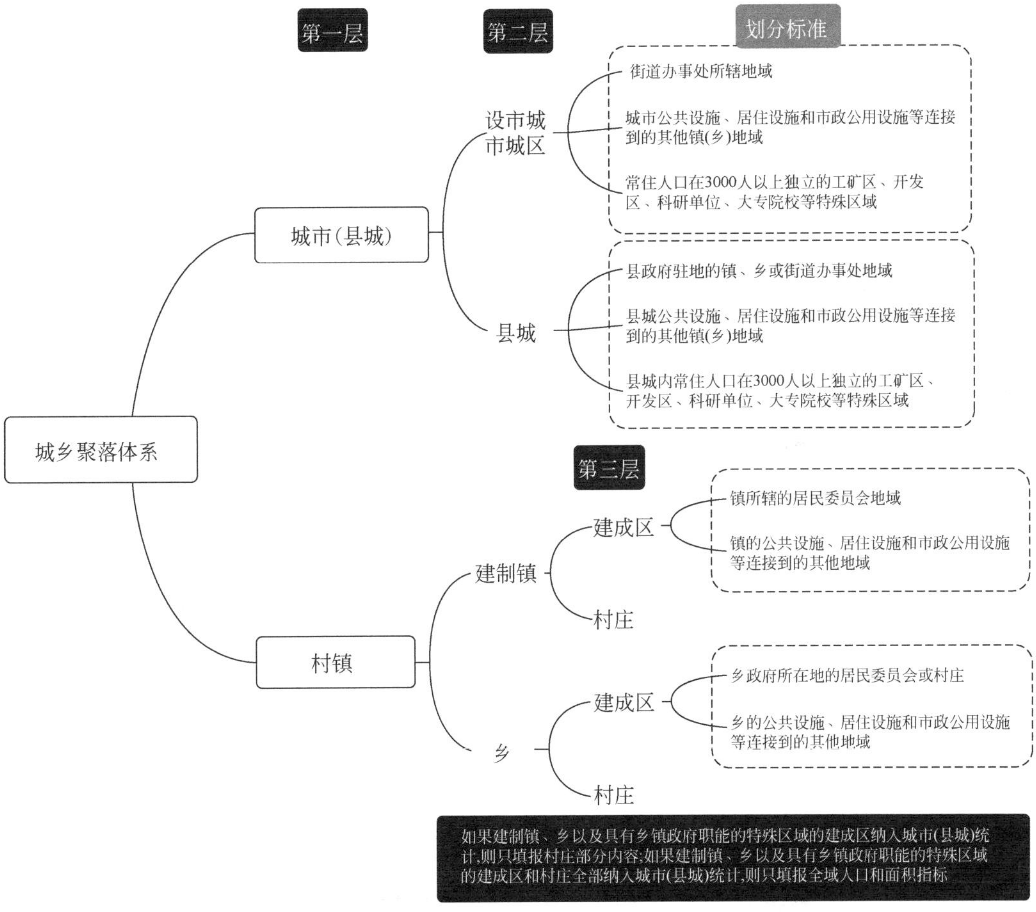

图 1-3　2018 年《城市（县城）和村镇建设统计调查制度》（现行）

但是，统计上的城乡划分方法存在不具备连续性，各部门、各专业划分结果不一致以及数据可获取性差等问题，同样无法满足本书的研究需求。我国统计上城乡划分模式的频繁变化，城乡划分标准前后不一致，城乡地域划分结果前后不可比，直接导致“城市–乡村”空间分布数据不具备时间连续性。同时，存在各部门、各专业城乡地域空间划分不一致的问题。2008 年制定的《统计上划分城乡的规定》《城乡划分实施办法》为我国现行的人口、社会和经济发展情况统计的城乡划分标准，而 2018 年批准的《城市（县城）和村镇建设统计调查制度》为我国现行的城乡建设统计制度的城乡划分标准，二者呈现出明显差别，给乡村聚落空间识别带来阻碍。再者，我国统计上划分“城市–乡村”的空间数据可获取性差，特别是在我国乡村发展规划缺位的情况下，乡村聚落空间边界的获取与落实愈发困难。

1.2.3 研究角度的识别

长期以来，学者多基于乡村聚落与城市聚落的差异性特征对乡村聚落进行研究，遥感影像是提取乡村聚落空间的主要数据源（陈永林和谢炳庚，2016；李阳兵等，2016；杨忍，2017；魏璐瑶和陆玉麒，2020）。

遥感影像具有多时态、全覆盖、多精度的突出特征。首先，数据具有时间连续性是遥感影像适用于长时间段地理问题研究的主要优势。其次，遥感影像为全域覆盖，保证了研究区域内数据的完整性和数据标准的一致性。最后，遥感影像具备多种分辨率，满足不同研究尺度的需求，不同精度的数据还可以相互校检。

基于遥感解译数据的城乡聚落划分符合基于实体地域的划分原则。遥感数据解译在区分影像色调、纹理等图像信息的基础上，还可以整合地形、植被等物理属性以及行政区划、人口、GDP 等社会经济属性数据，集成空间连接与属性相似进行土地利用类型的判别，符合“以实体地域”为基础的城乡地域划分原则，这与我国统计上城乡聚落体系划分的发展方向是一致的（周一星和史育龙，1993；宋小冬等，2006）。

在遥感影像解译过程中，可以参考行政区划图、草地图、植被图和地形图等，根据土地利用类型分布的地带性规律以及地貌类型对土地利用类型的控制作用，结合产业、用地、人口等统计数据以及 Google Earth 高分影像数据对重点地区的遥感影像进行检验和修正，客观反映乡村聚落与城市聚落空间分布格局。例如，可以从不同历史时期遥感影像中提取聚落用地的空间分布，将其与乡村聚落关注点（point of interest，POI）数据进行空间关联分析，筛选出相对准确的乡村聚落空间（图 1-4）。

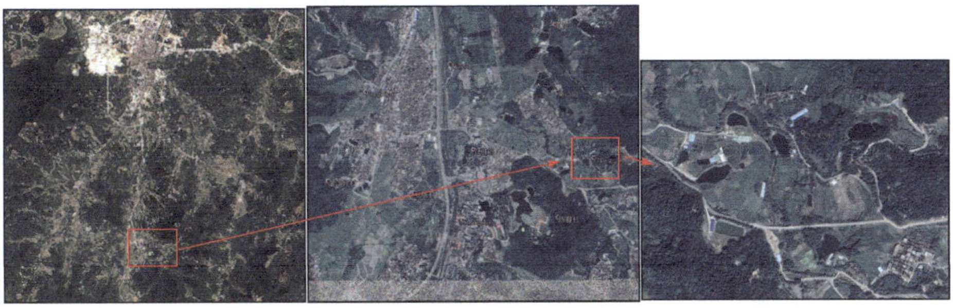

(a)县级　(b)镇级　(c)村级

图 1-4　云浮市新兴县六祖镇樟村的县级、镇级、村级乡村聚落遥感影像

1.3　国内外乡村聚落的演化变迁

在我国，乡村一般是指县城以下的广大地域空间，包括乡镇、村庄及其所管辖的行政区域（郭焕成，1988）。历史上国家权力，即皇权，通过聚落中心节点一级一级下放至县级，形成省—府—县逐级管理体系，县级节点处于封建官僚体系的末端，所以常常有言曰“皇权不下县”。在广阔的基层乡村地域，乡村居民点一般比较分散，被耕地、林地等农用地包围，在国家以农业为主的传统治理体系中主要发挥征税作用。《周礼 · 地官司徒》中记载，乡以下的行政区有州、党、族、闾、比，有掌管乡级事务的职官，包括乡师、乡大夫、州长、党正、族师、闾胥、比长等，这些官员负责颁布和执行中央法令、收取税赋、惩罚违法行为等事宜。在农业生产方面，《周礼 · 地官 · 稻人》记载有掌管水田种稻的官员“稻人”，属地官中的一种，“掌‘稼下地’”“作田，凡稼泽，夏以水殄草而芟夷之，泽草所生，种之芒种”，为促进农业生产，稻人需要主持修建体系完整、蓄防灌排功能各具的水利设施（牟发松，2013），但不负责对农业劳动者和乡村居民的管理。同时，有观点认为，《周礼》记载的制度规范并非当时社会的实际制度，仅是一种“建设性的规划”，一种“指向未来的理想设计”（黄玉顺，2011）。另一种观点认为，直至清末和民国初期，乡村聚落尚不在国家治理体系的范围之内。但在一些水陆交通便利的交汇点及商品经济发达的地区，出现了兼具市场和居民点的“市镇”，政府对市镇的管理主要基于税收，所以在文官系统的县级政权机构中会出现向市镇的延伸。所形成的市镇节点，镶嵌在广袤的乡村面域之上，在乡村聚落形态基础上应运而生。因此，在清代中期出现的市镇是脱离乡村而出现的，成为政府单独管理但没有正式成为政府一级行政单位的聚落形态，处于聚落体系中的外围节点，市镇与乡村共同组成了初期的村镇聚落。

中华人民共和国成立后至改革开放前，在计划经济体制下，我国形成了典型的“城乡二元分割结构”，乡村聚落在这一时期开始转型，发生了剧烈的变化（韩非和蔡建明，2010）。改革开放后，随着城镇化推进，农村大量劳动力和土地等生产要素“非农”转变，广大农村地区出现了以土地资源粗放利用、人口过疏化、经济发展动力不足为主要特征的农村空心化现象，乡村衰败问题开始显现（刘彦随等，2009，2010；田毅鹏和韩丹，

2011；杨忍等，2012，2015a，2015b）。同时，长期以来形成的传统乡村特征也在逐渐转化，出现了一些乡村聚落向城镇型聚落转化、乡村聚落空间从分散向集聚转变等现象（张小林，1998；李小建和杨慧敏，2017）。

这种变化在我国GDP三次产业占比变化中也能窥见一二（图1-5）。中华人民共和国成立初期，第一产业占比超过50%，农业可谓我国经济支柱，同时乡村聚落的地位极高，国家对“三农”问题极为重视，颁布多项促进农业发展、利好农村的政策，包括土地改革政策、农业合作化政策等。1958年经历了一个较为明显的低谷，但总体而言，随着我国工业化大发展，第一产业占比逐步下降。十一届三中全会以后，改革开放打开了国门，工业占比趋于稳定的同时，第三产业占比迅速上升，而第一产业占比进一步压缩。可以看出，乡村聚落地位的演变与经济基础之间存在高度相关。在以传统农业为主的经济发展阶段，乡村聚落作为经济作物的产出地，占有重要的社会文化乃至政治地位；而随着工业化与城镇化的快速推进，工业集聚的城镇和城市边缘区逐渐扩张，地位不断提高，同时侵入周边乡村聚落空间（邢谷锐等，2007），乡村聚落地位逐渐衰落。与此同时，现代服务业以前所未有的速度在城市内蓬勃发展，吸引了大量农村剩余劳动力进入城市，“乡村空心化”现象也成为关注热点。

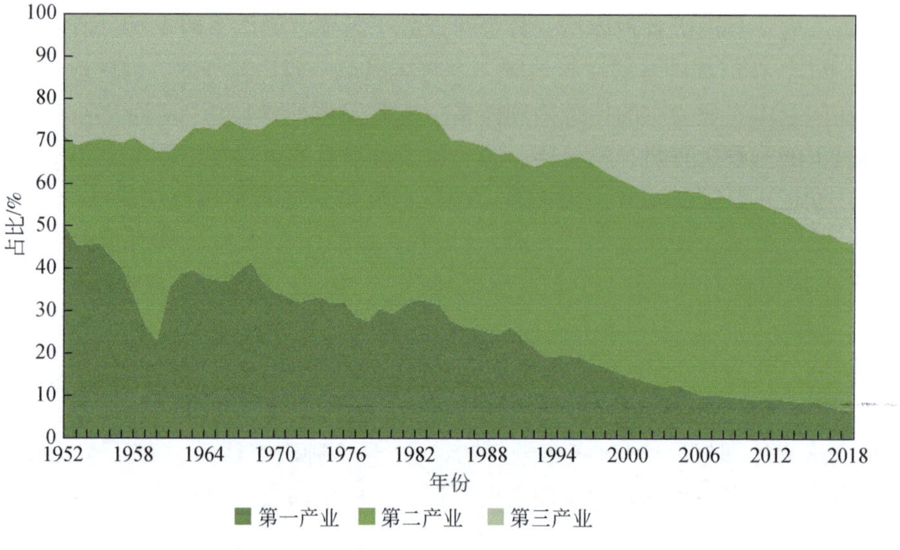

图1-5 1952~2019年中国GDP三产占比变化

资料来源：国家统计局

对于第二次世界大战以来的其他大部分国家而言，无论是发达国家还是发展中国家，大多采用国家力量与政策设计推进乡村发展。美国与澳大利亚政府提供大量补贴帮助本国发展大规模农场和现代农业（Marsh and Pannell，2000；Winders，2009）。欧盟通过以《罗马条约》为基础颁布的共同农业政策，发起LEADER（Liaison entre actions de développement rurale）项目，以期促进欧洲的综合农村发展（Baldock，2001；Ramniceanu and Ackrill，2007）。亚洲国家同样重视乡村的发展，除我国外，日韩也出台过促进乡村发展的政府计划，如韩国的“新社区计划”和日本的“一村一品运动”，这些政策实践均取得了较好的效果（Boyer and Ahn，1991；Fujimoto，1992），其中的许多具体案例也在我国的乡村振兴实践中被广泛学习和借鉴。

21 世纪以来，我国相继实施了统筹城乡发展、新农村建设、城乡一体化和新型城镇化等宏观战略（李裕瑞等，2014）。2015 年，中共中央政治局审议通过《中共中央 国务院关于打赢脱贫攻坚战的决定》，基于我国当时仍有 7000 多万农村贫困人口的现实情况，正式提出“脱贫攻坚”的课题。2017 年，习近平总书记在党的十九大上诠释了中国特色社会主义新时代的社会主要矛盾，提出要实施乡村振兴战略，着力破解城乡发展不平衡、农村发展不充分等突出问题，弥补全面建成小康社会的乡村短板。这些举措表明，乡村聚落是我国全面建设社会主义现代化国家最广泛、最深厚的基础（郭晓东，2007）；同时，实现乡村振兴、缩小城乡差距，迫在眉睫（张莉，2018；金三林等，2019）。

第2章 乡村聚落空间研究进展

2.1 乡村聚落特征、结构与类型

2.1.1 乡村聚落特征研究

乡村聚落特征是乡村地理学研究的重要基础，也是其主要研究的内容。从研究视角来看，通过乡村聚落与城市聚落的区分探究二者差异性特征，是当前开展乡村聚落特征研究的主要视角；而乡村聚落发展状态评价、乡村聚落职能分级等是对乡村聚落内部差异化特征进行研究的主要视角。在研究方法上，主要有缓冲区分析、聚类分析、核密度分析、空间热点探测分析等空间分析方法，空间韵律指数等景观格局指数分析方法以及概率分布直方图、位序-规模模型、洛伦兹曲线等统计分析方法，用于研究特定区域内乡村聚落规模、形态、空间分布、空间结构等特征。研究时序上，针对乡村聚落现状特征的静态研究总体上多于针对演化过程的动态研究。但近年来，对长时间序列乡村聚落空间演化特征的研究明显增加，研究时间最早可以追溯到改革开放初期（海贝贝等，2013；李骞国等，2015；杨忍，2017；简钰清等，2019；梁发超等，2019；王兆林等，2019；杨勇等，2019）。

（1）乡村聚落与城市聚落的差异化特征研究

乡村聚落与城市聚落的界定和划分一直是地理学、人口学、经济学关注的问题。科学的城乡划分模式对于城镇化研究以及公共政策制定具有重要意义，也是开展城市地理学、乡村地理学研究的重要前提和主要内容。

城乡划分标准的总结、评述与补充是城乡聚落划分研究的主要着手点。其中城乡划分标准的评价往往与城镇人口统计口径以及城镇化水平测定结合在一起，城乡划分标准是否能够准确区分城镇与乡村人口、反映城镇化真实水平，是对其科学性和可靠性的重要评价途径（乔晓春和李景武，1991；周志刚，1993；周一星和于海波，2001；高葆旺等，2002；朱宇，2012）。也有学者基于公共政策制定和实施的需求，指出我国需要建立更加多元化、多样化的城乡划分标准，为各级政府进行公共决策提供依据（张莉，2018）。在对城乡划分标准做出评价以及对各类问题开展总结的基础上，学者们基于中国国情以及社会经济发展变化趋势提出了各类城乡划分标准，如非农人口比例标准的设置（马侠，1988；田雪原，1989）、人口密度指标的引入（田雪原，1989；汪阳，2012）等。

城乡划分的视角呈现出从基于行政地域的城乡划分模式转向以实体地域以及功能地域为基础的趋势。周一星教授最早提出要对城镇与乡村空间实体地域进行划分，他认为，在行政地域与景观地域两者脱节背离的情况下，使用行政地域划分城乡会导致我国城镇人口统计数据和城镇化水平测度失真、缺乏地域间可比性、数据联系性差等一系列问题，需要建立符合中国国情同时又具有国际可比性的城市实体地域概念，并以此作为城乡划分的基础，同时提出了基于下限人口规模、非农化水平、人口密度三个指标的城市实体地域的定义（周一星和史育龙，1993，1995）。随后，学者就城乡实体地域划分开展了一系列理论与实证研究（宋小冬等，2006）。例如，张莉（2018）提出用通勤联系指向指标界定行政交界地区乡村归属，认为城区、镇区的统计范围可以超越行政区划，包括相邻行政区的村庄，这其实是用功能地域的方式来定义城市聚落的范围。

此外，有学者尝试破除“城乡二分体系”，探索建立新的聚落体系划分模式（朱宇，2002；Hugo et al., 2003；McGee, 2017；王智勇, 2018）。也有学者认为，聚落所处的发展状态是一个概念连续系统，尝试构建指标体系以评价聚落的城市性（度）或乡村性（度），代替二元或多元的聚落划分。传统意义上的乡村聚落和城市聚落只能被视为这个概念连续系统的两个极端，而现实中各聚落的发展状态往往是位于上述连续系统两个极端之间的某一点，同时具有某种“城市度”或“乡村度”（Lang, 1986；张小林，1998；朱宇，2002）。

（2）乡村聚落内部差异化特征研究

除乡村聚落与城市聚落的区分外，乡村聚落的内部差异化特征也是学者关注的焦点。乡村聚落互相联系、互相影响构成了“乡村聚落体系”，不同等级的聚落承担着不同的职能。对乡村聚落内部差异化特征的研究，有助于认识乡村聚落发展状态和组织结构，是指导开展村镇规划、实施乡村聚落空间重构的基础。对乡村聚落内部差异化特征的研究可分为乡村聚落发展状态评价、乡村聚落职能等级划定两部分。

乡村聚落发展状态评价是通过定性或定量的方法分析乡村聚落发展现状。新农村建设“20 字方针”是进行乡村聚落发展状态评价的重要基础，学者们以“生产发展、生活富裕、乡风文明、村容整洁、管理民主”作为乡村发展目标，运用德尔菲打分法、层次分析法、均方差权值法、主成分分析法等进行乡村发展状态评价指标体系的构建（李虹等，2007；王富喜，2009；王中源，2017）。此外，多位学者基于我国乡村发展正处于转型期的现实，从生产、经济以及社会发展等方面提出一系列评价乡村发展现状的指标体系（龙花楼等，2009a，2009b，2012；杨忍等，2011）。近年来乡村聚落发展状态评价指标体系趋向多元化，有学者着重于聚落景观的评价，基于生态环境、景观价值、社会效应、开发条件四方面构建乡村聚落景观综合评价指标体系（刘龙，2020）。研究逐渐关注人的重要性，将农户对道路满意度、公共设施满意度等评价指标融入乡村聚落发展状态的评价指标体系中（赵思敏，2013）。

聚落职能是指聚落在区域中所起的所用，而等级反映其作用大小。城市聚落是地理学家开展聚落职能研究的主要关注对象，而关于乡村聚落职能等级划定的研究较为薄弱。金其铭（1989）借鉴城市聚落职能研究成果以及中心地理论，提出村镇的职能可以分为中心职能和非中心职能，中心职能即村镇对外服务职能，包括行政职能、医疗卫生职能、文化职能及经济职能中的商贸服务职能等；而非中心职能是村镇对内服务职能，包括经济职能中的工业和农业职能。村镇等级由中心职能决定，可利用主要商品销售额进行村镇类型划分，并在此基础上通过定性分析确定村镇等级。我国《镇规划标准》（GB 50188—2007）

将村镇聚落划分为“中心镇–一般镇–中心村–基层村”，并将不同层次的村镇聚落依据人口总数划分为大型、中型和小型聚落。《县域村镇体系规划编制暂行办法》将县域村镇层次等级分为“县城–中心镇–一般镇–中心村”四级，是目前普遍遵循的村镇职能等级划分模式。在此基础上，学者们基于不同的研究视角与研究需求，进一步对乡村聚落职能等级进行特色化的细分，如郑有旭（2019）以乡村规模、经济与生态等指标为参数，运用中心性强度指数将乡村聚落划分为中心村、特色村和一般村三类。

2.1.2 乡村聚落空间结构体系

聚落空间结构体系是指在一定的区域空间内，聚落之间、聚落与区域之间进行物质、能量、信息等方面紧密联系、空间相互作用，从而形成的功能定位不同、等级层次有别的有机整体（陈述彭和杨利普，1943），具有开放性、非平稳性和自组织性等特征（陈彦光，1998）。乡村聚落空间结构是基于乡村聚落发展演化特征，按照一定的生产生活要素布局规律，对聚落职能与功能进行调整的结果，形成乡村聚落在规模、职能、等级、空间区位等方面的差异性，是乡村聚落空间不断演化的表征（Nepal，2007；Peter，2001）。因此，乡村聚落空间结构主要包括乡村聚落的社会经济、人口、地域文化、建筑风格、土地利用等方面的空间构成，传统的乡村聚落空间结构产生在农业生产的时空背景下，聚落点与社会组织架构按照一定的生产力水平进行演化与调整（范少言和陈宗兴，1995）。这些乡村聚落在规模和空间分布上各有差异，自身在聚落体系中的定位、功能和特征也不一样，因此要对聚落划分级别和类别，梳理出各个聚落间的相互关系，建立起合理的聚落结构并不断优化。

国外乡村聚落空间结构受到中心地理论、扩散理论等区域科学理论的影响。20 世纪初，德国地理学家吕特尔（O. scluter）就认为，研究整个聚落空间网格的意义要大于只聚焦于单个城镇或单个村庄。克里斯泰勒（Christaller）在他的“中心地理论”中，也将聚落作为一个整体，分析其等级、职能与腹地之间的关系。他认为，聚落不是孤立存在的，而是一个统一的有机整体，聚落的等级越高，其中心性越强，职能越复杂，所覆盖的低级别聚落也越多。之后，拜鲁德（Bylund）和赫德森（Hudson）分别在中心地理论的基础上发展出聚落扩散理论，并将其应用于瑞典和美国的聚落体系研究之中。

国内乡村聚落的空间结构和体系研究与我国农村经济社会发展情况息息相关。改革开放以来，我国农村发生了巨大的变化，农业经营方式更替、市场机制逐步建立，引发农业经济结构多元化、生活方式趋向城镇化。具体研究主要从区域层面的聚落等级体系、城乡区位与功能结构、空间规划与优化三个方面展开。

1）区域层面的聚落等级体系。日本地理学家认为乡村聚落体系是有等级层次的（张京祥等，2002）。聚落的等级体系与聚落中诸如人口与面积规模等属性密切相关，不同等级的聚落规模会承担不同的空间职能。一般认为，聚落规模等级越高，聚落所承载的职能越复杂，聚落数量会越少（李瑛和陈宗兴，1994）。通过对我国聚落空间结构与体系的深入实证研究可发现，我国乡村聚落等级呈现出显著的“规模小”“分布散”“等级乱”的空间特征，相较于西方国家，我国等级层次低的乡村聚落数量和比例都特别大（马晓冬等，2012；郭晓东，2007）。

2）城乡区位与功能结构。在城乡二元体制的背景下，我国乡村聚落空间布局呈现孤立和分散的特点（赵之枫等，2017），城乡发展进程中城乡联动的聚落结构和体系运作效率低下，聚落结构与体系急需重构（张杜鹃和刘科伟，2010）。国内学者基于中心地理论和地域空间结构理论进行了较多的实证研究（袁莉莉和孔翔，1998；黄晓军等，2011；仝德等，2011；佟宝全等，2018），但总的来讲，相关研究尚有不足。

3）空间规划与优化。空间优化是通过经济、市场、行政政策、技术工程等方式规划空间体系、优化资源配置，并达到提高聚落空间体系运行效率的过程（屠爽爽等，2019）。有关乡村聚落空间规划及其路径优化的方向主要集中在以下两个方面：一是乡村的“并点集中”，以使土地资源集约化，形成规模效应，提高资源配置效率（段进和章国琴，2015）；二是建设规划“中心村”，完善基础设施和公共服务配套体系，形成小型的资源集聚中心，服务区域内其他乡村聚落（张京祥等，2002）。围绕上述方向，国内学者对“中心村布局优化”（陈行上，2000；袁奇峰等，2006；王福定和马骁，2006；游宏滔和王士兰，2008；范德种，2009；武廷海，2014；刘彦随等，2014；唐承丽等，2018）、“聚落体系构建模式”（蔡运龙，1999；张义丰等，2009；张竟竟和郭志富，2013；吴江国等，2013；李裕瑞等，2013）和“乡村重构”（郁枫，2006；汪火根和曹卉，2011；冯健，2012；龙花楼，2013；肖锦成和欧维新，2013；杨忍等，2015a，2015b；李红波和张小林，2015）等议题开展了较为详尽的研究与探讨。

2.1.3 乡村聚落类型划分

乡村聚落类型划分是对乡村聚落按照一定的特征，如聚落规模、土地利用、建筑材质、产业结构、职能分工等，进行定性描述或定量分析，并且对其差异性进行归纳与划分的研究（Hoskins，1955）。乡村聚落类型划分的目的是要充分发挥乡村聚落的各种优势，因地制宜、合理确定乡村聚落的发展方向和发展目标，明确乡村聚落地域分工与联系，实现乡村聚落的可持续发展（宋金平，2001）。

乡村聚落的空间形态与分类研究开始于 20 世纪初，已形成了一系列聚落空间特征与类型划分的指标体系（Peter，2003；Hall，1996；Diane et al.，2001；陈宗兴和陈晓键，1994；Roberts，1979）。在研究方法上，近些年增加了通过遥感影像、GIS 平台分析等方法，定量研究聚落空间特征与分类方式（田光进等，2002；杨山，2000）。

林超（1938）在《地理》杂志发表名为《聚落分类之讨论》的文章，引用了国际地理学会乡村聚落委员会的报告，“关于乡村聚落，可以分为散开型（dispersion or dissemination）与集中型（agglomeration），独户（single farm）与小村（hamlet，weiler）属于散开型，大村（village）属于集中型，在散开型与集中型之中，又因其形态、土地制度、历史、位置等，再细分为若干种类”。这成为日后地理学和建筑学开展聚落空间研究的一项基础性工作。国际地理联合会（International Geographical Union，IGU）提出了一套复合型乡村聚落分类标准体系，共包括 4 个分异维度：①功能——聚落的职能与定位，以聚落主导功能为主；②起源——聚落的形成历史，可以划分为不同的历史时期与阶段；

③形态位置——聚落地理空间特征；④未来发展方向——聚落的未来定位，按照演化路径的不同可以分为消失、维持与提升。以上四个基本标准和维度也成为学界乡村聚落类型研究的划分范式（Roberts，1979）。

综合梳理现有乡村聚落类型划分的相关研究，有如下几种分类视角和分类方式：从外在特征的视角，可以按照空间形态、空间密度、建筑材质的差异来进行分类；从演化发展的视角，可以按照历史阶段、发展阶段和演化驱动力的差异进行分类；从自然条件的视角，可以按照自然环境、土地类型的差异来进行分类；从功能定位的视角，可以按照经济结构、乡村建设、职能和典型性的差异来进行分类（表2-1）。

表2-1　乡村聚落类型

分类视角	分类方式	分类结果
外在特征	空间形态	排式聚落；列式聚落；组团式聚落；条层式聚落；核心式聚落；集中式聚落；向心式聚落；包式聚落（金其铭，1988）
	空间密度	条形聚落；团形聚落；环形聚落；墙院式聚落；网络式聚落
	建筑材质	高度密集型聚落；密集型聚落；稀疏密集型聚落；密集稀疏型聚落；稀疏型聚落；稀少型聚落；极其稀少型聚落
演化发展	历史阶段	史前聚落；传统聚落；现代聚落
	发展阶段	初级型聚落；成长型聚落；兴盛型聚落；稳定型聚落；转型约束型聚落；衰退型聚落（刘彦随，2018）；山区乡村聚落；山原聚落；湖盆聚落；山寨聚落；河谷聚落；坝子聚落；临湖聚落（王传胜等，2011）
	演化驱动力	外援驱动型（工业企业带动型、城镇建设带动型、劳务输出带动型）；内生发展型（农业产业化带动型、文化产业带动型）；综合驱动型（旅游产业带动型、专业市场组织型、村庄综合整治与配置型）（刘彦随，2016）
自然条件	自然环境	复杂地形聚落；冲积平原聚落；冲积扇聚落；阶地聚落；山间盆地聚落；高谷聚落；高山聚落（李旭旦，1941）
	土地类型	居住用地聚落；工业用地聚落；仓库用地聚落；生态用地聚落
功能定位	经济结构	畜牧业聚落；渔村聚落；林果业聚落；狩猎聚落；工矿业聚落；养殖聚落；综合型聚落
	乡村建设	产业发展型聚落；生态保护型聚落；城郊集约型聚落；社会整治型聚落；文化传承型聚落；渔业开发型聚落；草原牧场型聚落；环境整治型聚落；休闲旅游型聚落；高效农业型聚落（刘彦随，2018）
	职能	军事聚落；交通聚落；宗教聚落；旅游聚落；政治聚落
	典型性	淘宝村聚落；空心村聚落

资料来源：根据杨保清等（2021）整理。

2.2 乡村聚落空间演化机制

2.2.1 乡村聚落空间演化影响因素

乡村聚落空间格局形成及演化影响因素研究经历了由单要素向多要素，由注重自然因素向综合考虑自然、经济、社会等诸多因素转变的发展历程（郭晓东，2007）。总体来看，自然因素、区位可达性、社会经济因素是影响乡村聚落空间演化的主导因素。

自然因素是乡村聚落形成演化的基础，框定了乡村聚落空间分布的历史性格局，具有影响范围广、作用时间长、在一定时期内相对稳定的特点（屠爽爽等，2019）。乡村聚落规模会受到地形条件的限制，平原地区平均聚落面积远大于山区，且平原地区聚落规模增长迅速，而山区增长缓慢（娄帆等，2017），但也有学者指出在某些特殊区域内，丘陵区和山地区的乡村聚落规模更大（汪霖，2019）。由于人类从事农业生产的选择行为以及人类定居点与农地之间的自然依存关系，乡村聚落与水土资源在空间分布上具有较强的趋同性（潘竟虎等，2011；屠爽爽等，2019），特别是在水资源匮乏、常年干旱的地区，水资源、耕地资源对乡村聚落空间格局的形成影响显著（龚炜华等，2018）。人多地少的地区，耕作精细，土地需要经常管理，因而耕作半径较小，往往形成“小规模-大密度”的密集型乡村聚落空间分布模式；与之相反，人少地多的地区村落之间距离大（即耕作半径大），聚落规模较大而密度较小（李红波等，2012）。河流周边乡村聚落高度密集，聚落规模也较大，有集中连片分布的趋势（郭晓东等，2012a，2012b；陈永林和谢炳庚，2016）。但高程和水体分布等自然因素的影响在道路等基础设施普及的背景下趋弱（郭炎等，2018）。

随着社会进步和经济发展，区位可达性对土地利用变化的影响逐渐凸显，距离主干道和城镇的远近影响着乡村聚落的分布与发展（海贝贝等，2013）。交通可达性是农村居民点最初形成的重要条件之一，交通线路的分布格局会改变居民点空间分布结构（杨忍等，2015a，2015b），但不同交通等级对乡村聚落分布的影响机理不同。国道、省道和县道对乡村聚落的空间分布呈现出吸引作用，且引力排序为国道>省道>县道；铁路、高速运输线（尤其是高速公路）对乡村聚落的连接作用不强，甚至有排斥作用（廖荣华等，1997；李红波等，2012；吴江国等，2013）。城镇的辐射作用使得距离城镇较近的地区具有更好的区位条件，引导乡村聚落集中布局，特别是可达性好的小城镇最容易吸引较大规模的农村聚落在其周边集聚（海贝贝等，2013；宋明洁等，2013）。已有研究发现，乡村聚落邻近乡镇中心分布现象明显，城市、县城中心的辐射影响较弱（林金萍等，2020）。但在城镇化过程中也会由于城市用地扩张、城乡人口流动、产业结构变化、基础设施建设、居民观念转变等，区位条件优越的乡村聚落发生剧烈变化，如由于城市用地扩张带来近郊村落的“城中村化”和“城镇化”（邢谷锐等，2007；郭炎等，2018）。

乡村聚落的规模、形态以及内部结构的变化折射着城镇化、工业化和农业现代化背景下宏大的社会经济变迁过程，同时也潜藏着农民收入来源以及社会角色变化等深层次转型，现阶段社会经济因素在乡村聚落空间演化过程中发挥着引领和主导作用（屠爽爽等，

2019）。人口数量与居民行为是乡村聚落扩张的内生动力，乡村聚落的建设是为了满足人们的居住需求（杨勇等，2019）。经济发展水平是乡村聚落发展的物质保障和外部动力（袁洁等，2008；冯长春等，2012），我国乡村聚落规模呈现出经济发达地区大于经济欠发达地区的分布规律（田光进等，2002）。政策、制度表征了乡村聚落发展的外部环境和控制力，一方面直接作用于空间结构要素，影响乡村聚落空间分布格局；另一方面间接作用于农户，规范其居住选址行为，进而影响乡村聚落空间演化（海贝贝等，2013）。产业结构也是影响乡村聚落时空演化的主导因素之一，农业主导型区域乡村聚落具有数量多、密度高、单个斑块规模小、总规模大、数量与面积双高增长等特征；工业主导型区域乡村聚落则数量少、密度低、单个斑块规模大、形状不规则且总规模较小，数量增加较少、面积增加较多，且形状趋于复杂；第三产业主导型区域乡村聚落的平均斑块面积最小，乡村聚落变化较小，并且乡村居民点数量和平均斑块面积均有减少趋势（郭晓东等，2012a，2012b；董光龙等，2019）。

周国华等（2011）将影响乡村聚落演化的机制分为基础因子、新型因子、突变因子三类，分别作用于传统乡村聚落特征的延续、乡村聚落的转型以及突变，在不同驱动因子的作用下，乡村聚落呈现出不同的发展路径，包括低速平稳的传统路径、快速发展的新型路径以及突变性偶然路径。

2.2.2　乡村聚落空间演化影响因素的时空差异

从时间上看，虽然近年来采用多期数据探究乡村聚落长时间演化特征的研究成果增多，但对于不同发展时期乡村聚落空间演化影响机制的差异关注较少，少数关注影响机制时间异质性的研究以定性分析或统计分析方法为主（宋晓英等，2015），如付孟泽等（2019）从人地关系的诱发出现、推动演化和塑造多样三个维度的作用机理及由“生产作用促进力、土地承载力和生产生活组织力”构成的核心推动力内涵入手，从理论层面探讨三者在不同历史发展阶段如何作用于乡村聚落空间格局。运用计量模型进行定量研究的成果较少，其中师满江等（2016）、段小薇和李小建（2018）在此方面有所尝试，应用多期数据构建多元线性回归或地理探测器，探讨不同因子在各时期对乡村聚落空间演化的影响，由于不同时期回归结果不可比，得到的结论仅局限在地形、到乡镇中心、到县城距离等个别因素上，且对于影响机制出现时间差异的原因只是一笔带过，并没有进行深入分析。

从空间上看，已有乡村聚落空间格局的研究多以小区域为研究范围，选取典型县（市）域开展。案例区的选择涉及甘肃（郭晓东等，2010）、安徽（李红波等，2012）、河南（海贝贝等，2013；段小薇和李小建，2018；邵楠，2020）、湖北（宋明洁等，2013；罗静等，2019）、河北（宋晓英等，2015）、内蒙古（张凯和马明，2019）、重庆（王兆林等，2019）、浙江（付孟泽等，2019）、东北（张军和顾盼，2019）等多个省份或地区，分布广泛，且各省份或地区均有实证研究。也有学者基于地貌、区位、自然条件或经济发展等的特殊区域选取研究案例，如黄土丘陵区（郭晓东等，2010；李骞国等，2015）、华北平原（杨勇等，2019）、山地农牧交错带（张凯和马明，2019）、山地都市边缘区（王兆林等，2019）、南部丘陵区（陈永林和谢炳庚，2016；龚炜华等，2018）、干旱区绿洲区（师满江等，2016）等。与之相比，较大区域（省域）的实证（马晓冬等，2012；朱彬，2015；杨忍，2017；汪霖，2019）以及全国尺度的研究（田光进等，2002；冯长春等，2012）相对较少。

已经有学者关注了乡村聚落空间格局影响因素的空间异质性，并分区域进行定量分析（林金萍等，2020），地理加权回归（geographically weighted regression，GWR）被应用于乡村聚落空间格局形成影响因素的研究，是探究各因素对乡村聚落空间分布影响的空间异质性最主要的方法（郑文升等，2015）。虽然研究范围越大，其内部空间异质性越显著，但就目前已有研究来看，省域范围内空间异质性的探究比较缺乏，且目前在乡村聚落演化机制研究中尚无同时对时间异质性与空间异质性进行联动分析的研究。

2.3 乡村振兴研究

2.3.1 乡村振兴研究视角变迁

乡村聚落发展在中国特色社会主义建设中有着非常重要的地位，从 2013 年“美丽乡村”和“精准扶贫”工作的启动到 2017 年乡村振兴战略的提出，再到 2021 年“十四五”规划对“推进乡村全面振兴”的谋划，我国乡村发展进入了新的历史阶段。实施乡村振兴战略作为新时代国家重大发展部署，成为推进乡村快速发展、解决农村发展不平衡不充分问题的重要举措（刘彦随，2018）。

西方国家城镇化研究起步较早，国外学者较早意识到了城乡差异逐渐扩大的现象（沈费伟和刘祖云，2018），并开展了大量“乡村聚落复兴”的研究与实践。研究视角从早期重点关注乡村的功能结构［如保持生态环境，提高农业收益等（Schumacher，1973）］转而关注乡村的政治经济结构，从社会、经济和政治角度思考乡村这一综合性产物的复兴（Marsden，1993），最后注意到乡村的社会建设问题，如社会、文化和道德价值等（Grimes，2000；Raagmaa，2016；Hashemi and Ghaffary，2017；Menconi et al.，2017）。根据不同学科背景下众多学者的研究成果，可以看出对“乡村聚落复兴是一个包含政治、经济、文化、环境和制度等多方面的系统性复兴”已基本达成共识。同时，伴随着改革开放的深入推进，国内相关研究也在家庭联产承包责任制、城乡二元结构、新农村建设、美丽乡村、精准扶贫、乡村振兴等方面逐步转型（文琦和郑殿元，2019），从不同方面探讨了乡村发展的内涵和途径（刘彦随等，2011；乔家君和马玉玲，2016；龙花楼和屠爽爽，2018）。

2.3.2 乡村振兴水平的测度与评价

区别于以往政策对乡村系统某一方面或少数几个方面的重点关注，乡村振兴战略指出乡村是一个具有自然、社会、经济等多重属性的复杂地域综合体，兼具生产、生活、生态、文化等多重功能。乡村振兴工作应按照“产业兴旺、生态宜居、乡风文明、治理有效、生活富裕”的五维目标系统，统筹推进经济、文化、社会和生态文明等各项建设，实现乡村全面振兴。这也意味着急需一套结构合理、信息完备的乡村振兴水平综合评价指标体系来对乡村全面振兴形成系统性认知与评判。因此，国家发展和改革委员会于 2018 年 9 月围绕五维目标公布了共包含 22 项二级指标的国家乡村振兴战略指标体系，随后各省市也结合实际情况相继公布了省级和市级指标体系，但受限于各地乡村不同特性以及实际操作过程中的数据可获得性，具体量化指标不尽相同，如山东省和广东省对国标承接率分别为 25.9% 和 58.6%，而广东省已公布的各市级乡村振兴战略规划中量化指标对省标承接率也在 50.0% ~96.7%，其中某些重要指标（如粮食综合生产能力和农村恩格尔系数等）采纳率较高，但同时由于多数指标历史数据未统计，在现阶段实际使用价值受限。为此，国内众多学者开展了乡村振兴水平综合评价指标体系相关的研究，在国家级（闫周府和吴方卫，2019）、省级（“挑战杯”拓行团队和李铜山，2019）、市级（李刚和范鸿儒，2019）、县级（乔伟峰等，2019）、镇级（刘彦随等，2019）和村级（李贵才等，2018）的研究尺度层面均有涉及，但由于不同研究尺度层面数据可获得性存在差异，指标体系构建结构千差万别，一是二级指标数量在不同研究中具有较大差异；二是乡村振兴目标维度各异。例如，程莉和文传浩（2018）从“生活改善”、“美丽乡村建设”和“产业发展”三个维度出发对我国乡村振兴进行了时序研究；屠爽爽等（2020）尝试从经济、社会和空间三个维度构建乡村振兴评价指标体系；杜国明等（2021）从“产业发展”、“人居环境”、“文化建设”、“治理能力”和“生活质量”五个维度构建了村域乡村振兴评价指标体系，探讨了典型黑土区乡村振兴的推进路径；闫周府和吴方卫（2019）从国标给定的五维目标出发，构建了较为详尽的分级指标系统，同时根据主成分分析和专家打分两种综合赋权方法，得出五项子目标系统对乡村振兴整体水平影响的一般性权重占比，对全国各省份乡村振兴发展水平进行了测度评估。

2.3.3 乡村振兴耦合协调发展

尽管学界早已认识到乡村是一个社会、经济和人口等多要素相互作用的复合系统（李红波和张小林，2015；龙花楼和屠爽爽，2017），也从地理学视角开展了一些关于乡村聚落各子系统间相互作用关系的研究，但研究主要集中在两个子系统间的耦合协调关系方面，如乡村旅游与农村经济（高楠等，2018）、农业发展（张孟梦，2019）或生态环境与城镇化（刘海猛等，2019；方创琳等，2019）等，耦合子系统数量少，视角较为狭窄。乡村地域系统发展依赖于多系统的相互支撑与耦合协调，乡村振兴的核心目的也在于构建乡村各要素耦合协调发展的格局（刘彦随等，2019），但在国家乡村振兴战略明确提出五维目标之前，各类乡村耦合协调发展评估普遍更加关注乡村的经济和产业发展。例如，吴新静和李铜山（2019）探明了河南省乡村人口-经济-土地系统空间集聚及耦合协调发展规律，为乡村振兴中经济等要素流动提供了对策建议；白雪冰（2019）依据产业主导类型，将广西的县域级乡村发展划分为“农业主导型”、“工业主导型”、“商旅服务型”和“均衡发展型”等多维系统，对其进行了耦合协调发展评估并给出了发展对策。在研究方法上，也多集中于单指标或多指标综合发展评价法（白雪等，2018），而这种简单加权的综合水平评价方法本质上就忽略了各子系统之间的联系。五维目标耦合协调发展是乡村振兴的必然选择，只有各子系统间相互作用、交互耦合、齐头并进才能实现真正的乡村全面振兴。

2.4 研究进展评述与展望

借鉴国外相关基础研究，梳理和归纳国内在上述乡村聚落空间研究方面的成果，其特点和趋势主要表现在以下几个方面（图 2-1）。

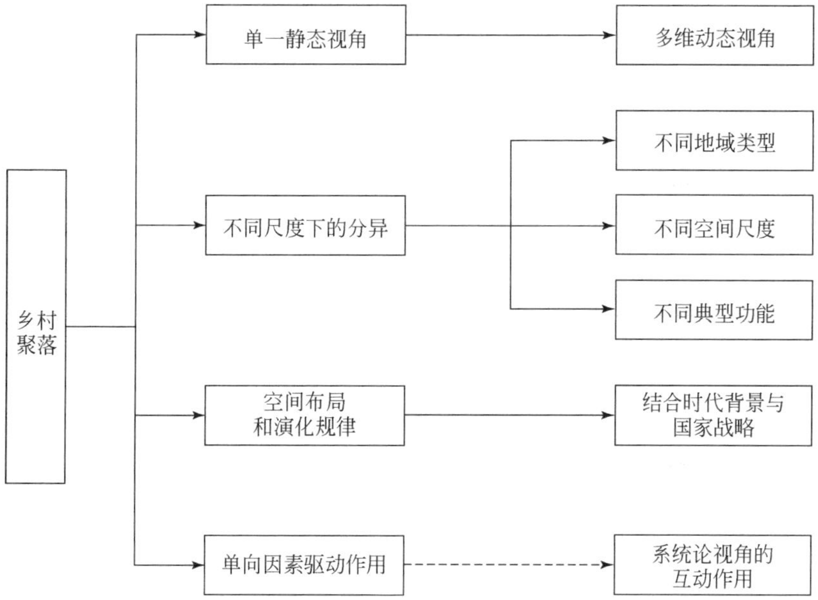

图 2-1 乡村聚落空间研究脉络与趋势

1）研究视角由单一静态向多维动态转变。聚落作为一个涉及经济、社会、生态、资源等多维度的复杂系统，即便是基于地理学或城乡规划学开展的专项议题研究，也不能限于静态的、单向的、同质化的视角。未来的村镇聚落空间演化研究工作应侧重于与区域经济学、社会学、建筑学、历史学、生态学、公共管理等综合学科的融合交叉，依据现有聚落研究的特征与趋势，探索出一套乡村聚落空间演化研究的综合性学科分析框架，并且综合经济学和生态学的计量模型、地理学的“3S”技术①和社会空间感知等手段、公共管理学和社会学的社会调研等方法，不断加强聚落研究基础理论和研究方法方面的创新，构建乡村聚落空间研究多学科、多视角、多维度、多方法的格局。

2）注重不同尺度下的空间属性与分异。地理要素空间差异性的发现和规律性的提炼

① 地理信息系统（geographic information system，GIS）、遥感（remote sensing，RS）、全球定位系统（global positioning system，GPS）的统称和集合。

是地理学研究的重要内容，乡村聚落研究根据我国聚落的区域空间差异性从不同空间尺度进行了复杂多样的探讨。国内学者基于不同地域类型（黄土高原区、中部农业区、南方丘陵区、青藏高原区、京津冀区、西北干旱区）、不同空间尺度（流域、样带、省市、县域）、不同典型功能（淘宝村、空心村、传统聚落）全面深入探讨，进一步认知和了解我国乡村聚落的特征。但整体来讲，现有研究成果仍主要集中于某一特定尺度、特定地域类型下的静态研究，基于发展阶段性和区域差异性的时空比较研究相对匮乏，这将成为今后一段时期村镇聚落时空演化研究的重点和热点。

3）强调聚落研究的应用性和实用性。近年来，乡村聚落空间研究已逐渐摆脱了仅对物质空间开展辨识和影响因素分析的局限，物质–社会–经济空间联动与互馈成为趋势。同时，乡村聚落空间研究也不再仅立足于解释聚落空间布局和演化的基本规律，而是更多地强调乡村聚落发展要结合时代背景、发展要求和社会需要，谋求破解乡村发展难题的政策出路。例如，学者们对工业化、城镇化进程中乡村聚落演变趋势的预测研究，乡村振兴战略背景下乡村重构和空间优化的研究等，最终目的就是实现乡村聚落在“产业兴旺、生态宜居、乡风文明、治理有效、生活富裕”等多维度的振兴。

4）亟须构建基于系统论的多元分析框架。现有研究在分析乡村聚落空间演化机制时，往往忽视了社会、经济、文化、资源禀赋等多要素的联动作用和作用路径，更少有研究关注到乡村聚落实体物质空间与其他非物质属性之间、乡村聚落内外部各要素之间的互馈作用机制。事实上，乡村聚落是一个涉及社会、经济、资源、生态诸要素的复杂系统，把聚落外部景观、形态的描述与聚落内部结构、机制的研究结合起来，探讨乡村聚落系统（system of rural settlement）动力机制，尤其是物质空间与经济、社会的互动作用，将成为本领域的热点和难点问题（图 2-1）。

第 3 章　乡村聚落空间演化分析框架与技术方法

认识乡村聚落发展与演化规律是解决我国乡村发展中面临的各种现实问题、推动乡村振兴的重要前提。本章将按照乡村聚落系统的构建与解析、乡村聚落系统空间特征、乡村聚落时空演化、乡村聚落协调发展的顺序，具体介绍乡村聚落空间演化的分析框架和逻辑（图 3-1）。

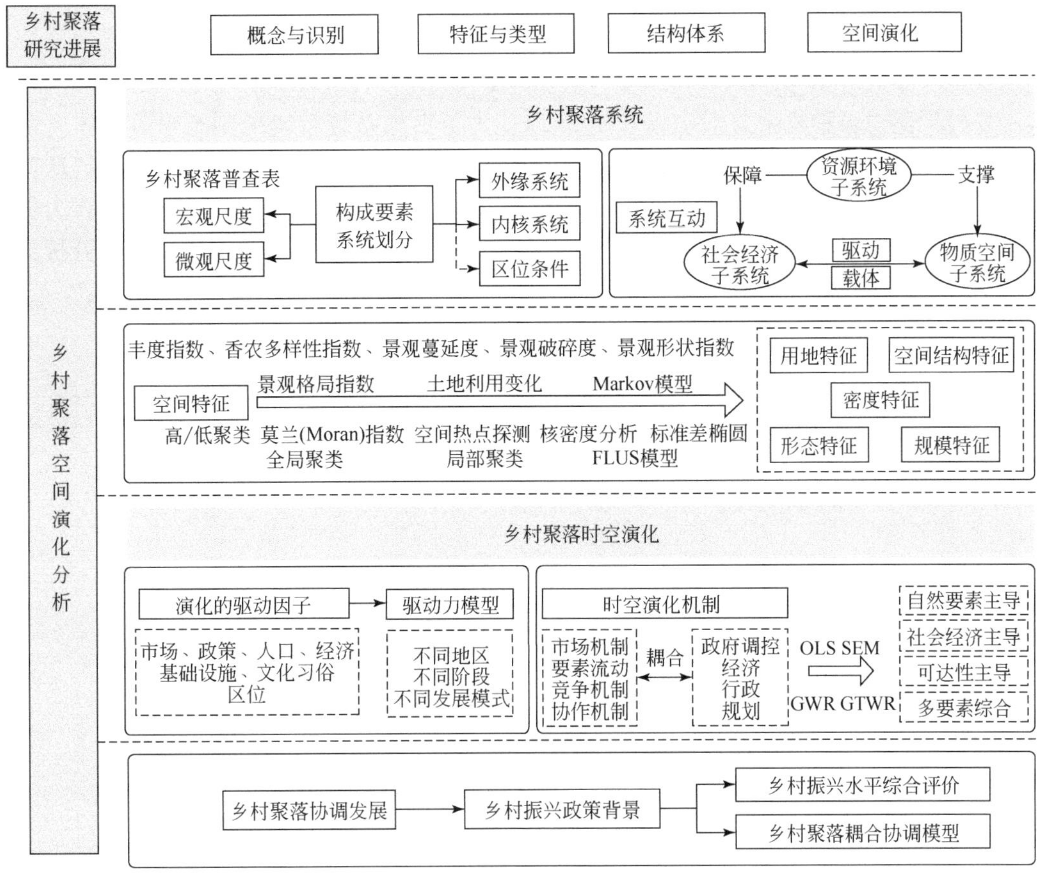

图 3-1　乡村聚落空间演化分析框架

OLS 指普通最小二乘法（ordinary least squares），SEM 指结构方程模型（structural equation modeling），GWR 指地理加权回归（geographically weighted regression），GTWR 指时空地理加权回归（geographically and temporally weighted regression）

3.1 乡村聚落系统的构建与解析

国内外有关城市空间变化的探索已经非常成熟，但针对乡村聚落空间演化的系统性解析还不足。“乡村聚落”作为一种空间形式，不仅仅是劳动力再生产的物质环境，更是社会经济发展的载体，空间与社会经济要素存在辩证统一的关系，两者相互作用和反作用，基于社会经济环境的各种生产关系既能形成空间，又受制于空间（Soja，1989）。在分析乡村聚落空间演化规律和机制时，将乡村聚落的资源环境、社会经济、物质空间看成一个统一体，构建乡村聚落系统，有助于探讨乡村聚落内外部各类复杂要素的相互作用关系，是解决乡村聚落建设缺乏科学指导问题的重要基础，也是制定城乡经济发展战略的依据（刘燕华等，2005）。

3.1.1 乡村聚落的构成要素

乡村聚落由多种复杂要素构成（图 3-2），为了更加系统精确地刻画聚落个体要素与体系结构，可以构建宏观和微观两套指标体系，形成不同尺度的乡村聚落基础信息普查表。宏观尺度适用于全国及区域尺度的分析，以农村居民点斑块为研究单元，综合大数据挖掘与分析，可通过室内技术作业的形式完成；微观尺度适用于个体乡村聚落的分析，需要面向具体村庄开展实地调研，可针对性地刻画乡村聚落微观要素和结构特征。

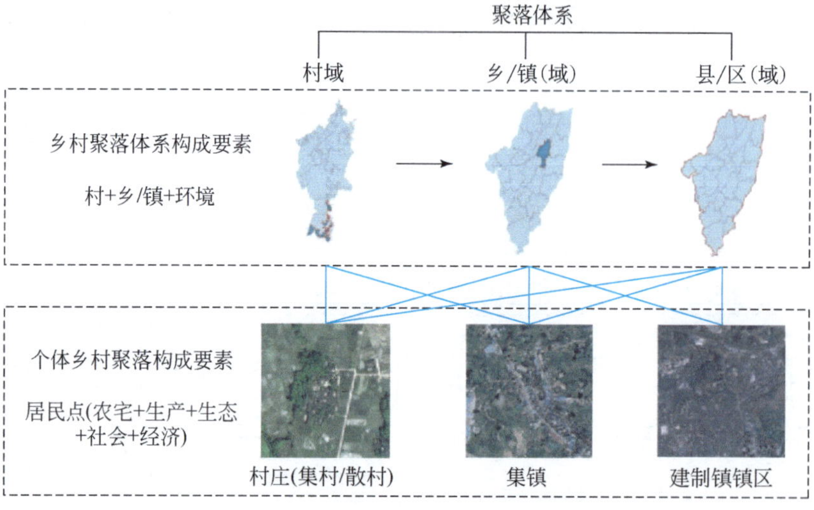

图 3-2　多尺度乡村聚落构成要素

资料来源：李旭等（2021）

以乡村聚落居民点斑块为分析单元，从农村居民点斑块属性、耕地资源禀赋、基础地理要素、区位交通、社会经济要素、农村发展相关政策、县域经济驱动要素、县域社会驱动要素 8 个维度，构建包括 52 个指标在内的宏观尺度乡村聚落要素指标体系（表 3-1）。

表 3-1　宏观尺度乡村聚落普查表

分类	要素	单位	计算方法
乡村居民点	农村居民点边界		
	规模	km^2	
	形状指数		斑块周长/同面积的圆周长
耕地资源禀赋	可耕作耕地面积	m^2	
	耕地破碎度		耕地面积/耕地斑块个数
	人均可耕作面积	m^2	耕地面积/居民点人口
基础地理要素	海拔	m	
	坡度	°	
	地质岩性		
	到主干河流或海洋的距离	m	
	土壤质地		
	年降水量	mm	
	年平均气温	℃	
区位交通	区域路网密度	m/m^2	公路里程/土地面积
	高铁通达度	m/m^2	高铁里程/土地面积
	到市中心的距离	m	
	到区/县中心的距离	m	
	到建制镇中心的距离	m	
	到主干道路的距离	m	
	到乡村道路的距离	m	
社会经济要素	人口密度	人/km^2	居民点人口/聚落面积
	地均 GDP	万元/km^2	$GDP_{ij}=GDP\times(Q_{ij}/Q)$ 式中，GDP_{ij}为空间化之后的栅格单元值；GDP 为该栅格单元所在的县级行政区单元的 GDP 统计值；Q_{ij}为该栅格单元的土地利用类型、夜间灯光亮度、居民点密度的总权重；Q 为该栅格单元所在县级行政单元的土地利用类型、夜间灯光亮度、居民点密度的总权重
	POI 混合度		POI 种类数/聚落面积
	POI 密度	个/km^2	POI 各类加权个数和/聚落面积
	社会网络联系		
	民族文化		
	历史保护		

续表

分类	要素	单位	计算方法
农业发展相关政策	产业政策		
	土地政策		
	户籍政策		
县域经济驱动要素	区/县土地面积	km^2	
	区/县 GDP	万元	
	区/县人均 GDP	万元	
	区/县第一、第二、第三产业 GDP	万元	
	区/县地方财政支出	万元	
	区/县地方财政收入	万元	
	区/县固定资产投资完成额	万元	基础设施建设投资
	区/县城镇化率	%	城镇户籍人口/总户籍人口
	区/县市场化水平		市场化指数
	农村收入水平	元	农民人均纯收入
	非农产业结构比率	%	非农产业生产总值/地区生产总值
	区/县耕地利用效率	%	粮食产量/耕地面积
县域社会驱动要素	区/县第一产业就业比例	%	第一产业就业人口数/总人口数
	区/县户籍人口	万人	
	区/县常住人口	万人	
	农村户籍人口	万人	
	区/县人口密度	万人/ km^2	区（县）总人口/区（县）土地面积
	区/县教育水平	个/万人	区（县）小学、中学、高校的总个数/总人口
	区/县文化发展水平	个/万人	区（县）文化设施场所个数/总人口
	区/县医疗卫生条件	个/万人	医疗卫生机构床位数/总人口
	电力设施水平	kW·h/万人	区（县）乡村用电量/总人口
	通信设施水平	户/万人	(固定电话户数+互联网宽带接入用户）/总人口

以行政村为分析单元，从基础信息、自然状况、社会状况、经济状况、用地状况、区位状况、景观格局、农业生产状况、公共设施配给状况、县域社会经济条件 10 个维度，构建包括 115 个指标在内的微观尺度乡村聚落要素指标体系，面向村庄个体精确刻画聚落空间发展特征（表 3-2）。

表 3-2　微观尺度乡村聚落普查表

分类	要素	单位	获取方式
基础信息	村庄名称		根据村庄土地利用现状图提取
	所属乡镇/街道		
	经度	°	使用 ArcGIS 质心转化工具提取地理坐标
	纬度	°	
	现状人口	人	根据手机信令数据或现场调研获取
	主导产业		根据现场调研获取
	产品类型		
	村庄形态		根据村庄土地利用现状图，通过 ArcGIS 数据矢量化提取
	村庄边界		
自然状况	年平均气温	℃	根据中国逐年年平均气温、降水量空间插值数据集，运用分区统计工具计算平均值
	年降水量	mm	
	高程	m	根据 30m 分辨率 DEM 数据，通过 ArcGIS 平台提取
	坡度	°	
	地质岩性		根据中国地质岩性、土壤质地和植被类型基础数据库提取各村庄的主导类型
	土壤质地		
	植被类型		
社会状况	常住人口数	人	根据手机信令数据获取
	户籍人口数	人	根据现场调研或村庄统计数据获取
	外出务工人数	人	
	外来人口数	人	
	未成年人比例	%	根据现场调研或手机信令数据推算
	老年人比例	%	
	初中文化水平所占比例	%	根据现场调研或村庄统计数据获取
	高中及中专文化水平所占比例	%	
	大专以上文化水平所占比例	%	
	从事第一产业劳动人口所占比例	%	
	从事第二产业劳动人口所占比例	%	
	从事第三产业劳动人口所占比例	%	
	新型合作医疗参保比例	%	
	基本养老保险参保比例	%	
	最低生活保障参保比例	%	

续表

分类	要素	单位	获取方式
经济状况	村民人均可支配收入	元	根据现场调研或村庄统计数据获取
	村集体资产总额	万元	
	村集体债务总额	万元	
	村集体产业构成		
	主要农产品成本	元	
	村企业总产值	万元	
	村集体经营性收入	万元	
	村年利、税总额	万元	
用地状况	耕地面积	m^2	根据高分卫星亚米级高分辨率遥感影像数据，应用 ENVI 软件解译提取
	园地面积	m^2	
	林地面积	m^2	
	草地面积	m^2	
	居住用地面积	m^2	
	商服用地面积	m^2	
	公共设施用地面积	m^2	
	村庄道路用地面积	m^2	
	绿地与广场用地面积	m^2	
	湿地面积	m^2	
	陆地水域面积	m^2	
区位状况	区域路网密度	m/m^2	根据中国道路空间分布数据，结合 POI 数据以及高德/百度地图开放平台对数据进行挖掘，应用 ArcGIS 空间分析工具计算
	到市政府的距离	m	
	到县政府的距离	m	
	到建制镇的距离	m	
	到主干道路的距离	m	
	到农村道路的距离	m	
	到主要河流的距离	m	
景观格局	村庄斑块数量		根据村庄土地利用现状图提取斑块，利用 Fragstats 软件计算
	村庄斑块密度		
	村庄平均斑块面积		
	村庄景观破碎度		
	村庄景观分离度		
	村庄景观多样性指数		
	村庄景观优势度		
	村庄景观分维数		
	村庄景观集聚度		
	村庄景观蔓延度		

续表

分类	要素	单位	获取方式
农业生产状况	可耕作耕地面积	m^2	根据现场调研或村庄统计数据获取
	耕地灌溉面积	m^2	
	人均可耕作耕地面积	m^2	
	农业机械年末拥有量	台	
	粮食总产量	t	
	经济作物总产量	t	
	牲畜年末存栏量	头	
	水产品总产量	t	
	化肥施用总量	t	
	农药施用总量	t	
	人均农业机械年末拥有量	台	
	人均粮食占有量	t	
	人均经济作物占有量	t	
	人均牲畜年末存栏量	头	
	人均水产品占有量	t	
	每公顷耕地化肥施用量	t	
	每公顷耕地农药施用量	t	
公共设施配给状况	公交站	个	根据高德/百度地图 POI 数据提取其个数与空间位置并进行分区统计汇总
	公共停车位	个	
	变压器	个	
	污水处理站	个	
	垃圾收集点	个	
	公共厕所	个	
	警务处	个	
	幼儿园	个	
	小学	个	
	中学	个	
	村卫生室	个	
	图书室	个	
	体育馆	个	
	健身活动广场	个	
	养老院	个	
	小卖部	个	
	农贸市场	个	

续表

分类	要素	单位	获取方式
公共设施配给状况	餐馆	个	根据高德/百度地图 POI 数据提取其个数与空间位置并进行分区统计汇总
	旅馆	个	
	邮政网点	个	
	快递收发室	个	
	金融网点	个	
县域社会经济条件	区/县 GDP	万元	通过统计年鉴整理获得
	区/县产业占比	%	
	区/县固定资产投资额	万元	
	区/县城镇化率	%	
	区/县农村人均纯收入水平	元	
	区/县第一产业就业比例	%	
	区/县户籍人口	人	
	区/县常住人口	人	
	区/县人口密度	人/km^2	

3.1.2 乡村聚落系统划分

系统是由相互制约的各个部分组成的具有一定功能的整体，系统之间存在相互联结的关系（魏宏森，2013）。乡村地域系统是人地关系地域系统中的一种表现形式，指在特定乡村地域范围内，由多个子系统组成的具有一定结构和功能的开放系统。

乡村聚落组成系统的要素包含资源环境、区位要素、物质形态、社会经济等（刘彦随等，2019），实则反映的是人地关系地域系统，是一定地域范围内乡村居民生活的共同体。从结构及组成要素来看，可将乡村聚落系统划分为乡村聚落内核系统和乡村聚落外缘系统（图 3-3）。内核系统包括自然要素和人文要素，如资源环境、社会经济、生态要素等；外缘系统包括区域工业化和城镇化发展水平等要素（龙花楼和屠爽爽，2017；刘彦随等，2019）。在外缘系统的推动下，内核系统不断发展优化，而乡村聚落区位条件连接着内核系统和外缘系统，影响着两者物质、能量交换的频率，从而影响着整个乡村聚落系统的发展（吴传钧，2001）。

(1) 乡村聚落内核系统

乡村聚落内核系统是自然地理条件、人口、经济和社会特征相对一致而又相对独立的整体，人口是系统的核心要素，社会经济水平又是系统发展的动力，基础设施、服务和管理体系是系统正常运行的保证，而乡村聚落景观及其演变则是内核系统总体特征的外部表现（王声跃和王龚，2015）。根据乡村聚落内核系统的内涵和结构特征，乡村聚落内核系统可划分为社会经济、物质空间和资源环境子系统，三者之间相互作用和关联，形成具有一定功能的系统整体。

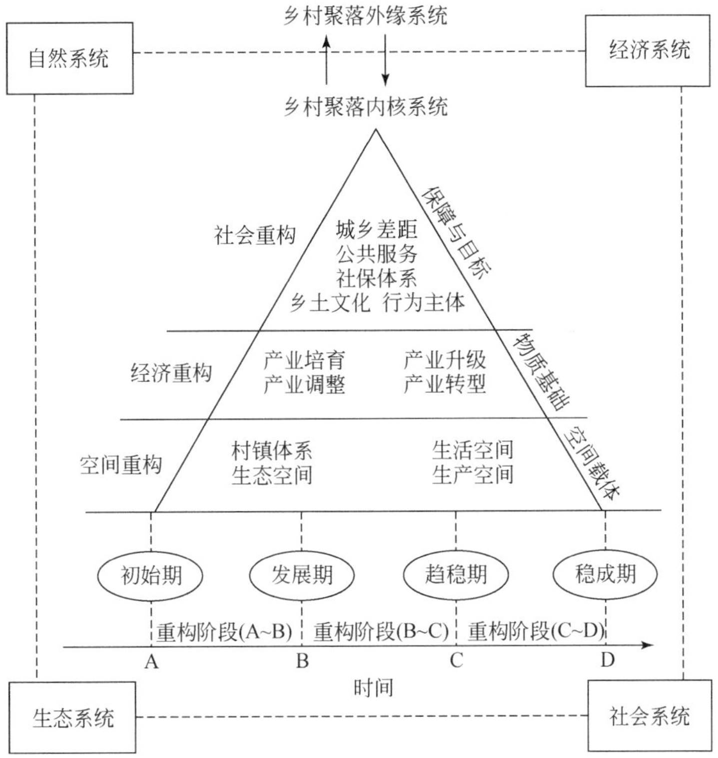

图 3-3　乡村聚落系统划分图

资料来源：屠爽爽和龙花楼（2020）

1）社会经济子系统：为乡村聚落内核系统发展提供了物质基础和发展平台。社会经济子系统表征乡村聚落社会经济发展的整体水平，承载着乡村人口的就业与社会保障功能，体现的是为农民家庭提供经济收入及促进国民经济发展的经济能力。系统能力的高低，主要由乡村农业经济、乡村工业经济、服务业及其他经济活动，以及乡村人口数量来决定。而社会经济子系统的发展又会影响物质空间子系统，即通过人口变化和经济发展带动物质空间的变化。

2）物质空间子系统：是乡村聚落外部景观特征的描述，同时也是乡村聚落内核系统发展的载体，体现的是一定地域范围乡村聚落内各种物质实体的空间要素组成，主要包括乡村土地利用格局、聚落空间结构等（李红波等，2018）。在现代社会，乡村聚落内核系统发展的重要标志体现在乡村聚落的空间结构、聚落面貌及其动态变化等方面。乡村聚落的物质形态是系统发展的空间基础（黄亚平和郑有旭，2021），是受到其他子系统影响的空间化产物，不同的自然条件和社会经济背景会导致不同的聚落空间形态，而乡村聚落物质空间又承载着社会文化及经济产业的发展。

3）资源环境子系统：是乡村聚落内核系统运行的本底支撑，包括自然资源的供给系统和自然条件的保障系统，而资源环境的种类及其分布差异会成为约束系统演化的因素。资源环境子系统提供了乡村人地相互作用的环境和场所，组成要素包括乡村聚落的自然条件、资源禀赋等，是乡村聚落系统形成和演化发展的自然物质基础，为乡村人口和产业发展提供生产生活条件，以及经济发展所需的物质和能源资源。

乡村聚落内核系统是一个统一的整体，物质空间子系统是社会经济子系统发展的物质载体，社会经济子系统的变迁也必然伴随着空间的变动，而资源环境子系统为另外两个子系统的发展提供了自然基础和资源保障。乡村聚落依靠自然本底，通过增强乡村经济实力和自我发展能力，吸引人口集聚、促进产业升级，从而增加对土地的需求，进而影响乡村聚落内核系统的发展（Long and Li，2012）。

（2）乡村聚落外缘系统

乡村聚落系统并非内部封闭运行的系统，其发展离不开区域宏观经济发展（冯长春等，2012）。县域是以大乡村为特征、城乡一体的地域单元（刘彦随，2018），对乡村聚落系统而言，普遍以县城、乡镇为核心（张小林，1999）。一般来说，区域经济发达的地区，通过增加农民家庭收入、激发农村住房需求进而影响农村居民点的空间演化（Chen and Feng，2010）；而经济落后的地区，农村居民家庭收入低，政府支付能力较弱，区域对乡村的辐射作用则较弱（屠爽爽等，2020）。

已有研究对乡村聚落外缘系统组成要素的界定依据主要包括工业化和城镇化发展水平等（屠爽爽等，2015）。区域社会经济发展要素，体现的是乡村聚落所在区域的大背景，乡村聚落系统的发展离不开区域宏观经济与社会背景。随着乡村聚落外部环境的提升，乡村地区不断与外部系统交换物质、能量和信息，从而促进了乡村聚落社会经济、物质空间要素的演化。

（3）乡村聚落区位条件

乡村聚落区位条件连接着乡村聚落与外部环境，同时也促进了聚落内部子系统之间的联系，加速了乡村聚落生产要素的配置。乡村聚落对外交通的发展直接影响着聚落的经济繁荣，提升了周边地区经济关系的密切程度。若基础设施从中心城市伸展到广大乡镇，乡村就能获得广泛的便利性，降低生产成本，促进物质、文化和技术的交流，从而加快经济的发展，并增加人口集中的比例（Zhou et al.，2013）。

3.1.3 乡村聚落系统互动

人类活动的地域系统主要是非物质的社会、经济活动的反映，乡村聚落空间结构变迁是社会、经济活动变动过程的结果，这些过程是系统要素之间的相互作用。乡村聚落的各个要素之间相互联系，构成了乡村聚落系统整体，各子系统共同促进乡村聚落系统的发展，并制约着系统功能发展的方向与趋势（屠爽爽等，2015）。

乡村聚落内核系统各子系统之间及其与外缘系统之间，通过区位条件增进联系，形成了乡村聚落系统发展的驱动力，从而推动乡村聚落社会经济子系统、资源环境子系统、物质空间子系统以及乡村聚落外缘系统不断发展，进而推动乡村聚落系统整体的发展（图 3-4）（张富刚和刘彦随，2008）。

已有研究从宏观尺度探究了系统发展的动力机制，马历和龙花楼（2020）基于全国尺度选取了 37 个指标表征社会、经济、资源、环境、政策等子系统，用系统动力学模型模

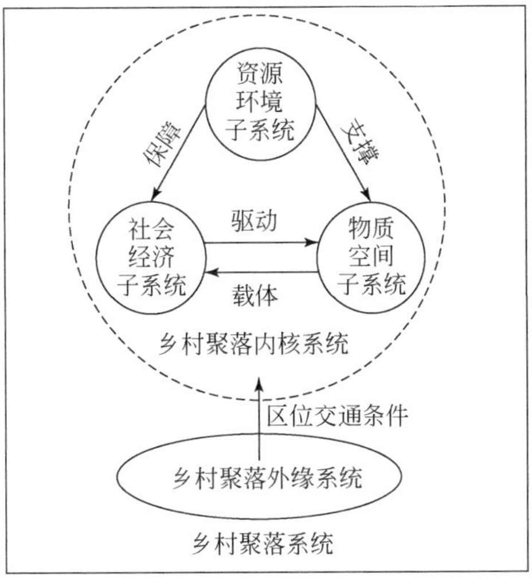

图 3-4　乡村聚落系统互动机制

拟、预测了系统未来发展演变的方向和路径。盛科荣和樊杰（2018）选取了 12 个指标量化地域功能形成的主要影响因素，并探讨了影响因素间的耦合关系。屠爽爽等（2020）从乡村聚落系统的角度来分析乡村聚落空间重构，将乡村聚落系统划分为内核系统及外缘系统，并定性探讨了系统内各要素对重构的动力机制。

目前，对乡村聚落系统互动开展定量研究的较流行的一种方法是结构方程模型（structural equation modeling，SEM）。结构方程模型是一种多元统计分析方法，在一个分析框架内回答一组相互关联的研究问题，其原理是基于变量的协方差矩阵同时对多个自变量和因变量进行建模，并通过实证数据评估实质理论的有效性。结构方程模型最初应用于生物遗传学、心理学等领域（Spearman，1904，1927；Wright，1918，1921，1934）。20 世纪 70 年代以来，结构方程模型被广泛应用于社会科学研究中（Jöreskog，1970），在经济计量学、社会测量学、心理测量学、教育学和管理学等领域取得了丰硕成果，已成为定量社会科学中最流行的方法之一。

技术方法介绍——结构方程模型

SEM 通过实证数据检验实质性理论。例如，一种理论可能认为某些心理特征（心理特征是行为、思维和情感的习惯模式）不影响其他特征，某些变量不影响某些因素，SEM 可以用来检验这一理论。SEM 主要包括两个基本变量：潜变量和显变量（观测变量）。

显变量（observed variable）：是指可直接观测并测量的变量，也称为观测变量，如人的身高、体重、价格、收入等。

潜变量（latent variable）：是指无法直接观测到的变量，也称为隐变量。潜变量可以由彼此之间有共同特点的显变量来表示，以这种方式定义的潜变量等同于因子分析中的共同因子，可以视为没有测量误差，如顾客满意度、忠诚度等。潜变量又包括外生潜变量和内生潜变量。

结构方程模型还包括两大类变量：内生变量和外生变量。所有内生变量都受到其他变量的影响，并且可以被其他变量预测，而外生变量不受任何其他变量的影响（Eveland et al., 2005；Wong and Law, 1999；Wong et al., 2001），指在模型中只起解释变量作用的变量。内生变量包括内生潜变量和内生显变量，外生变量包括外生潜变量和外生显变量。

SEM 相较于传统方法，具有以下优势：

1）把方差分析、回归分析、路径分析、因子分析等传统统计方法包含在内，因而更具有广泛的适用性。适用于实验和非实验数据，以及横截面和纵向数据，可应用于多领域研究。

2）SEM 是一种多元分析技术，它可以用于研究由多种变量表明的潜变量之间的关系。通过观察变量估计潜在（未观察到的）变量，将观察到的（测量）变量和未观察到的变量（潜变量）结合在一起，能同时处理多个或多组因变量。

3）允许测量误差存在，SEM 估计了自变量和因变量的误差方差参数（Byrne, 2010），在分析变量之间关系时，测量过程所产生的误差同时包含在分析的过程中，将误差视为变量处理，使得测量结果准确性得到提高。

4）解决了多重共线性问题，当描述潜变量时需要多个测量变量，此时多重共线性不会发生，因为未观察的变量表示不同的潜在结构。此外，SEM 还能处理由互为因果产生的内生性问题（Wong et al., 2001；Eveland et al., 2005；McBee, 2010；Kim et al., 2013）。

5）可以估计直接效应、间接效应和总效应，这比普通的线性模型对变量之间的联系有了更深入、更全面的了解。直接效应表现为外生变量和内生变量之间的直接联系，间接效应则揭示了外生变量和内生变量通过至少一个附加变量的中介调节之后的关系，总效应等于直接效应和间接效应之和。

6）使用图形语言呈现 SEM 中的复杂关系。模型设定包括制定一组变量的语句，图示表达转换成一组方程，同时求解方程组以测试模型拟合和估计参数。可以使用 SEM 作为概念、理论结构或模型，针对数据对完全开发的模型进行测试，并可以评估其是否适合样本数据。

3.2 乡村聚落系统空间特征

3.2.1 规模特征

基于 1.2 节对乡村聚落的识别，可以统计分析乡村聚落的规模特征，包括规模增加、规模减小和规模稳定。在土地利用转移模式上分别表现为农用地等其他土地利用类型转变为乡村聚落用地、乡村聚落用地转变为城镇建设用地等其他土地利用类型，以及乡村聚落用地规模在研究期未发生明显变化。

现有研究较多关注乡村聚落规模在总体趋势上的变化，在一定程度上忽略了演化趋势背后反映的乡村聚落发展模式在时间和结构上的差异，亟须进一步探究引起乡村聚落总规模增加或减小的原因（图 3-5）。

引起乡村聚落规模增加的原因可能是新聚落产生，也有可能是原有聚落扩张；而乡村

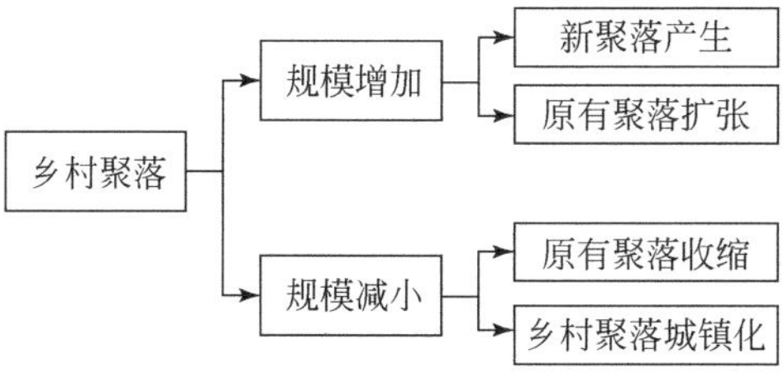

图 3-5　乡村聚落规模变化模式

聚落规模减小可以进一步分为乡村聚落城镇化和原有聚落收缩两种情况，在土地利用转移模式上分别表现为乡村聚落用地转变为城镇建设用地和乡村聚落用地转变为农用地、未利用地、草地等其他土地利用类型。乡村聚落城镇化和原有聚落收缩作为两种截然不同的演化路径，需要进行更细致的区分，具体分析过程可以参考第 6 章对广东的实证研究。

3.2.2　用地特征

除了一般的描述性分析外，研究用地特征的常用技术方法还包括指数方法，如地类变化的流向百分比、土地利用转移矩阵等。第一种方法通过计算各流出地类面积占该分析地类面积的百分比，对不同地类的流向百分比进行排序，可以区分出地类间的主导变化和次要变化（朱会义和李秀彬，2003），适合作为某一区域土地利用驱动力变化研究的基础。第二种方法称为土地利用转移矩阵分析方法，是最常用、也最能直接揭示乡村聚落土地利用变化趋势的方法。

技术方法介绍——土地利用转移矩阵

土地利用转移矩阵反映了同一地区在一段时间的时期初和时期末的各地类面积之间相互转化的动态信息，具有丰富的统计学意义（乔伟峰等，2013）。土地利用转移矩阵的通用形式为

$$S_{ij}=\begin{bmatrix} S_{11} & \cdots & S_{1n} \\ \vdots & \ddots & \vdots \\ S_{n1} & \cdots & S_{nn} \end{bmatrix}$$

式中，S 表示面积；n 表示转移前后的土地利用类型数；i、j（i、j=1，2，…，n）分别表示转移前与转移后的土地利用类型；S_{ij}表示 i 类地转换成 j 类地的面积。

土地利用转移矩阵描述了不同的土地利用类型在不同年份发生变化的土地类别以及发生变化的位置和变化面积，通过分析土地利用类型的总量变化，可了解土地利用总的变化趋势和土地利用结构的变化（李国珍，2018）。

3.2.3　形态特征

形态特征是指大小和形状各异的景观要素在空间上的结构组合，通常用景观格局来表

征，而景观格局指数是对景观格局信息进行高度概括的有效指标，利用景观格局指数可以揭示不同景观在区域上的多样性和聚散性，以及单一景观的数量、密度等（廖军等，2019）。

技术方法介绍——景观格局指数

在对乡村聚落空间的研究中，可从实际需求出发，选取适宜的景观格局指数，探讨乡村聚落数量、规模、形态和邻近情况等，此处主要介绍3.1节微观尺度乡村聚落普查表中包括的景观格局指数。

1）村庄斑块数量（number of patches，NP）指研究范围内乡村聚落个数的总和，NP≥1且没有上限。

2）村庄斑块密度（patches density，PD）反映研究范围内乡村聚落空间分布的均匀程度和集中程度。

3）村庄平均斑块面积（mean patch size，MPS）等于研究范围内乡村聚落总面积除以其个数，部分反映了乡村聚落的破碎程度。

4）村庄景观破碎度（fragmentation index，LFI）可以反映研究范围内乡村聚落被分割的程度，反映乡村聚落空间各种土地利用混合布局的复杂程度。计算公式为

$$\mathrm{LFI}_i=\frac{N_i}{A_i}$$

式中，LFI_i为景观类型i的破碎度；N_i为景观类型i的斑块数；A_i为景观类型i的总面积。

5）村庄景观分离度指数（splitting index，SPLIT）可以反映研究范围内乡村聚落分布的分离程度。计算公式为

$$\mathrm{SPLIT}_i=\frac{D_{ij}}{A_{ij}}$$

式中，SPLIT_i为景观类型i的分离度；D_{ij}为景观类型i的距离指数；A_{ij}为景观类型i的面积指数。

6）村庄景观多样性指数（Shannon's diversity index，SHDI）可以反映乡村聚落的丰富度与复杂度，也可用于同一区域不同时期的比较。计算公式为

$$\mathrm{SHDI}=-\sum_{i=1}^{m}(P_i)(\ln P_i)$$

式中，SHDI为多样性指数；P_i为景观类型i所占面积的比例；m为景观类型数目。

7）村庄景观优势度（dominance index，LDI）描述乡村聚落由少数几类斑块控制的程度，与多样性指数成反比，多样性指数越大，优势度越小。计算公式为

$$\mathrm{LDI}=\ln m-H$$

式中，LDI为优势度指数；m为景观类型数目；H为多样性指数。

8）村庄景观分维数指数（fractal dimension index，FRACT）指不规则几何形状的非整数维度，反映乡村聚落斑块形状的复杂程度。值越大，表明斑块形状越复杂，值的理论范围为1.0~2.0，1.0表示形状最简单的正方形斑块，2.0表示等面积下周边最复杂的斑块。计算公式为

$$\mathrm{FRACT}=\frac{2\ln(P/4)}{A}$$

式中，FRACT 为分维数指数；P 为斑块周长；A 为斑块面积。

9）村庄景观集聚度指数（aggregation index，AI）反映某一类型的斑块在景观中的聚集和分散状态，该类型斑块最大程度离散分布时集聚度为0，全部聚合成单独结构时集聚度为100。计算公式为

$$\mathrm{AI}=\left[\frac{g_{ij}}{\max\rightarrow g_{ij}}\right]\times 100$$

式中，AI 为集聚度指数；g_{ij} 为景观类型的相似邻接斑块数量。

10）村庄景观蔓延度（contagion，CONTAG）反映景观里不同斑块类型的团聚程度或延展趋势，值越大表明景观中的优势斑块类型形成了良好的连接。计算公式为

$$\mathrm{CONTAG}=\left[1+\frac{\sum_{i=1}^{m}\sum_{k=1}^{m}\left[(P_i)\left(\frac{g_{ik}}{\sum_{k=1}^{m}g_{ik}}\right)\right]\left[\ln(P_i)\left(\frac{g_{ik}}{\sum_{k=1}^{m}g_{ik}}\right)\right]}{2\ln m}\right]\times 100$$

式中，CONTAG 为景观蔓延度；P_i为 i 类型斑块所占面积百分比；g_{ik}为 i 类型斑块与 k 类型斑块毗邻的数目；m 为景观中的斑块类型总数。

3.2.4 密度特征

密度特征反映了乡村聚落分布的密集程度，主要通过核密度法进行分析判断。

技术方法介绍——核密度法

核密度法是一种非参数化的地表密度计算方法，可用来衡量农村居民点的空间分布密度。核点元素密度分析用于计算输出网格中每个单元格周围的点元素密度，通常使用栅格数据密度值反映点状数据分布的密集程度。以研究区所有样本点为圆心，通过设置合适的搜索半径生成圆，距离圆心越近，栅格数据密度值越大，乡村聚落分布密度则越大，若没有样本点落入栅格数据中，则密度值为零。环境中计算元素的密度在概念上被每个点上的光滑表面所覆盖，趋势面的颜色由上至下逐渐变淡，能够直观地分析空间物体的分布属性。计算公式为

$$f(x,\ y)=\frac{1}{nh^2}\sum_{i=1}^{n}k\left(\frac{d_i}{h}\right)$$

式中，$f(x,\ y)$ 为位于（x，y）位置的密度估计；n 为观测数量；h 为带宽；k 为核函数；d_i为位置距第 i 个观测位置的距离。

可以借助 ArcGIS 软件中的 Kernel Density 空间分析工具，对乡村数量分布的核密度进行可视化估计，在乡村聚落点位置处表面值最高，随着与乡村聚落点的距离增大，表面值逐渐减小，在与乡村聚落点的距离等于搜索半径的位置处，表面值为0，Population 值的字段表示遍布于用来创建连续表面的景观内的计数或数量。

3.2.5 空间结构特征

乡村聚落空间结构特征包括方向性特征和规模集聚特征两个方面。

分析乡村聚落的空间分布方向性特征时，可以利用 ArcGIS 中的方向分布（标准差椭圆）工具对乡村聚落分布的中心趋势、集聚趋势和方向性趋势进行定量探究。

技术方法介绍———标准差椭圆

方向分布（标准差椭圆）工具通过计算所有要素在 x 轴和 y 轴方向上的标准距离创建三个新的以平均中心为中心的椭圆面，分别表示 1～3 个标准差范围。当要素在空间上呈正态分布态势时（即中心处最为密集，向外围逐渐变得稀疏），1～3 个标准差范围分别可以将总数 68%、95%、99% 的要素的质心包含在内。

聚类分析包括全局空间聚类检验（Getis-Ord General G）和局部空间聚类分析，可广泛用于规模集聚特征的分析。全局空间聚类检验用于检测居民点规模的全局性空间分布模式，即高值空间集聚或低值空间集聚；局部空间聚类分析可以找到乡村聚落规模在空间上的“冷热点”。

技术方法介绍——聚类分析

1）全局空间聚类检验表达式为

$$G(d) = \sum_{i=1}^{n}\sum_{j=1}^{n} w_{ij}(d)\, x_i / \sum_{i=1}^{n}\sum_{j=1}^{n} x_i\, x_j$$

式中，d 为距离；$w_{ij}(d)$ 为 x_i 和 x_j 间的距离权重；x_i 和 x_j 分别为 i 和 j 聚落的观测值；n 为乡村聚落的个数，且 i 和 j 不能为同一个区域。同时计算 Z 统计值：

$$Z(G) = [G - E(G) / \sqrt{\mathrm{VAR}(G)}]$$

式中，当 Z 值为正时，说明存在高值集聚分布；当 Z 值为负时，说明存在低值集聚分布；如果 Z 值接近 0，说明研究区内不存在显著的集聚特征。

2）局部空间聚类分析（热点探测分析）。

采用 ArcGIS 中空间统计工具“热点”探测（Hotspot Analysis，Getis-Ord Gi*）工具，指要素空间关系的计算方法，查看与要素相邻的每一个要素，若要素与其周边的要素同样具有高值，则认为其为统计意义上的热点。其表达式为

$$G_i^* = \frac{\sum_{j=1}^{n} w_{i,j}\, x_j - \bar{X}\sum_{j=1}^{n} w_{i,j}}{S\sqrt{\dfrac{\left[n\sum_{j=1}^{n} w_{i,j}^2 - \left(\sum_{j=1}^{n} w_{i,j}\right)^2\right]}{n-1}}n}$$

式中，x_j 为要素 j 的属性值；n 为乡村聚落的个数；$w_{i,j}$ 为要素 i 和 j 之间的空间权重。其中：

$$\bar{X} = \frac{\sum_{j=1}^{n} x_j}{n}$$

$$S = \sqrt{\frac{\sum_{j=1}^{n} x_j^2}{n} - (\bar{X})^2}$$

3.3 乡村聚落时空演化

3.3.1 乡村聚落时空演化驱动力

构建乡村聚落时空演化驱动力模型，本质上是识别各子系统产生作用的驱动因子，并评估其对乡村聚落时空演化过程的影响。对内核系统产生作用的驱动因子主要是人口增长、经济发展和地域文化，对外缘系统产生作用的驱动因子则包括市场需求、政策推动和基础设施建设等，多种因子共同作用于不同地区、阶段和发展模式的乡村聚落（图 3-6），接下来对主要驱动因子展开分析。

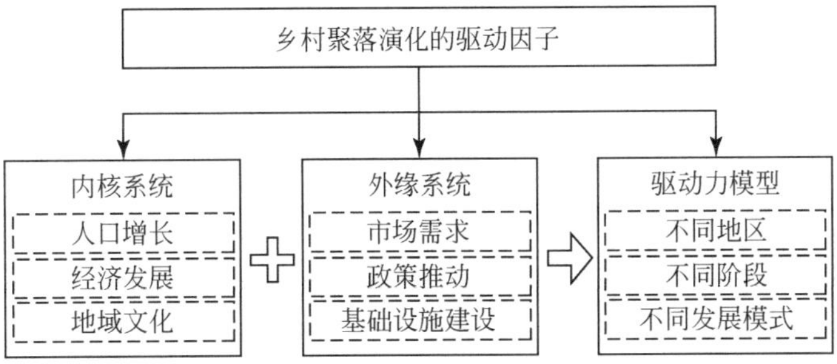

图 3-6　乡村聚落时空演化的驱动因子

（1）内核系统

人口是社会经济子系统的主体，核心属性包括人口的素质和数量，直接关乎乡村聚落的整体活力。在环境承载力的阈值内，人口的聚居和数量的增加代表着乡村聚落活力的提升和社会环境的优化（李红波等，2014；王传胜等，2011；房艳刚和刘继生，2012；冯应斌和杨庆媛，2016），人口增长是聚落规模增加的内生动力（王介勇等，2010）。

经济发展水平是乡村聚落发展的物质保障和外部动力（袁洁等，2008；冯长春等，2012），经济发达地区的乡村聚落规模往往大于落后地区，建成环境质量也往往较优。同时，经济发展水平越高的地区，城乡互动越密切，城市对乡村的带动力越强，这些地区的乡村聚落会表现出较大的非农属性，如第二、第三产业随处可见等。

地域文化对乡村聚落的影响是长期的，潜移默化地影响乡村聚落的生产方式、生活方式、文化习俗、民族民系和宗教语言，是识别乡村聚落分异的重要符号。地域文化因素形成统一的精神核心，增加聚落的向心力，通过人的行为作用于聚落空间演化过程（胡最等，2013）。例如，我国北方聚落中的“戏台文化”与南方聚落中的“祠堂文化”都是文化因素影响的结果。

（2）外缘系统

政策推动是自上而下的作用，可以直接作用于空间结构要素，也可以间接作用于农户，规范其居住选址行为，进而影响乡村聚落空间演化（海贝贝等，2013）。农村土地管理制度改革，如耕地的“占补平衡”、土地“农转非”、集体经营性建设用地入市等政策促使乡村聚落空间平稳性演化（邓南荣等，2009），另外，扶贫“易地搬迁”（龙花楼和屠爽爽，2017）、重大项目建设（孙丽敏等，2006）、行政区划调整（石忆邵和徐妍菲，2011）等都会直接影响乡村聚落的空间演化与重构。

此外，屠爽爽等（2019）基于聚落影响因素、演变作用方式和程度的差异性，将乡村聚落外缘系统中影响聚落空间演变的因素归纳为自上而下的政策制度因子、自下而上的自然地理因子和工业化、农业现代化与城镇化驱动的社会经济因子，三者相互约束、支撑、引导和调控，共同影响聚落规模、形态、区位和内部结构的演化（图3-7）。关于外部驱动力的空间重构模式，可以分为飞地模式（功能需求指向）、渗透模式（交通指向）、汇流模式（中心地指向）、聚核模式（经济指向）及渐进模式（低地指向）（项凯潮，2019）。

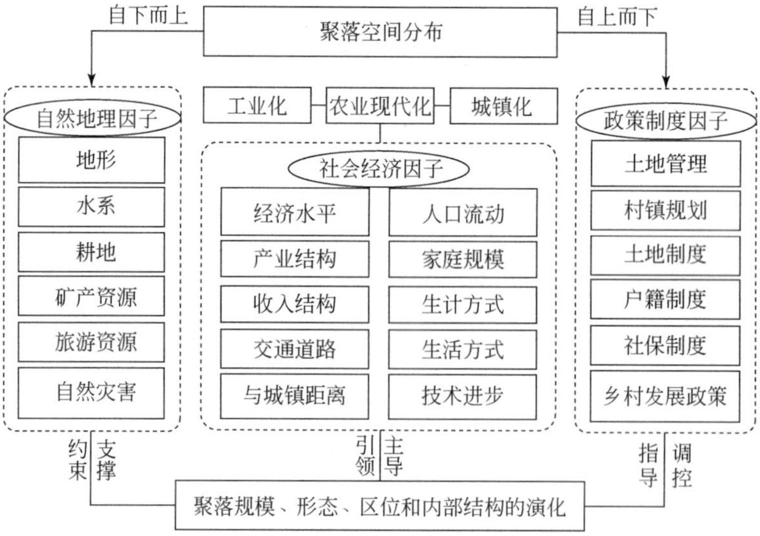

图3-7　乡村聚落空间演变的驱动机制

资料来源：屠爽爽等（2019）

3.3.2　乡村聚落时空演化机制

乡村聚落时空演化机制是指推动乡村聚落空间发展所必需的动力产生机理，以及维持、协调和改善这种作用机理使之持续有效地发挥作用的原则、规则和决策程序。系统动态演化过程的形成不是单一机制起作用的结果，而是由各种机制综合起作用的产物。另外，乡村聚落时空演化的实现机制是其动力因素转变为空间演化的推进路径和作用过程，主要手段是空间规划（图3-8）。

对于乡村聚落空间格局及演化机制的研究可以分为四类。第一类为在理论层面探讨乡村聚落空间演化的影响机制，该类研究成果较少（周国华等，2011；付孟泽等，2019）。第二类为在已有理论研究成果的基础上，结合研究区域内自然、社会、人文等条件的特殊性

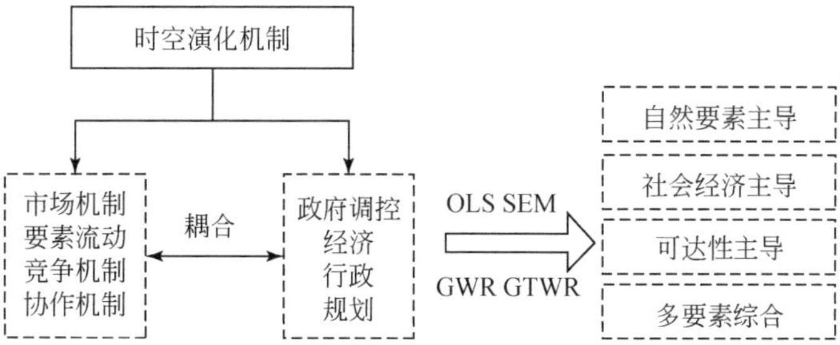

图 3-8 乡村聚落时空演化机制

进行定性分析（海贝贝等，2013；汪民，2016；张军和顾盼，2019），由于该类研究多局限于特定研究区域内乡村聚落空间演变特征的解释，缺乏不同区域共性或差异性机制的总结，理论创新性有待挖掘。第三类为应用统计分析（分组统计、概率分布直方图等）或空间分析（空间叠加分析、缓冲区分析等）的方法，通过探究乡村聚落在不同地形、水热、区位、社会经济发展水平等条件下表现出的差异性的数量特征或空间分布特征，来总结不同因素对乡村聚落空间格局的影响效果（海贝贝等，2013；杨忍，2017；龚炜华等，2018），此方法多用于研究某一时期乡村聚落空间格局形成的影响因素，在研究长时间段空间演化影响机制上不太适用。第四类为应用计量模型进行影响机制的定量探究，如基于地理探测器、逻辑斯谛回归、相关分析等方法探究乡村聚落空间格局形成的影响因素（宋明洁等，2013；杨忍，2017；龚炜华等，2018；杨勇等，2019），基于多元线性回归、面板数据回归方法探究空间格局演化的影响机制（师满江等，2016；杨勇等，2019）。

近年来，计量方法应用逐渐深入，已经成为探究乡村聚落空间格局及演化影响因素最主要的研究方法，在此基础上结合已有理论研究成果、统计分析结果以及研究区域情况进行定性分析，从而深入挖掘乡村聚落空间演化的内在机理。

地理关系的研究需要同时考虑时间与空间异质性，传统的 OLS 只能对所有样本和参数进行全局性估计，没有加入对空间格局的考虑，自变量如果存在空间自相关就无法满足模型残差项独立分布的假设，参数估计将不再适用。目前，对于空间异质性的研究已经较为成熟，其中 GWR 模型为最经典、最常用的方法（Brunsdon et al.，1998）。

技术方法介绍——GWR 模型

GWR 模型实质是局部加权最小二乘法，通过在局部范围内实现逐点参数估计，根据地理空间位置不断发生变化的参数估计值进行回归分析，能够反映自变量与因变量之间的关系随着地理位置的变化而发生变化的空间非平稳性，其模型结构如下：

$$y_i = \beta_0(u_i, v_i) + \sum_k \beta_k(u_i, v_i)\, x_{ik} + \varepsilon_i$$

式中，i 是样本数；y_i 是第 i 个自变量对应的因变量；x_{ik}（$k=1, 2, \cdots, n$）是 n 个自变量；（u_i，v_i）是第 i 个自变量的地理中心坐标；β_k（u_i，v_i）是各变量在空间 i 的回归系数；β_0（u_i，v_i）是回归方程截距；ε_i 是随机误差项。

在 GWR 模型中，对于每一个分析单元，邻域内所有分析单元对其参数估计的贡献由空间权重矩阵来决定。权重设为距离的函数，距离越大权重越小，用高斯核函数度量

(Brunsdon et al., 1996)，表达式为

$$w_{ij} = \exp(-d_{ij}^2/\theta^2)$$

式中，w_{ij} 是样本点 j 对样本点 i 的空间权重，用于估计位置 i 处的系数；d_{ij} 是 i 和 j 之间的欧氏距离；θ 是由距离度量的固定带宽大小。

GWR 模型的输出结果受 θ 影响明显，常用赤池信息量准则（Akaike information criterion，AIC）法或交叉确认（cross-validation，CV）法等确定其大小。

在 GWR 模型的基础上，如何将时间这一固有维度与空间联系起来，同时刻画时间与空间的异质性，是近年来国内外学者们探索的焦点（Wu et al., 2014；Fotheringham et al., 2015；Du et al., 2018）。2010 年香港中文大学的黄波教授对 GWR 进行了改进，加入了时间因子，提出了 GTWR 模型，同时考虑了回归系数的时间和空间非平稳性（Huang et al., 2010）。

GTWR 成为地理学研究中同时考虑时间非平稳性与空间非平稳性关系的主要建模方法，被地理学者广泛应用于资源环境、土地利用、城市规划等诸多领域，用以研究复杂的时空演变问题(吴森森，2018)。从已有实证研究来看，GTWR 对涉及回归系数时空非平稳性的复杂地理学问题的解释效果优于普通多元线性回归或 GWR 模型。

技术方法介绍——GTWR 模型

$$y_i = \beta_0(u_i, v_i, t_i) + \sum_{k=1}^{p} \beta_k(u_i, v_i, t_i)\, x_{ik} + \varepsilon_i,\ i = 1, 2, \cdots, n$$

式中，y_i 为观测值；(u_i, v_i, t_i) 为第 i 个样本的时空坐标；$\beta_0(u_i, v_i, t_i)$ 为第 i 个样本点的回归常数；$\beta_k(u_i, v_i, t_i)$ 是第 i 个样本的第 k 个变量的回归系数；x_{ik} 为自变量 x_k 在 i 点的值；ε_i 为第 i 个样本的随机误差，满足正态分布。

对于每一个分析单元，其时空邻域内所有分析单元对其参数估计的贡献由时空权重矩阵来决定，而时空权重是根据其他单元与该单元之间的时空距离来确定的，距离越近赋予权重越大，反之距离越远赋予权重越小。时空权重设定为样本 i 到其他样本时空距离的函数，即时空回归权重矩阵也称为“时空核函数”。具体来看，GTWR 模型的构建分为以下几个步骤。

（1）时空距离定义

GTWR 模型构造了一个椭圆坐标系统，基于（u，v，t）三维坐标计算时空距离，时空距离为空间距离和时间距离的线性组合。（u_i，v_i，t_i）与任意点（u_j，v_j，t_j），$i=1$，2，…，n 的时空距离公式如下：

$$d_{ij}^{ST} = \sqrt{\lambda[(u_i - u_j)^2 + (v_i - v_j)^2] + \mu(t_i - t_j)^2}$$

式中，d_{ij}^{ST} 为点 i（u_i，v_i，t_i）与点 j（u_j，v_j，t_j）之间的时空距离，μ 和 λ 分别为时间距离因子和空间距离因子，其作用为平衡空间和时间的不同距离尺度。

（2）时空核函数构建

根据各个观测点间的时空距离可以构建每个观测点的时空权重矩阵用来度量回归分析中不同测量点之间的影响。使用高斯函数构建权重矩阵：

$$W_{ij} = \exp\left(-\frac{(d_{ij}^{ST})^2}{(h^{ST})^2}\right)$$

式中，h^{ST} 为时空带宽。将时空距离计算公式代入权重计算公式中得到：

$$W_{ij} = \exp\left\{-\frac{\lambda[(u_i-u_j)^2+(v_i-v_j)^2]+\mu(t_i-t_j)^2}{(h^{ST})^2}\right\}$$

$$= \exp\left\{-\frac{(u_i-u_j)^2+(v_i-v_j)^2}{(h^{S})^2}\right\} \times \exp\left\{-\frac{(t_i-t_j)^2}{(h^{T})^2}\right\}$$

$$= \exp\left\{-\frac{(d_{ij}^{S})^2}{(h^{S})^2}\right\} \times \exp\left\{-\frac{(d_{ij}^{T})^2}{(h^{T})^2}\right\} = W_{ij}^{S} \times W_{ij}^{T}$$

式中，W_{ij}^{S} 是空间权重；W_{ij}^{T} 是时间权重。GTWR的时空回归权重矩阵值为空间权重与时间权重的乘积。其中，h^{S}、h^{T}、h^{ST} 分别表示空间带宽、时间带宽和时空带宽参数，且三者关系为

$$h^{S} = \sqrt{\frac{h^{ST}}{\lambda}}, \quad h^{T} = \sqrt{\frac{h^{ST}}{\mu}}$$

（3）最优时空因子计算

为了保证空间和时间距离均起到作用，确保模型估计结果达到最优，需要确定最优时空因子。理论上讲，如果不考虑空间非平稳性，可以将空间距离因子 λ 设为0，此时模型退化为时间加权回归（TWR）模型；相反，如果不考虑时间非平稳性，将时间距离因子 μ 设为0，则模型即为GWR模型。但在现实地理问题中，时空非平稳性同时存在，所以 λ 和 μ 均不为0（吴森森，2018）。因此，往往构建一个时空因子 $\tau = \lambda/\mu$，为时间距离因子与空间距离因子的比值，其中 $\lambda \neq 0$，计算得到新的时空距离 D_{ij}^{ST}。

$$(D_{ij}^{ST})^2 = \frac{(d_{ij}^{ST})^2}{\lambda} = [(u_i-u_j)^2+(v_i-v_j)^2] + \tau(t_i-t_j)^2, \quad \tau = \frac{\lambda}{\mu}$$

在实际应用中，通常令 $\lambda = 1$，以减少模型待估参数个数，降低估计的计算量。此时，仅有一个待估计的未知参数 τ，权重公式可以改写成：

$$W_{ij} = \exp\left\{-\frac{\dfrac{(d_{ij}^{ST})^2}{\lambda^2}}{\dfrac{(h^{ST})^2}{\lambda^2}}\right\} = \exp\left\{-\frac{[(u_i-u_j)^2+(v_i-v_j)^2]+\tau(t_i-t_j)^2}{\dfrac{(h^{ST})^2}{\lambda}}\right\}$$

GTWR的模型优化过程分为时空因子 τ 和时空带宽参数 h^{ST} 的求解两部分：首先基于AIC选择最优时空带宽；在此基础上，通过调整时空因子（τ 值）使得空间和时间获得最佳平衡，优化模型的拟合优度 R^2 来确定最终的模型参数。

3.4 乡村聚落协调发展

3.4.1 乡村振兴政策下的协调发展目标

乡村振兴战略“20 字方针”要求共同构建了乡村振兴五维目标体系，其实质上代表着乡村地域系统经济、生态、文化、政治和社会五大目标的振兴，是相互联系的有机整体，其振兴效益也并非相互独立，而是相互制约或促进的。因此，理清五维目标的交互耦合机理是明晰乡村振兴水平综合评价思路、科学分类和给出规划引导的重要前提。产业兴旺是动力引擎，产业“空心化”带来的基础设施落后、人才流失是多数乡村衰落的根本原因，而农业现代化以及构建新型乡村产业体系可以为其余四维目标提供其发展所需要的经济支持及物质供给，而后者的发展同时反过来拉动产业发展；生态宜居是空间支撑，乡村聚落本质上是服务于特定人群居住的空间载体（白雪等，2018），而生态宜居的目标就是从生产和生活两方面着手营造优良的空间环境，为其余四维目标提供活动载体和绿色理念渗透，反过来推动乡村空间生态化；乡风文明是动力源泉，为乡村全面振兴持续提供高素质人才和精神动力；治理有效是制度保障，是维护乡村地域系统高效运转的行政和社会组织基础（闫周府和吴方卫，2019）；生活富裕是乡村振兴的根本目标，是其余四维目标不断发展的综合表现（李小建等，2021）。同时，产业兴旺与生活富裕带来的高素质人才和先进的管理理念也为乡村文化建设与制度建设提供助力，成为激活乡村可持续发展、助力社会问题缓解的有效途径（郭远智和刘彦随，2021）。乡村振兴五维目标之间的耦合协调发展机理如图 3-9 所示。

3.4.2 乡村振兴水平综合评价

（1）指标体系构建

围绕乡村振兴五维发展目标，可结合国标体系和地方乡村振兴面临的突出矛盾和重点任务，以对接国家重点战略、把握关键环节和便于操作为主要原则，构建乡村振兴评价指标体系。产业兴旺综合考虑粮食安全、产业效率、三产融合、现代化水平和管理经营水平等。生态宜居则关注农业绿色发展和农村人居环境建设。乡风文明强调农村精神文明建设，主要从乡村文化生活、专业知识提升和文明村镇建设情况三个方面进行综合评价。治理有效既强调地方政府对于农村治理的多方面成果的体现，又关注村组集体自治水平。生活富裕则侧重于对农村居民物质生活水平、乡村基础设施建设和农村社会保障三个方面的综合考量（表 3-3）。

图 3-9　乡村振兴五维目标之间的耦合协调发展机理

表 3-3　五维目标耦合协调发展评价指标体系

维度/目标	指标名称	定义/计算方法	单位	属性	权重
产业兴旺	粮食综合生产能力	各类粮食作物总产量/粮食作物播种面积	kg/亩①	+	0.0571
	农业科技进步贡献率	农业科技进步率/农业总产值增长率 农业科技进步率=农业总产值增长率-物质费用产出弹性（0.55）×物质费用增长率-劳动力产出弹性（0.20）×劳动力增长率-耕地产出弹性（0.25）×耕地增长率	%	+	0.0338
	农业综合机械化水平	机械耕整地面积/需要耕整地面积×40%+机械播种面积/需要播种面积×30%+机械收获面积/需要收获面积×30%	%	+	0.0195
	农业劳动生产率	农业总产值/农业劳动者数	万元/人	+	0.1050
	农业土地产出率	农业总产值/农作物播种面积	万元/hm^2	+	0.0829
	农产品加工产值与农产品总产值比	农产品加工产值/农产品总产值	—	+	0.3784
	农村集体产业发展水平	村级集体经济组织总收入/年末农村户籍人口	元/人	+	0.3233

续表

维度/目标	指标名称	定义/计算方法	单位	属性	权重
生态宜居	实施生活污水处理的行政村比例	实施生活污水处理的行政村个数/年末行政村总数	%	+	0.3140
	农村无害化卫生厕所普及率	拥有无害化卫生厕所的农村住户/年末农村总户数	%	+	0.0664
	实施生活垃圾无害化处理的行政村比例	实施生活垃圾无害化处理的行政村个数/年末行政村总数	%	+	0.2422
	村均排水管道沟渠长度	农村排水管道沟渠总长度/年末行政村总数	km/村	+	0.2801
	畜禽粪便农田负荷系数	（猪年出栏量×3.68×160+牛年末存栏量×68.82×365+羊年末存栏量×4.67×365+家禽年出栏量×0.25×176）/耕地面积	t/hm^2	–	0.0563
	亩均农药使用量	农药使用量/农作物总播种面积	t	–	0.0410
乡风文明	村综合性文化服务中心覆盖率	建有综合性文化服务中心的行政村占比	%	+	0.1983
	农村居民教育文化娱乐支出占比	农村居民人均教育文化娱乐支出/农村居民人均总消费支出	%	+	0.1286
	科普范式村占比	科普范式村数/年末行政村总数	%	+	0.3350
	省级文明村镇数	累计省级文明村镇个数	个	+	0.1642
	农户互联网普及率	每百户农村居民接入宽带服务计算机拥有量	个	+	0.1739
治理有效	村庄规划覆盖率	编制村庄规划的行政村个数/年末行政村总数	%	+	0.1065
	集体经济强村占比	年集体经济经营收益10万元以上村数/年末行政村总数	%	+	0.3588
	农村医疗卫生条件	每万乡村常住人口拥有乡村医生和卫生员数	人	+	0.1050
	村均汇总村级经济联合社数	汇总村级经济联合社数/年末行政村总数	个/村	+	0.1737
	村庄道路硬化率	硬化道路面积/村庄内道路面积	%	+	0.1174
	耕地有效灌溉率	有效灌溉耕地面积/年末实有耕地面积	%	+	0.1386
生活富裕	城乡居民收入比	城镇人均收入/农村人均收入	—	–	0.0680
	农村居民人均可支配收入	农村居民人均可用于最终消费支出和储蓄的年收入总和	元	+	0.3108
	农村居民恩格尔系数	农村居民人均食品消费支出/农村居民人均总消费支出	%	–	0.0400
	农村居民医疗保健支出占比	农村居民人均医疗保健支出/农村居民人均总消费支出	%	+	0.2031
	农村自来水普及率	使用自来水农村人口数/农村常住人口数	%	+	0.0479
	农村燃气普及率	使用燃气农村人口数/农村常住人口数	%	+	0.2416
	农村居民贫困发生率	农村居民最低生活保障人数/农村户籍人口	%	–	0.0886

①1 亩≈$666.7m^2$。

（2）乡村振兴发展水平测度

以往研究在开展乡村振兴发展水平测度时，往往通过线性加权法实现，考虑到乡村振兴五维目标相互联系，其振兴效益也并非相互独立，简单线性累加存在一定弊端，本书采用全排列多边形法来构建乡村振兴多维发展指数（multi-dimensional development index for rural vitalization，MDIRV），集成式测度乡村振兴多维目标综合发展水平（徐勇等，2016；徐藜丹等，2021）。

首先使用极差法对原始数据进行归一化处理，再采用熵值法确定各指标在其对应目标维度中的权重（表 3-3）。定义产业兴旺指数为 $U(i)$ 、生态宜居指数为 $U(e)$ 、乡风文明指数为 $U(c)$ 、治理有效指数为 $U(g)$ 、生活富裕指数为 $U(a)$ ，集合 $A=\{i, e, c, g, a\}$ ，加权计算得出五维发展各目标维度的发展指数，计算公式如下：

$$U(k)=\sum_{j} \omega_{kj} R_{kj}\ ,\ k \in A$$

式中，ω_{kj} 为 k 系统内 j 指标经熵值法所得权重；R_{kj} 为 k 系统内 j 指标的归一化值。

根据相关研究结论（王少剑等，2015a，2015b），各维度权重的大小不影响耦合协调度整体走势，加之乡村振兴五维目标均十分重要，缺一不可，本书将各系统对应权重系数 W_k 都取值为 0.2，因此五维目标所构成的五边形的面积可代表乡村振兴综合发展水平：

$$S=[U(i)U(e)+U(e)U(c)+U(c)U(g)+U(g)U(a)+U(a)U(i)]/5$$

当各子系统达成目标时，分维发展指数为 1，则 $S=1$，即乡村振兴综合发展水平为 1。对五维目标进行全排序取平均值，由此计算得到乡村振兴五维综合发展指数：

$$\mathrm{MDIRV}_{(5)}=\sum U(k_1)U(k_2)/20,\ k_1、k_2 \in A \text{ 且} k_1 \neq k_2,$$
$$\mathrm{MDIRV} \text{ 取值}[0,\ 1],$$
$$\mathrm{MDIRV}_{(4)}=\sum U(k_1)U(k_2)/12,\ k_1、k_2 \in B \text{ 且} k_1 \neq k_2,$$
$$\mathrm{MDIRV} \text{ 取值}[0,\ 1],$$
$$B \subset A \text{ 且 } \mathrm{card}(B)=4$$

参考相关研究（李裕瑞等，2011；李静等，2018；程明洋等，2019），并结合全排列多边形法的升维效应，最终确定各目标维度及五维综合发展指数等级划分标准，见表 3-4。

表 3-4 乡村振兴发展水平等级划分

项目	低发展水平	较低发展水平	中等发展水平	较高发展水平	高发展水平
各目标维度发展指数	[0，0.2]	(0.2，0.4]	(0.4，0.6]	(0.6，0.8]	(0.8，1]
五维综合发展指数	[0，0.04]	(0.04，0.16]	(0.16，0.36]	(0.36，0.64]	(0.64，1]

3.4.3 乡村聚落振兴耦合协调度模型

（1）耦合协调度模型

常见二维耦合度计算公式中（王富喜，2020），一旦存在某一维发展指数为 0，整个系统耦合度即为0，不符合多维耦合实际，因此参考李裕瑞等（2014）和钱丽等（2012）基于变异系数统计值对系统多要素间耦合度测算的改进模型，认为乡村地域系统的各子系统相互联系，变异系数一般为弱变异或中等变异，通常为0~1。因此，计算五维目标耦合度 $C_{(5)}$ 的公式如下：

$$C_{(5)} = \left[2 - \frac{5\sum U(k)^2}{\left(\sum U(k)\right)^2}\right]^{\frac{1}{2}},\ k \in A$$

该函数值介于［0，1］，数值越大表明五个目标维度间发展水平的离散程度越小，耦合程度越好。同理可得乡村振兴四维目标耦合度为

$$C_{(4)} = \left[2 - \frac{4\sum U(k)^2}{\left(\sum U(k)\right)^2}\right]^{\frac{1}{2}},\ k \in B,\ B \subset A \text{ 且 } \mathrm{card}(B) = 4$$

该函数值介于［0，1］，数值越大表明四个子系统间发展水平的离散程度越小，耦合程度越好。耦合度能够在一定程度上反映各目标维度间的相互作用强弱和联系密切程度，但其无法反映系统间协调发展水平，可能出现高耦合度但彼此制约或低耦合度彼此促进的现象（李裕瑞等，2014），由此引入耦合协调度模型：

$$D = \sqrt{C \times \mathrm{MDIRV}}$$

式中，D 为多维目标耦合协调度，既能反映多个目标维度间耦合度的强弱，又能反映其综合发展水平的高低。

（2）耦合协调影响力指标

为深入探究各目标维度对五维目标综合耦合协调度的影响，为后续乡村分类和规划引导提供依据，构建耦合协调影响力指标（coupling coordination influence index，CCII）：

$$\mathrm{CCII} = W_K\left(\frac{D_{(5)} - D_{(K_4)}}{D_{(K_4)}}\right)$$

式中，$D_{(5)}$ 表示五维目标综合耦合协调度；$D_{(K_4)}$ 表示五维目标中去除 k 系统外的四维目标耦合协调度；CCII 能够表征各目标维度类对五维目标耦合协调的影响，其数值正负表征影响方向，数值大小表征影响程度。

借鉴物理学划分标准与相关研究（陈国生等，2019；王成和唐宁，2018；马历等，2018；杨忍等，2015a，2015b；周国华等，2018），基于乡村振兴耦合协调度 D 以及五个目标维度耦合协调影响力指标的大小，可对各时期各地区乡村振兴耦合协调水平进行评估、分类和横向比较，从而因时因地制宜地开展各项乡村振兴实践工作。如通过耦合协调度评价，可将各时期广东省市域乡村振兴耦合情况划分为5类6型共30个亚类（表3-5）。

表 3-5　乡村振兴耦合协调类型划分

类	耦合协调度	亚类型	耦合协调影响力指标
高级协调	[0.75，1]	高级协调——双驱引领	$\exists k_1$、$k_2 \in A$，$CCII_{(k_1)}$、$CCII_{(k_2)}>0.2$
		高级协调——双轮滞后	$\exists k_1$、$k_2 \in A$，$CCII_{(k_1)}$、$CCII_{(k_2)}<-0.2$
		高级协调——极化发展	$\exists k_1$、$k_2 \in A$，$CCII_{(k_1)}>0.2$ 且$CCII_{(k_2)}<-0.2$
		高级协调——单核引领	$\exists k_1 \in A$，$CCII_{(k_1)}>0.2$
		高级协调——单极滞后	$\exists k_1 \in A$，$CCII_{(k_1)}<-0.2$
		高级协调	$\forall k_i \in A$，$-0.2<CCII_{(k_i)}<0.2$
中级协调	(0.5，0.75]	中级协调——双驱引领	$\exists k_1$、$k_2 \in A$，$CCII_{(k_1)}$、$CCII_{(k_2)}>0.2$
		中级协调——双轮滞后	$\exists k_1$、$k_2 \in A$，$CCII_{(k_1)}$、$CCII_{(k_2)}<-0.2$
		中级协调——极化发展	$\exists k_1$、$k_2 \in A$，$CCII_{(k_1)}>0.2$ 且$CCII_{(k_2)}<-0.2$
		中级协调——单核引领	$\exists k_1 \in A$，$CCII_{(k_1)}>0.2$
		中级协调——单极滞后	$\exists k_1 \in A$，$CCII_{(k_1)}<-0.2$
		中级协调	$\forall k_i \in A$，$-0.2<CCII_{(k_i)}<0.2$
初级协调	(0.25，0.5]	初级协调——双驱引领	$\exists k_1$、$k_2 \in A$，$CCII_{(k_1)}$、$CCII_{(k_2)}>0.2$
		初级协调——双轮滞后	$\exists k_1$、$k_2 \in A$，$CCII_{(k_1)}$、$CCII_{(k_2)}<-0.2$
		初级协调——极化发展	$\exists k_1$、$k_2 \in A$，$CCII_{(k_1)}>0.2$ 且$CCII_{(k_2)}<-0.2$
		初级协调——单核引领	$\exists k_1 \in A$，$CCII_{(k_1)}>0.2$
		初级协调——单极滞后	$\exists k_1 \in A$，$CCII_{(k_1)}<-0.2$
		初级协调	$\forall k_i \in A$，$-0.2<CCII_{(k_i)}<0.2$
濒临失调	(0.1，0.25]	濒临失调——双驱引领	$\exists k_1$、$k_2 \in A$，$CCII_{(k_1)}$、$CCII_{(k_2)}>0.2$
		濒临失调——双轮滞后	$\exists k_1$、$k_2 \in A$，$CCII_{(k_1)}$、$CCII_{(k_2)}<-0.2$
		濒临失调——极化发展	$\exists k_1$、$k_2 \in A$，$CCII_{(k_1)}>0.2$ 且$CCII_{(k_2)}<-0.2$
		濒临失调——单核引领	$\exists k_1 \in A$，$CCII_{(k_1)}>0.2$
		濒临失调——单极滞后	$\exists k_1 \in A$，$CCII_{(k_1)}<-0.2$
		濒临失调	$\forall k_i \in A$，$-0.2<CCII_{(k_i)}<0.2$
衰退失调	(0，0.1]	衰退失调——双驱引领	$\exists k_1$、$k_2 \in A$，$CCII_{(k_1)}$、$CCII_{(k_2)}>0.2$
		衰退失调——双轮滞后	$\exists k_1$、$k_2 \in A$，$CCII_{(k_1)}$、$CCII_{(k_2)}<-0.2$
		衰退失调——极化发展	$\exists k_1$、$k_2 \in A$，$CCII_{(k_1)}>0.2$ 且$CCII_{(k_2)}<-0.2$
		衰退失调——单核引领	$\exists k_1 \in A$，$CCII_{(k_1)}>0.2$
		衰退失调——单极滞后	$\exists k_1 \in A$，$CCII_{(k_1)}<-0.2$
		衰退失调	$\forall k_i \in A$，$-0.2<CCII_{(k_i)}<0.2$

中篇　宏观分析

第4章 我国乡村聚落空间分布及演化特征

2021年5月11日，第七次全国人口普查结果公布，我国目前仍有36.11%的人口居住在乡村地区。乡村聚落是乡村人口的主要聚居地，而“乡村聚落的区位、规模、分布、结构、形态和功能等的地域分异和格局演化往往能揭示不同阶段、不同地区的人地互动的足迹”（马晓冬等，2012）。中共中央、国务院2019年发布的《关于建立国土空间规划体系并监督实施的若干意见》中提出，要划定“三区三线”，即根据城镇空间、农业空间、生态空间三种类型的空间，分别对应划定的城镇开发边界、永久基本农田保护红线、生态保护红线三条控制线。然而，随着近年来城镇化的高速发展，乡村聚落形态结构和空间分布发生了巨大变化，乡村聚落用地出现了用地结构单一、规模小、破碎度高、缺乏规划管理等问题（李媛媛等，2021），这不仅体现在乡村聚落用地的无序扩张和转移等方面，更可能影响到三条控制线的划定，甚至进而影响到永久基本农田和生态用地。因此，乡村聚落的空间现状与演化特征需要被高度关注与研究。

4.1节综合运用核密度分析、冷热点分析、标准差椭圆等空间分析方法，从规模分布特征、密度特征和空间结构特征三个方面对我国乡村聚落空间分布现状进行了分析，其中空间结构特征部分从方向性特征和规模结构特征两个方面进行了更为细致的讨论。4.2节则从演化发展的角度进一步总结了1980～2015年我国乡村聚落的规模与用地演化特征、密度演化特征和空间结构演化特征。

研究数据说明

基于多时期中国土地覆被遥感监测数据（CNLUCC）获得1980～2015年我国乡村聚落用地数据，以全国32个省（自治区、直辖市）为单位（除香港特别行政区和澳门特别行政区），共有乡村聚落832 124个，聚落总面积达142 030.34km^2。其中，乡村聚落数量最多的是河南省、安徽省、山东省、江苏省和辽宁省，与地区人口及城乡发展状况相符；乡村聚落总面积最大的是山东省、河南省、河北省、江苏省和安徽省。东部、中部、西部三大地区进行比较，可以发现乡村聚落在空间上呈现出“东多西少”的特点。

4.1 我国乡村聚落空间特征

4.1.1 我国乡村聚落规模特征

2015年我国乡村聚落总面积为142 030.34km^2，约占国土面积的1.48%。乡村聚落面积个体间差异较大，选取30m分辨率的遥感影像解译数据作为基础数据，提取面积大于900m^{2}的乡村聚落斑块，其中最大斑块面积为95.34km^2，平均斑块面积为0.171km^2，共有606 626个乡村聚落斑块面积小于平均值，占所有乡村聚落数量的72.90%。这说明我国乡村聚落虽然数量多，但是大部分面积较小，小规模聚落是我国乡村聚落的主要存在形式。

将全国分为东、中、西三大区域进行统计（表4-1），乡村聚落面积占比最大的区域为东部地区，含13个省级行政单位，总面积约占全国乡村聚落总面积的45.47%。东部地区城镇化率最高，但乡村聚落斑块数量居中，乡村聚落平均面积最大，与该地区大面积农村就地工业化有关。

表4-1　2015年我国三大经济区乡村聚落规模特征

经济区	乡村聚落数量/个	乡村聚落面积/km^2	平均面积/km^2	省级行政单位
东部	314 911	64 579.50	0.205	北京、天津、河北、辽宁、山东、上海、江苏、浙江、福建、台湾、广东、广西、海南
中部	408 555	61 133.78	0.150	内蒙古、山西、黑龙江、吉林、安徽、江西、河南、湖北、湖南
西部	108 658	16 317.06	0.150	四川、云南、重庆、贵州、西藏、新疆、甘肃、陕西、宁夏、青海

乡村聚落面积居中的为中部地区，包括9个省级行政单位，占全国乡村聚落总面积的比例约为43.04%，但聚落数量最多，占总数量的49.10%，聚落平均面积较小，这与该地区的地形地貌情况有关。

西部地区包括10个省级行政单位，乡村聚落总面积（占全国乡村聚落总面积的11.49%）和乡村聚落数量都最小，与这些区域的人口数量较少有关，聚落平均面积则与中部地区相差不大。

4.1.2　我国乡村聚落密度特征

在对我国各地区乡村聚落规模分布有了整体认识后，进一步通过核密度分析法对乡村聚落密度特征进行探究。核密度值越大表示该地区乡村聚落分布越密集，越小则表示乡村聚落分布越稀疏。

使用ArcGIS中的面转点工具，提取2015年我国乡村聚落图斑的质心，创建点特征图层，之后使用分析工具中的核密度分析，采用基于空间配置和输入点数计算的默认搜索半径（带宽），此方法可识别剔除距离其他点非常远的孤立点等空间异常值，不会导致搜索半径过大。在核密度计算的结果之上通过自然断点法划分出低、较低、中等、较高和高共五个等级。

从图4-1可以看出，我国乡村聚落密度在空间上呈现东部和中部地区高于西部地区的格局。河南省东部和安徽省西部为乡村聚落密度最高区域，在空间上呈现向外围密度依次降低的阶梯式格局。在除福建省之外的东部地区，如山东省西部、江苏省西部、广西壮族自治区东南部和广东省西南部等均为密度中等以上地区。中部地区的吉林省中西部、湖北省东部存在较高密度地区。西部地区受到地形和经济发展的影响，难以形成密集的乡村聚落群，只有四川省和关中平原地区乡村聚落密度为较高或中等。

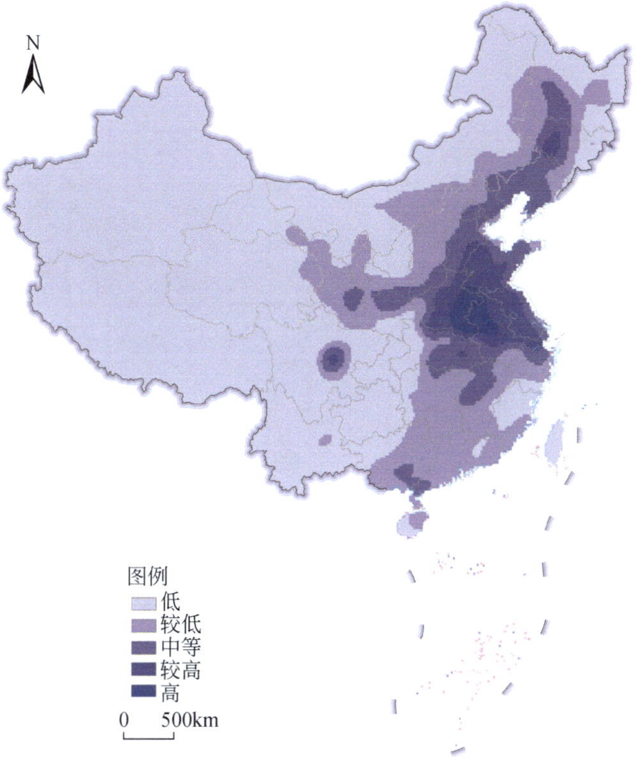

图 4-1　2015 年我国乡村聚落核密度分析结果

4.1.3　我国乡村聚落空间结构特征

(1) 方向性特征

利用 ArcGIS 中的标准差椭圆工具对我国乡村聚落分布的中心趋势和方向性趋势进行定量探究。该工具通过计算所有要素在 x 轴和 y 轴方向上的标准距离创建三个新的以平均中心为中心的椭圆面，分别表示 1 ~ 3 个标准差范围。当要素在空间上呈正态分布态势时（即中心处最为密集，向外围逐渐变得稀疏），1 ~ 3 个标准差范围分别可以将总数 68%、95%、99% 的要素的质心包含在内。此处选择一个标准差且以聚落面积作为权重计算 2015 年全国乡村聚落空间分布的加权标准差椭圆（表 4-2）。

表 4-2　2015 年我国乡村聚落标准差椭圆参数

年份	x	y	旋转角/(°)
2015	115.315	34.672	56.34

注：旋转角表示从顶点开始按顺时针进行测量的长轴的旋转角度。

从 2015 年我国乡村聚落的标准差椭圆参数结果来看（图 4-2），乡村聚落标准差椭圆整体呈现“西南—东北”的方向分布，标准差椭圆主要位于我国东部和中部地区，其重心落在我国河南省境内，说明我国乡村聚落在空间上呈现“西轻东重”的态势，而在南北方向上较为均衡。

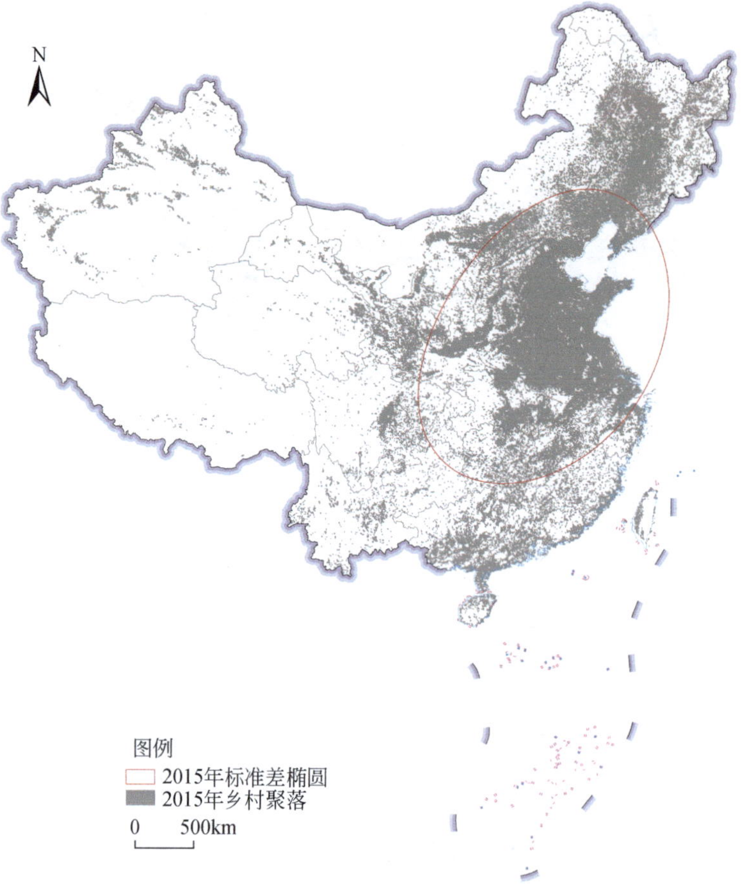

图 4-2　2015 年我国乡村聚落标准差椭圆参数结果

（2）规模集聚特征

为探究我国乡村聚落的规模集聚特征，运用空间“热点”探测方法进行局部空间聚类分析，找到乡村聚落规模在空间上的“冷点”与“热点”，即小规模聚落集聚与大规模聚落集聚的区域。

首先分析乡村聚落几大高值集聚区：①东部地区，在京津冀南部、山东、江苏北部等地区呈现大规模高值集聚分布，在南部呈现沿海地区如长江三角洲、珠江三角洲处存在小规模高值集聚；②中部地区，内蒙古南部，内蒙古、吉林和黑龙江交界处，山西河南区域形成连片高值集聚区，在湖北地区有小块高值集聚区；③西部地区，高值集聚区较少且零散，主要在新疆西北部、云南东部、贵州中部和川渝接壤处。

低值集聚区代表该地区以小规模乡村的集聚为主，从图 4-3 中可以看出，低值集聚区连片存在于中部地区，与前述这一地区平均聚落面积较小相吻合。西部地区的低值集聚区集中在陕甘宁接壤处以及四川中部，东部地区的低值集聚区主要位于浙江、广西、河北北部、广东西部和海南北部。

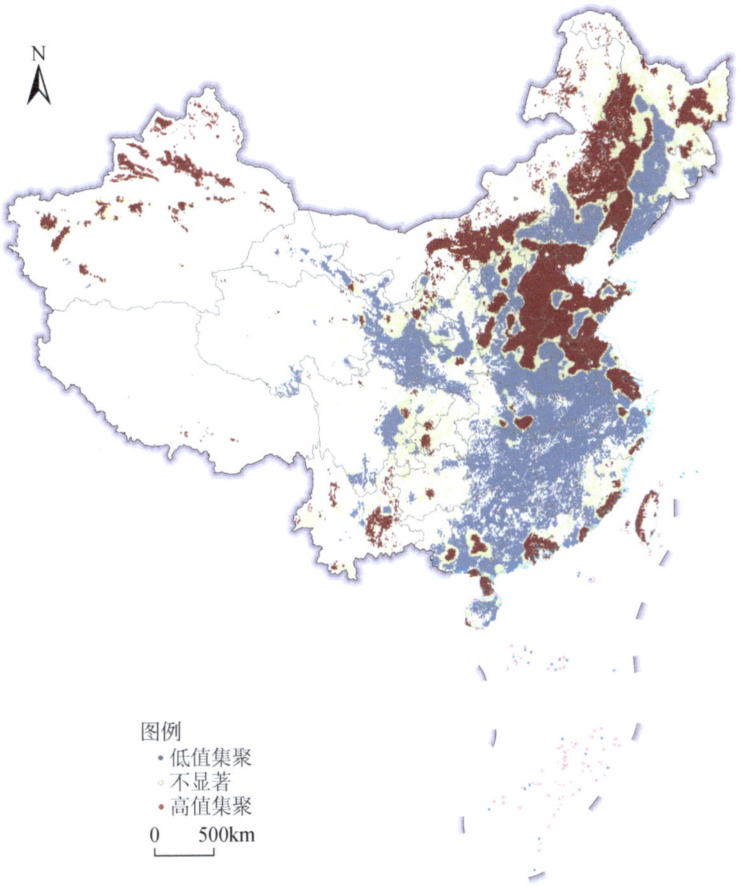

图 4-3 2015 年我国乡村聚落冷热点分析结果

综合来看，我国乡村聚落规模集聚特征以“秦岭—淮河”为界存在明显的南北差异，在此线以北多为高值集聚区，平坦的地形利于大规模机械化耕作，使得村落能够养活更多人口，促进乡村聚落规模扩张，形成面积较大的乡村聚落，而在此线以南，除长江三角洲和珠江三角洲外，多为低值集聚区，该地区水网稠密，且多以水稻种植为主要耕作模式，因而乡村聚落面积较小。南北方气候、地形、耕作模式等诸多差异导致了我国乡村聚落规模集聚特征也存在明显的南北差异。

4.2 我国乡村聚落空间演化特征

4.2.1 我国乡村聚落规模与用地演化特征

1980 ~ 2015 年，我国乡村聚落用地面积和聚落数量都呈现上升趋势。就单个乡村聚落来看，35 年间聚落用地总面积增长了 17.79%，聚落数量增长了 6.30%，聚落平均面积增长了 10.81%，但增速逐渐放缓（1980～2000 年平均面积增长了 8.53%，而 2000～2015 年平均面积仅增长 2.09%）（表 4-3）。

表 4-3 1980～2015 年我国乡村聚落规模变化

指标名称	1980 年	2000 年	2015 年
聚落用地面积/km^2	120 582.68	128 231.16	142 030.34
聚落数量/个	782 817	767 007	832 124
平均面积/m^2	154 037	167 184	170 684

1980～2000 年，耕地向乡村聚落的转入量最大，其次是林地、草地和城镇及其他建设用地的转入量；乡村聚落转出量最大的同样也是耕地。2000～2015 年，耕地仍为乡村聚落转入量最大的用地类型，其次为城镇及其他建设用地、林地和草地，同时乡村聚落转出量最大的也仍是耕地，其次为城镇及其他建设用地、草地与林地。这一时期我国乡村聚落用地和城镇及其他建设用地的转移量大幅提升，表明这一时期我国快速增长的城镇化水平对乡村聚落发展有着深刻的影响。

4.2.2 我国乡村聚落密度演化特征

利用核密度分析法进一步分析我国乡村聚落密度演化特征（图 4-4）。可以发现，

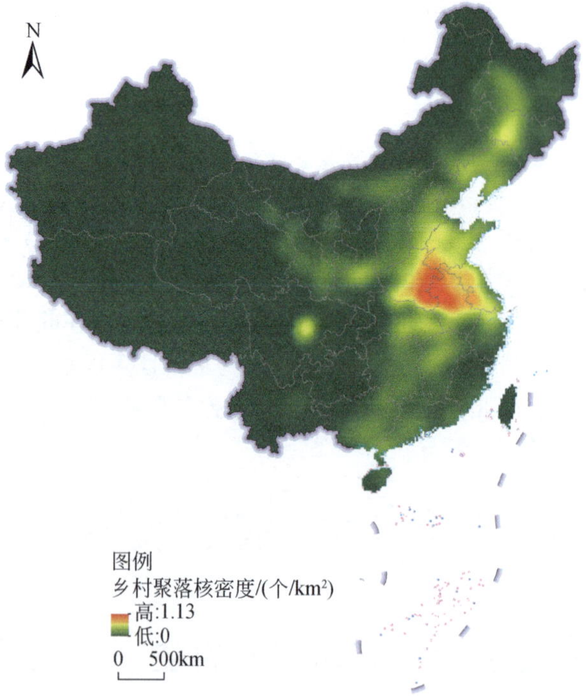

(a)1980年

(b)2000年

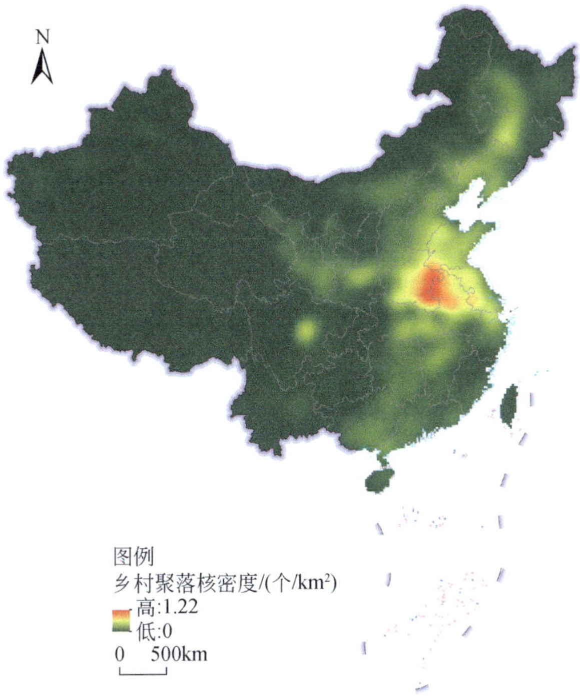

(c)2015年

图 4-4 1980 年、2000 年和 2015 年我国乡村聚落核密度分析结果

1980～2015 年我国乡村聚落用地高密度区整体上并未发生明显改变，仍旧分布在河南、安徽、山东和江苏的交界地区。虽然在 30 多年中，我国的城镇化比例不断增高、城镇建设用地不断增加、乡村聚落用地也在上升，但密度特征从全国视角来看却没有发生明显变化，表明村落个数在总体上保持相对稳定。这可能与该地区近年来经济衰退和大量人口向南方迁居等有关。

4.2.3 我国乡村聚落空间结构演化特征

(1) 方向性演化特征

从乡村聚落用地标准差椭圆变化情况（表 4-4 和图 4-5）可以看出，我国乡村聚落用

表 4-4 1980 年、2000 年和 2015 年我国乡村聚落标准差椭圆参数变化情况

年份	x	y	旋转角/(°)
1980	115.414	34.538	54.24
2000	115.242	34.350	55.10
2015	115.315	34.672	56.34

注：旋转角表示从顶点开始按顺时针进行测量的长轴的旋转角度。

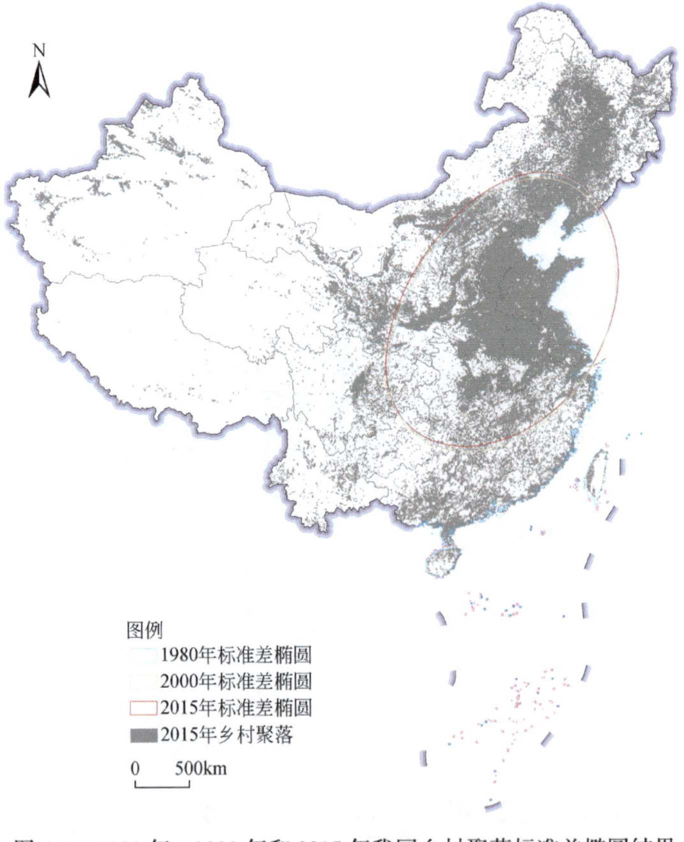

图 4-5 1980 年、2000 年和 2015 年我国乡村聚落标准差椭圆结果

地的方向性特征在 1980 ~ 2015 年基本保持稳定，整体均呈现出沿胡焕庸线分割，华东、东南为中心相对密集，西北相对稀疏的状态，与我国人口分布整体情况基本一致。

在研究期内，标准差椭圆整体先向南后向北发生了小幅度的移动，且椭圆整体大小发生增长，表明在 1980 ~ 2015 年的 35 年间，我国乡村聚落居民点密集增加和聚落面积增大现象首先发生在南方，之后转向北方，椭圆重心也重新向北移动。

（2）规模集聚演化特征

从 1980 ~ 2015 年我国乡村聚落冷热点分析结果图（图 4-6）中可以看出：①高值集聚区呈普遍收缩态势，其中北方尤为明显，如黑龙江东部、京津冀及其周围地带和华北平原等地区，大量高值集聚区逐渐不显著，甚至转变为低值集聚区，原有大型村落逐渐收缩为小型村落；②低值集聚区“北增南减”变化对立，低值集聚区在北方普遍扩张，如2000 ~ 2015 年的河北北部和辽宁东部，而在南方大量低值聚集区转化为不显著状态，如川渝地区、福建和粤东地区，说明这些地区小规模乡村聚落规模扩张现象较为普遍。

综合来看，我国乡村聚落规模集聚特征演变存在明显的南北分异现象，北方乡村聚落规模收缩同时南方乡村聚落规模扩张。这一现象与经济中心南移存在一定关系，北方经济发展相对滞后导致北方乡村聚落衰落，而南方经济的迅速发展与工程建设能力的提升，使得原有小型村落得以克服地形条件的束缚，实现乡村聚落规模扩张。

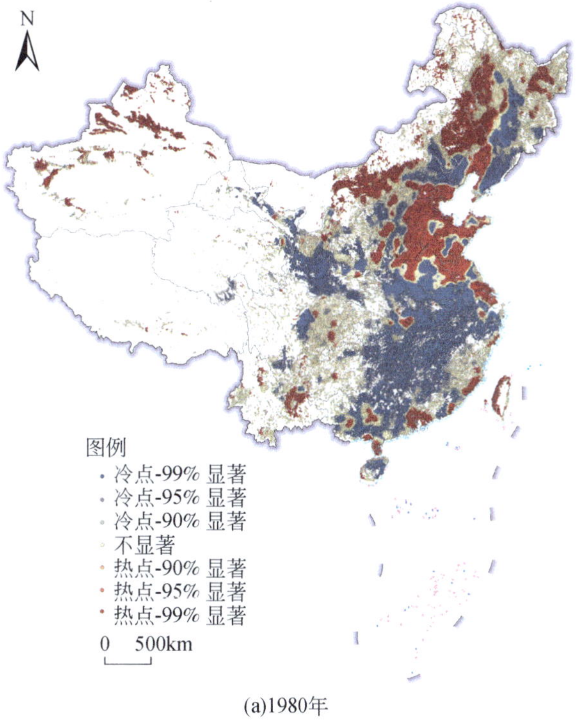

(a)1980年

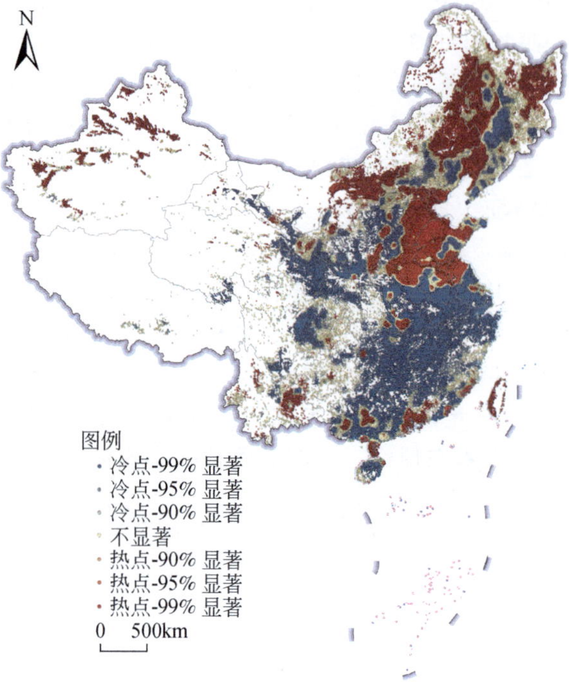

(b)2000年

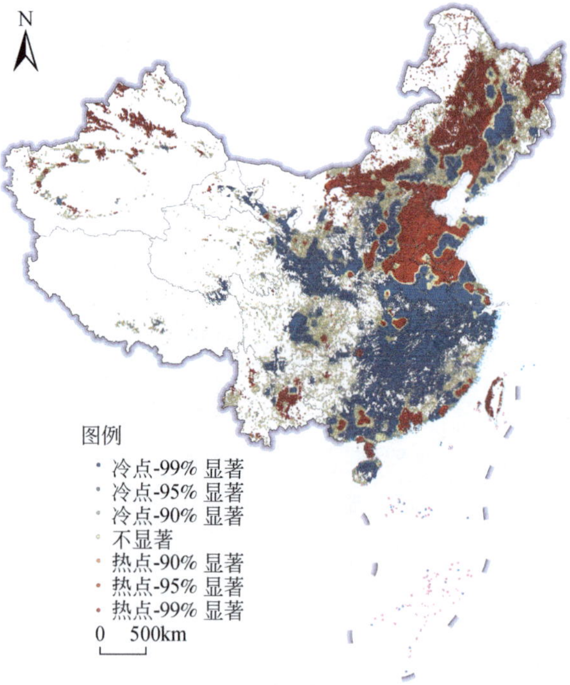

(c)2015年

图 4-6　1980 年、2000 年和 2015 年我国乡村聚落冷热点分析结果

第 5 章　我国县域空间发展的动力机制

中国地域辽阔，各个地区的土地资源、社会、经济发展基础差异显著，国家政策执行效果也很难在全国层面统一，采用“一刀切”的办法研究全国尺度乡村聚落发展的动力机制，自然会出现尺度、样本、研究期限等选择不同而导致的结论争议。本书拟通过构建地理加权回归模型，在综合考虑地方空间资源禀赋、社会和经济发展基础等因素的影响下，深入剖析县域尺度乡村聚落发展的动力机制。由于全国尺度下各乡村聚落的社会经济基础数据难以获取，而县域是乡村聚落的主要承载地，本书以县域空间发展指代县域尺度乡村聚落空间发展。考虑到我国乡村发展一直深受政策影响，今后长期的乡村振兴国家战略也离不开一系列政策加持，本书在全面研究县域空间乡村发展动力机制的基础上，将聚焦于剖析国家宏观政策的绩效，以期为乡村振兴政策发力提供有力支持。在定量刻画政策制度效应时，本书选取了在我国脱贫攻坚和全面建成小康社会过程中发挥重要作用的贫困县政策作为表征，通过评价这一历史政策的具体绩效，给未来政策优化提供参考。

我国的贫困县政策

2020 年底，我国实现现行扶贫标准 [2300 元/(人 · a)，2010 年不变价] 下的农村贫困人口全部脱贫。如今，我国已全面建成小康社会。事实上，我国政府一直高度重视扶贫脱贫工作，40 年来经历了从救济式扶贫到开发式扶贫再到精准扶贫的政策演变，缩小了区域差异、实现了共同富裕。在脱贫攻坚各项政策举措中，国家级贫困县（2001 年以前称为“国家重点扶持贫困县”，之后改称“国家扶贫开发工作重点县”）的设立发挥了重要作用。国家级贫困县经国务院扶贫开发领导小组办公室审核认定，每年可获得国家财政扶贫资金、以工代赈、贴息贷款三项资助和省级财政补贴，除此之外在教育、科技、招商引资等方面也有政策优惠。国家级贫困县的各项扶持资金逐年上升，从 2002 年的 250.2 亿元增长到 2015 年的 1902.6 亿元，其中，中央财政扶贫资金由 2002 年的 35.8 亿元上升到 2015 年的 440.4 亿元，每个贫困县平均每年可获得高达几千万元的财政资助，一些特殊县甚至能获得上亿元资助。

对于设立国家级贫困县的减贫效应，学术界一直未达成一致结论。一方面，大多学者基于中国多年县级单元面板数据，通过倾向得分匹配–双重差分法、工具变量法等方法，实证发现贫困县“帽子”在促进贫困地区经济增长、缩小贫困地区和发达地区差距方面起到了积极作用，扶贫政策或资金投入能持续明显推动当地经济发展，提高当地农民人均收入，而且贫困县设立时间越久推动作用越大。另一方面，有不少学者认为贫困县的扶贫模式无法差异化应对不同地方的致贫原因、因地制宜采取对策，难以体现“精准扶贫”的目标。同时，贫困县政策还可能带来负面效应，一些县级政府为保住贫困县“帽子”而故意压低人均收入、夸大贫困人口数，扶贫资金“跑冒滴漏”现象严重，而“整村推进”“整县推进”扶贫计划增加了相对富裕家庭的收入和消费，遗漏贫困户数量将增加，最贫困家庭的收入和消费难以显著提升。

伴随着我国如期完成新时代脱贫攻坚目标任务，现行标准下农村贫困人口全部脱贫，贫困县全部摘帽，贫困县政策也退出了历史舞台。但是，持续巩固拓展扶贫攻坚成果，坚守不发生规模性返贫底线，稳步推进乡村振兴，仍然离不开各项帮扶政策，甚至需要更有力的政策扶持。因此，利用历史数据评估贫困县政策的绩效，可在政策内涵方面给予未来政策制定有效的参考。

5.1 数据与方法

5.1.1 变量选取与处理

本章拟重点研究地区土地资源、社会、经济发展基础和国家政策对县域空间发展，即县域经济增长的作用。由于将最能体现过去20年脱贫攻坚力度的贫困县政策变量纳入研究范畴，为避免某些研究区缺失国家政策影响变量数据造成模型失准，选择以2011年认定、2016年启动贫困县退出机制前的所有国家级贫困县及其所在地级市的所有县域单元（包括县、县级市、自治县、旗、自治旗）为研究对象。近年来行政区划调整导致部分县范围和数据统计口径发生变化，本书删除部分数据缺失和异常的县并对发生区划调整的行政单元进行数据归并，最终确定研究样本1147个，其中包括国家级贫困县样本553个、非贫困县样本594个。

本书以2013～2016年每个县域单元的GDP年均增长率（y）为被解释变量。

Cobb-Douglas生产函数揭示了土地、劳动力、资本、技术等生产要素对经济产出的作用机制，将其应用到区域经济领域，可建立起影响区域经济增长的指标体系。其中，土地要素可由地方土地资源禀赋表征（丰雷等，2008），劳动力要素可由地方人口规模、社会构成等社会基础变量表征（张学波等，2018），资本和技术要素可由地方经济发展基础表征（张雅杰等，2015；王少剑等，2015a，2015b；李晶晶等，2016）。在数据可得的前提下，本书分别从土地资源禀赋、社会基础、经济发展基础三个方面选取8个指标作为控制变量（表5-1），包括人均可建设用地（Land）（王建康和谷国锋，2015）、民族县（Ethic）（方迎风，2019）、人口密度（PDen）（张学波等，2018）、初始经济水平（$Gdppc_0$）（胡雪瑶等，2019）、第三产业占比（Tertiary）（柯文前等，2013；黄志平，2018）、固定资产投资占比（Finvest）、所在地级市经济水平（$Gdppc_1$）（Li et al.，2015）、市场化水平（Market）（王少剑等，2015）。由于县级层面市场化水平变量数据缺失，该变量以县域所在省份的市场化水平代替。

为进一步考察样本县是否为国家级贫困县（Pov）这一解释变量对GDP年均增长率的影响，如果样本县在2011年公布的贫困县名单中则赋值为1，否则为0。同时，基于“国家级政策对县域经济增长的作用由于区域差异而存在差异”的假设，本书进一步设定贫困县政策变量与其他变量的交互项，进一步挖掘具体哪些区域差异特征导致贫困县政策效应

表 5-1　变量描述和数据来源

特征分类	变量名称	变量描述及计量单位	数据来源	最小值	最大值	平均值
因变量	经济增长率（y）	2013～2016 年县域单元 GDP 年均增长率/%	2014～2017 年《中国县域统计年鉴》；	-17.23	40.18	8.12
土地资源禀赋	人均可建设用地（Land）	可建设用地面积/户籍人口/（km^2/人）	中国科学院资源环境科学与数据中心提供的 DEM 数据	0.000 34	2.54	0.04
社会基础	民族县（Ethic）	虚拟变量，属于民族县记为 1，否则为 0	2014～2017 年《中国县域统计年鉴》	0	1	0.29
	人口密度（PDen）	户籍人口数/行政区域面积/（万人/km^2）		0.000 04	0.28	0.03
经济发展基础	初始经济水平（$Gdppc_0$）	2013 年县域 GDP/户籍人口数/（万元/人）		0.38	40.07	2.53
	第三产业占比（Tertiary）	2013 年第三产业增加值/地区生产总值/%		6.51	72.99	33.13
	固定资产投资占比（Finvest）	2013 年固定资产投资/地区生产总值/%		14.14	605.55	100.23
	所在地级市经济水平（$Gdppc_1$）	2013 年地级市人均 GDP/万元	2014 年《中国城市统计年鉴》	0.80	14.78	2.84
	市场化水平（Market）	2013 年省份内私营企业与国有企业个数之比	2014 年《中国统计年鉴》	1.45	14.52	6.25
国家政策	国家级贫困县（Pov）	虚拟变量，属于国家级贫困县记为 1，否则为 0		0	1	0.48

存在地区差异，为后续开展空间分析提供线索。

5.1.2 数据介绍

因变量的经济增长率、自变量的社会基础和经济发展基础数据主要来源于2014～2017年《中国县域统计年鉴》，市场化水平数据来源于2014年《中国统计年鉴》。县级行政单元矢量边界数据来源于中国科学院资源环境科学与数据中心提供的中国1∶25万基础地理数据，用于数据可视化以及建立GWR模型。由于个别县边界有所变化，统一以2014年中国行政区划为准，对空间单元进行归并、对应匹配等操作。自变量中人均可建设用地根据中国科学院资源环境科学与数据中心提供的DEM数据提取坡度小于25%的陆地获得，其精度可以满足研究需要。

5.1.3 研究方法

首先通过OLS在全局层面分析影响县域经济增长的要素，再应用全局空间自相关指数（Global Moran's I）验证空间非平稳性，进而利用GWR模型对经济增长率的影响因素进行空间分析，揭示出影响因素的空间异质性。

（1）OLS

OLS用于评估两个或更多要素属性之间的关系，其原理是使回归经验模型的预测值与实际观测值之间的误差平方和最小。模型表达式为

$$Y_i=\beta_1+\beta_2X_{2i}+\beta_3X_{3i}+\cdots+\beta_kX_{ki}+\varepsilon_i \tag{5-1}$$

利用OLS可以得到全局的参数估计向量：

$$\boldsymbol{\beta}=(\boldsymbol{X}^{\mathrm{T}}\boldsymbol{X})^{-1}\boldsymbol{X}^{\mathrm{T}}Y \tag{5-2}$$

式中，$\boldsymbol{\beta}$是参数估计值向量，即影响系数；$\boldsymbol{X}$是国家政策、土地资源禀赋、社会基础和经济发展基础各变量观测值组成的矩阵；Y是因变量经济增长率；ε_i为随机扰动项。

（2）全局空间自相关

全局空间自相关是衡量空间属性值的分布状态呈现出聚类模式、离散模式还是随机模式的一种方法。本书选取莫兰指数I进行空间自相关分析，计算公式如下：

$$I=\frac{n\sum_{i=1}^{n}\sum_{j=1}^{n}W_{ij}(Y_i-\overline{Y})(Y_j-\overline{Y})}{\sum_{i=1}^{n}\sum_{j=1}^{n}W_{ij}\sum_{i=1}^{n}(Y_i-\overline{Y})} \tag{5-3}$$

式中，I为Global Moran's I统计量；n为县域研究样本的总数；W_{ij}为县域i和j之间的空间权重矩阵，相邻为1，不相邻为0；Y_i、Y_j分别为各县在空间位置i和j的回归残差值；$\overline{Y}$为Y的平均值；I值区间为［−1，1］，小于0表示负相关，等于0表示不相关，大于0表示正相关。通常采用标准化统计量Z值对研究单元空间自相关进行显著性检验，Z值的计算公式如下：

$$Z(I)=\frac{I-E(I)}{\sqrt{\mathrm{VAR}(I)}} \tag{5-4}$$

式中，E（I）是莫兰指数的期望；VAR（I）是莫兰指数的方差。当 Z 值为正且显著时，表明存在正的空间自相关，相似的观测值（高值或低值）趋于空间集聚；当 Z 值为负且显著时，表明存在负的空间自相关，相反的观测值趋于空间集聚；当 Z 值为 0 时，观测值呈独立随机分布。

(3) GWR

传统的 OLS 只能对所有样本和参数进行全局性估计，没有加入对空间格局的考虑，自变量如果存在空间自相关就无法满足模型残差项独立分布的假设，参数估计将不再适用（仇方道等，2009），GWR 实质是局部加权最小二乘法，通过在局部范围内实现逐点参数估计，根据地理空间位置不断发生变化的参数估计值进行回归分析，能够反映自变量与因变量之间的关系随着地理位置的变化而发生变化的空间非平稳性，其模型结构如下：

$$y_i = \beta_0(u_i, v_i) + \sum_k \beta_k(u_i, v_i) x_{ik} + \varepsilon_i \tag{5-5}$$

式中，i 是 1147 个县域研究样本；y_i 是第 i 个县域 GDP 年均增长率；x_{ik}（$k=1$，2，…，9）是表 5-1 中的 9 个自变量；（u_i，v_i）是第 i 个县域空间单元的地理中心坐标；β_k（u_i，v_i）是各变量在空间 i 的回归系数；β_0（u_i，v_i）是回归方程截距；ε_i是随机误差项。

在 GWR 模型中，对于每一个分析单元，邻域内所有分析单元对其参数估计的贡献由空间权重矩阵来决定。本书权重设为县域 i 到其他县域距离的函数，距离越大权重越小，用高斯核函数度量，表达式为

$$w_{ij} = \exp\left(-d_{ij}^2/\theta^2\right) \tag{5-6}$$

式中，w_{ij}是样本点 j 对样本点 i 的空间权重，用于估计位置 i 处的系数；d_{ij}是 i 和 j 之间的欧氏距离；θ 是由距离度量的固定带宽大小。

AIC 方法兼顾了不同模型存在不同自由度的差异，更适用于本书，经过交互有效性检验，本书 GWR 模型的最优带宽 θ 为1054. 02km。

5. 2 基于 OLS 模型的县域发展影响因素

利用式（5-1）对影响县域 GDP 年均增长率的各因素进行 OLS 回归，运算结果如表 5-2 所示。模型 1 为不含交互变量的基础模型，9 个自变量的方差膨胀因子（variance inflation factor，VIF）都小于 7. 5，不存在多重共线性。模型在 0. 01 的显著性水平下通过检验，误差项为正态分布，调整 R^2 为 0. 289。模型 2 在模型 1 基础上加入了国家级贫困县与土地资源禀赋、社会基础和经济发展基础变量的交互，由于加入交互变量后模型具有多重共线性，通过 VIF 值对变量进行筛选，除模型 1 揭示出的各显著性变量外，国家级贫困县与人口密度、初始经济水平和市场化水平的交互项具有显著意义。模型 2 的调整 R^2 达到 0. 313，表明模型解释力度有一定提高。

参数估计结果显示，在 0. 05 显著性水平下，解释变量国家级贫困县（Pov）对县域经济增长具有显著的正向促进作用，即在其他因素相同的情况下，国家级贫困县的经济增长速度显著高于非贫困县。我国至少 70% 中央财政扶贫资金用于国家级贫困县，外部扶贫资金投入以及相关政策红利有利于推动贫困县实施基础设施建设、增加公共服务供给、改善农户生产生活条件，从而提高贫困县生产效率（汪三贵，2018）。同时，扶贫政策推动贫

困县农民自我发展能力不断提升（张彬斌，2013）、产业结构不断优化，对当地经济社会发展产生重要影响（黄志平，2018）。

表 5-2　OLS 模型运算结果

变量	模型 1				模型 2			
	系数	标准化系数	稳健概率	VIF	系数	标准化系数	稳健概率	VIF
常数项	1.360		0.130	—	0.288		0.754	—
Pov	0.890	0.066	0.016**	1.233	4.842	0.363	0***	6.540
Land	2.767	0.055	0.034**	1.094	2.618	0.052	0.042**	1.099
Ethic	3.633	0.247	0***	1.159	3.508	0.239	0***	1.176
PDen	35.636	0.144	0***	1.697	16.900	0.068	0.065*	2.277
$Gdppc_0$	−0.394	−0.149	0***	1.581	−0.333	−0.127	0***	1.624
Tertiary	0.143	0.234	0***	1.158	0.133	0.217	0***	1.210
Finvest	0.019	0.155	0***	1.158	0.017	0.139	0***	1.168
$Gdppc_1$	−0.654	−0.169	0***	1.364	−0.532	−0.137	0***	1.422
Market	0.081	0.052	0.086*	1.500	0.317	0.205	0***	2.777
$Pov\times Gdppc_0$					−0.991	−0.160	0***	3.286
Pov×Market					−0.499	−0.301	0***	5.330
Pov×PDen					43.707	0.111	0.011**	3.175
调整 R^2	0.289				0.313			
Koenker（BP）	87.493				99.605			
残差平方和	35 951.436				34 628.769			
AIC	7 228.714				7 191.859			

***、**、*分别表示回归参数在 0.01、0.05、0.1 显著性水平下显著。

在其他变量中，初始经济水平与所在地级市经济水平在 0.01 显著性水平下与县域经济增长负相关，这是由于经济增长中存在“收敛效应”，初始经济水平越高的地方经济增长率越低，与现有诸多研究结论吻合（汤学兵和陈秀山，2007）。其余解释变量都与经济增长率正相关。人均可建设用地越多，表明当地用于支撑经济增长的空间载体越丰沛；第三产业占比高、市场化水平高、固定资产投资占比大都表明当地发展经济的基础和条件好（黄志平，2018）；人口密度大表明当地劳动力资源丰富、市场需求大；而民族县与国家级贫困县指标作为政策变量，可揭示政府对样本县的政策扶持力度。上述有助于经济发展的指标对经济增长率有正向影响。

三个交互项的结果显著但符号不同，国家级贫困县政策与初始经济水平和市场化水平两个因素交互项系数显著为负，而与人口密度的交互项系数显著为正，这一结果为后续解释 GWR 模型结果提供了极有价值的数据支撑。

5.3 基于 GWR 模型的县域发展影响因素空间异质性

利用式（5-3）对模型 1 的残差进行空间自相关分析，得到莫兰指数等于 0.327，基于式（5-4）得到 Z 值为 42.706，在 0.01 的显著性水平下通过检验，且残差在高值集聚，结果表明残差在空间上并不独立，呈现出一定程度的集聚特征，存在空间非平稳性。模型 1 的 Koenker（BP）统计量显示，OLS 模型在整个研究区域内发生变化，即县域的经济增长率与解释变量不存在地理空间的一致性，需要通过 GWR 模型解决空间异质性问题。

5.3.1 GWR 模型回归结果

利用式（5-5）建立县域经济增长影响机制的 GWR 模型，模型的调整 R^2 为 0.412，相较于模型 2 变量减少而 R^2 显著提高，残差平方和在统计学上的标准显著下降，AIC 值相较 OLS 回归值减小 206.753（数值大于 3 则表明模型改进显著），均表明 GWR 模型解释力度明显优于 OLS 模型。表 5-3 对模型各自变量系数值进行了描述性统计，从最大值、最小值、上四分位值（75% 分位数）和下四分位值（25% 分位数）间的差异显著可见，各自变量对经济增长率的作用在不同空间统计单元上存在显著差异，但中位数与平均值方向一致且数值接近，表明各自变量在不同空间单元对经济增长率的影响方向趋同，与 OLS 回归的系数正负一致，即初始经济水平和所在地级市经济水平对经济增长率的影响主导方向为负，国家级贫困县和其余自变量对经济增长率的影响主导方向均为正。

表 5-3　GWR 模型运算结果

变量	最小值	25% 分位数	中位数	75% 分位数	最大值	平均值
常数项	−4.513	0.112	1.811	2.529	9.282	1.363
Pov	−0.326	0.398	0.825	1.051	3.108	0.771
Land	−8.694	0.082	3.293	7.060	9.917	3.333
Ethic	−1.945	2.265	3.180	3.745	4.021	2.932
PDen	3.909	23.109	30.543	38.439	80.898	31.333
$Gdppc_0$	−0.879	−0.582	−0.537	−0.442	−0.214	−0.506
Tertiary	0.025	0.120	0.137	0.184	0.250	0.148
Finvest	−0.002	0.015	0.016	0.019	0.043	0.018
$Gdppc_1$	−2.346	−0.542	−0.497	−0.404	−0.199	−0.510
Market	−0.498	−0.057	0.110	0.224	0.290	0.072
调整 R^2	0.412					
残差平方和	28 900.615					
带宽	1 054.016					
AIC	7 021.961					

5.3.2 影响因素的空间异质性分析

对 GWR 模型回归结果中各解释变量的系数进行空间可视化表达，可明显反映各自变量对经济增长率影响的空间差异。

在土地资源禀赋变量方面，人均可建设用地变量在 75.9% 的县域与经济增长率正相关，24.1% 负相关。其中系数的高值集中在中部及东北地区，低值则集中在南部地区（图 5-1），这表明在我国中部和东北部地区土地要素对经济增长的拉动效应较高（丰雷等，2008），而南部地区经济增长可能主要靠技术、资本、劳动力等其他生产要素拉动，纯粹依靠土地作为拉动经济增长生产要素的“以地生财”模式对区域经济增长具有阻碍作用。因此，传统的土地经济急需转型升级，下面的分析讨论将帮助我们更好地理解如今影响县域经济发展的重要因素。

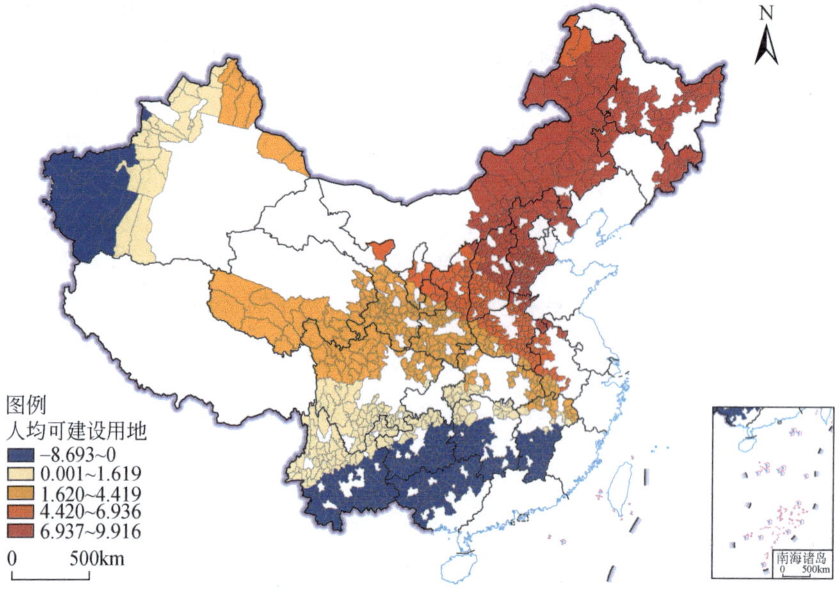

图 5-1 土地资源禀赋变量回归系数空间分布

在社会基础变量方面，民族县和人口密度这两项社会基础变量对县域经济增长的影响系数均为正［图 5-2（a）和图 5-2（b）］。民族县政策对新疆、内蒙古、云南、广西等少数民族地区县域经济增长的拉动作用明显小于中部汉族聚居区，这是由于在汉族聚居区更能体现出少数民族县的政策优势。人口密度在东北地区和西南地区表现出更强的县域经济增长拉动作用，说明这些地区的经济增长模式比东部地区具有更强的“劳动密集型”特点，西部地区劳动力对经济增长的贡献率明显更高（丰雷等，2008）。由此可知，相对于东北地区和西南地区，近年来东部地区的产业升级使得劳动力密集程度对其县域经济发展的影响力快速减弱，近年来东部发达地区在制定经济政策时，对于“人才”的重视与对其他劳动力引入的谨慎也可以看出这一点；而东北地区和西南地区或许仍留存较多劳动力增长带来的红利空间。

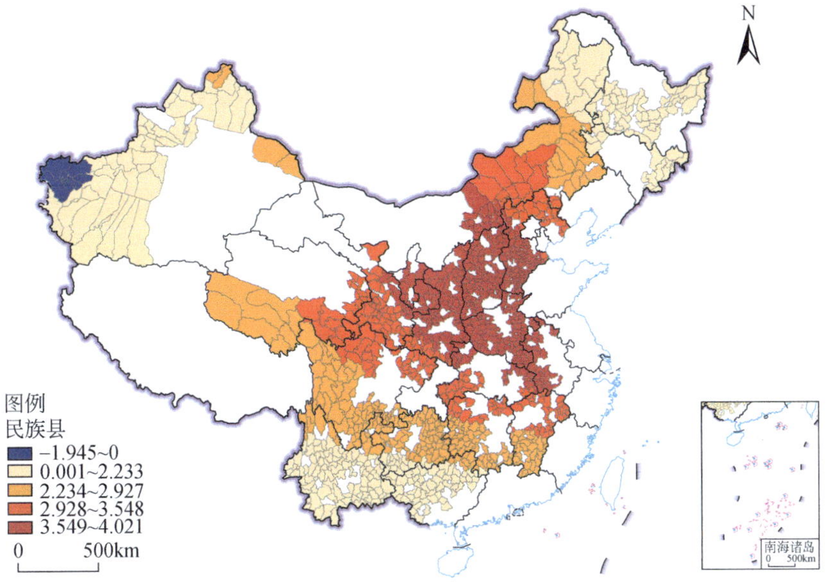

(a)民族县

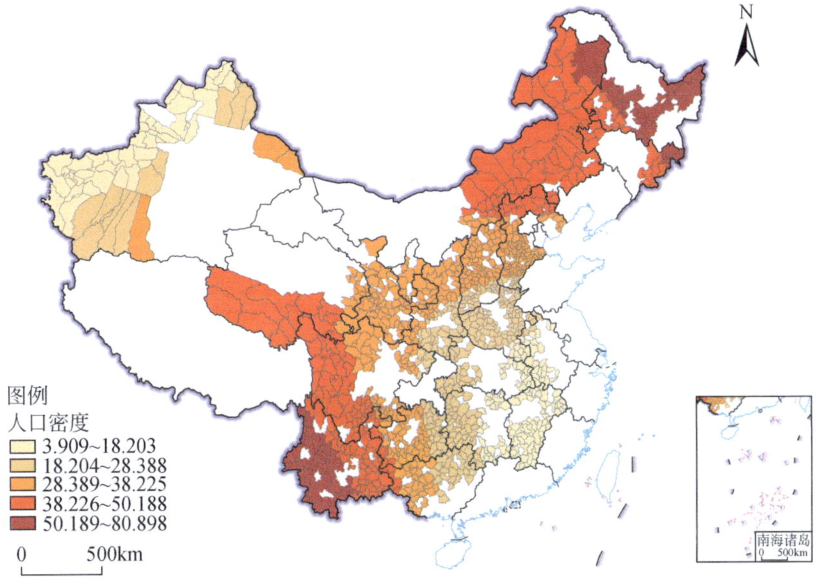

(b)人口密度

图 5-2　社会基础变量回归系数空间分布

在经济发展基础变量方面，初始经济水平和所在地级市经济水平对县域经济增长均为抑制作用［图 5-3（a）和图 5-3（d）］，第三产业占比、固定资产投资占比对县域经济增长均为促进作用［图 5-3（b）和图 5-3（c）］，这表明经济增长的“收敛效应”导致初始经济水平越高的地方经济增长率越低，而经济发展基础和条件越好的地方经济增长率越高。对于市场化水平［图5-3（e）］对县域经济增长的作用力，GWR模型给出了与OLS差异较大的结果，在我国中东部地区（县域总量的65.8%），市场化水平越高的县域经济增长越快，但在东北、西南和新疆西部等地，市场化水平却对县域经济增长产生抑制作用。这说明在我国边疆地区，市场发展的条件尚未健全，市场机制的运行效率难以如其他地方一般显现；相对而言，中东部地区市场发展较为完善，许多地区已经孕育出良好的

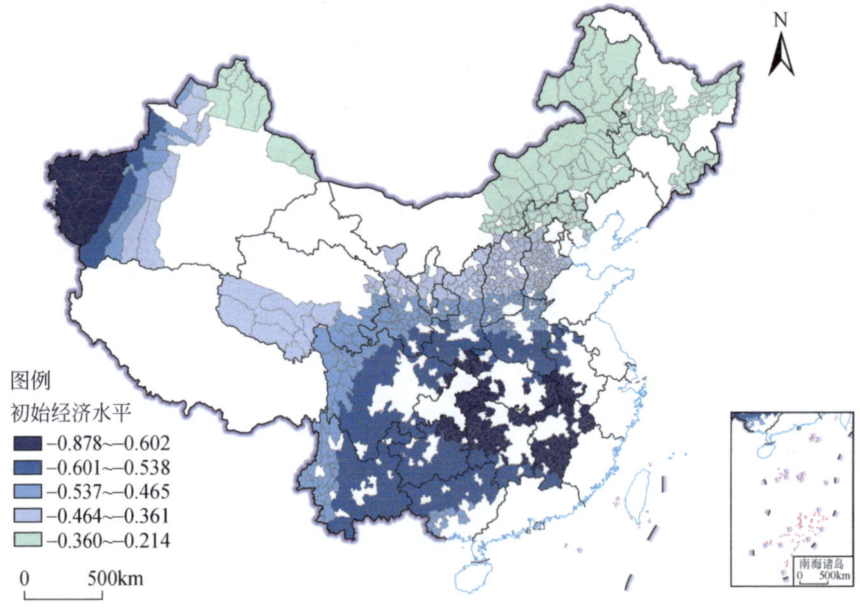

(a)初始经济水平

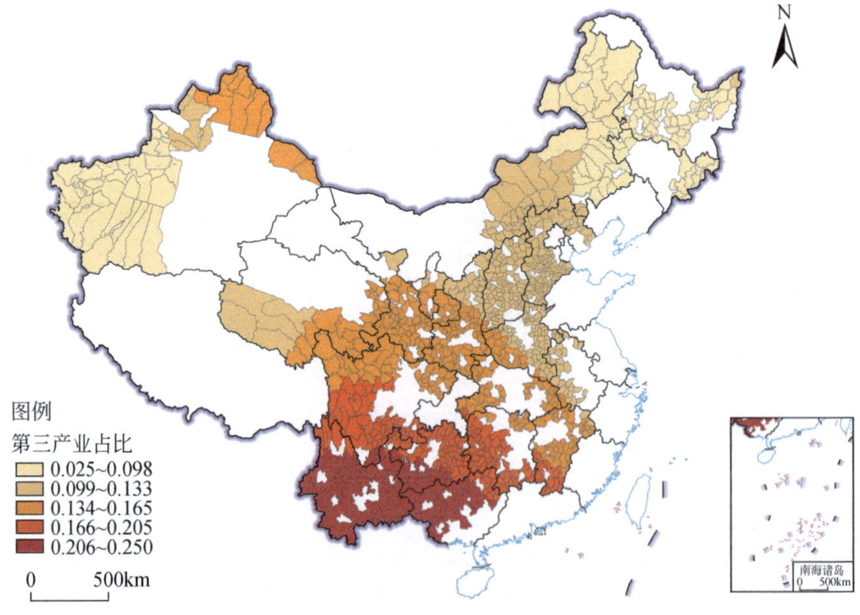

(b)第三产业占比

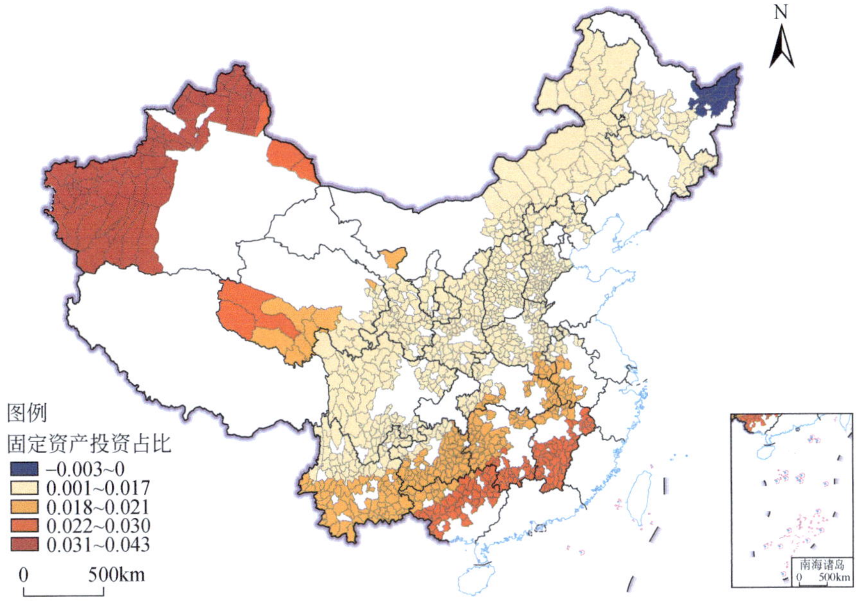

(c)固定资产投资占比

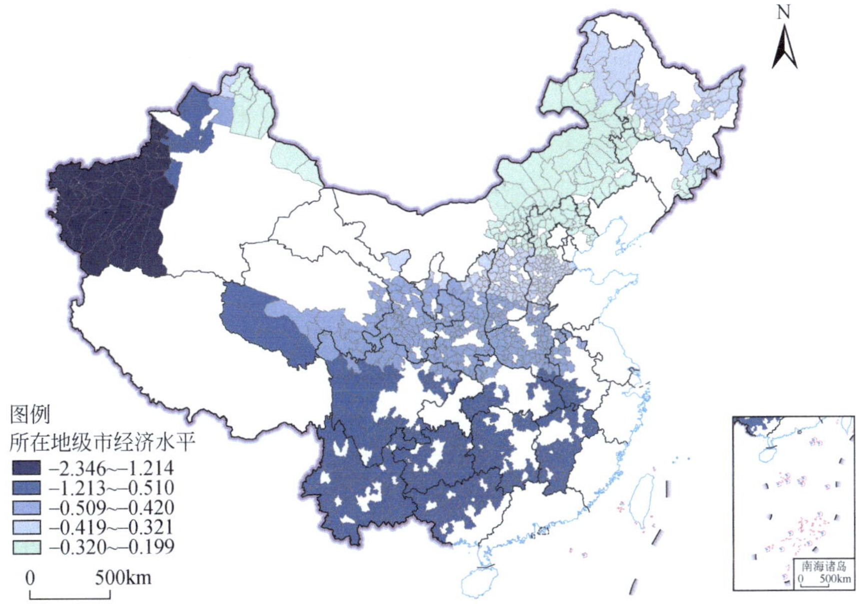

(d)所在地级市经济水平

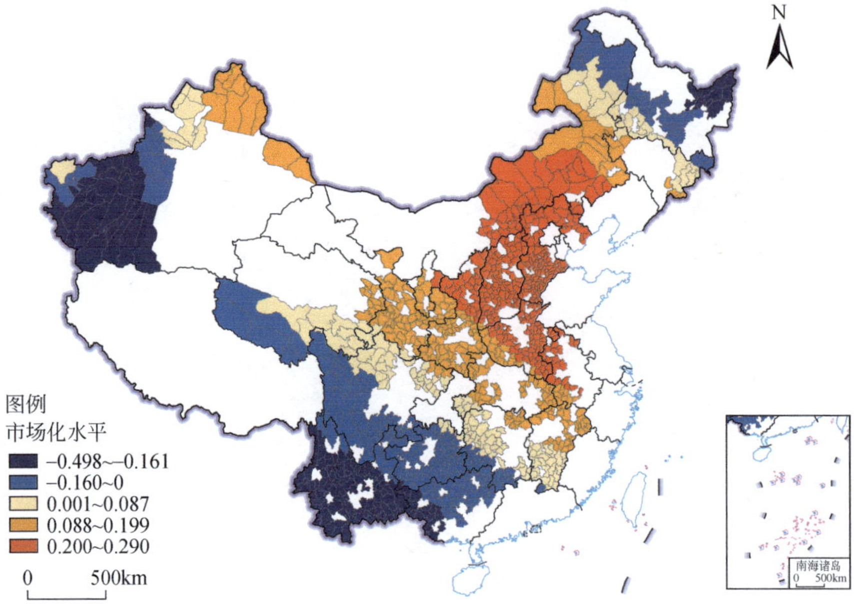

(e)市场化水平

图 5-3 经济发展基础变量回归系数空间分布

营商环境，法律法规和体制机制的运行较为系统，市场化本身极大地利好本地经济的发展，同时，本地经济的持续发展又反向促进政府工作，促使更完善的市场规则出现。

在国家政策变量方面，如图 5-4 所示，91.9% 的区域中国家级贫困县政策对经济增长率的影响为正，高值集中分布在西北地区，低值集中分布在东南地区；在江西、湖南和广西部分东南部地区影响系数为负。国家级贫困县政策变量对经济增长率的促进作用整体呈现出从西北向东南递减进而转为约束作用的圈层结构。

鉴于 OLS 模型 2 交互变量的结果，国家级贫困县政策变量对县域经济增长作用的空间差异可由初始经济水平、市场化水平和人口密度的差异解释。在我国经济发展水平和市场化程度较高的偏东部地区，市场已逐渐成为资源配置的主导力量，即便是在贫困县，政府干预和调控效果也在逐渐减弱，人才、技术和资本等推动经济增长的生产要素还可能因为过多政策干预会损失效率而选择规避投向贫困县地区，导致贫困县政策对经济增长率提高起到负向作用。同时，驱动力的空间差异也可能与国家对贫困县的扶贫资金历来会向西部、山区、少数民族县和边区县倾斜有关，贫困县获得的扶贫资金和政策优惠越多，对县域经济增长推动作用越大（李文和汪三贵，2004）。

由此可见，政策作为引导各种生产要素空间配置和产出效率的重要变量，应因地制宜兼顾各地的经济基础和生产条件。在西北和东北等对政策比较敏感的地区，可强化政策扶持力度，继续增加财政资金投入，可通过设计多样化的优惠政策，统筹安排专项资金，推动经济发展（国务院扶贫开发领导小组办公室，2020）。但是在一些市场较活跃的地区，应充分调动生产要素的主观能动性，强化东部沿海地区与中东部地区的合作，加大对口支

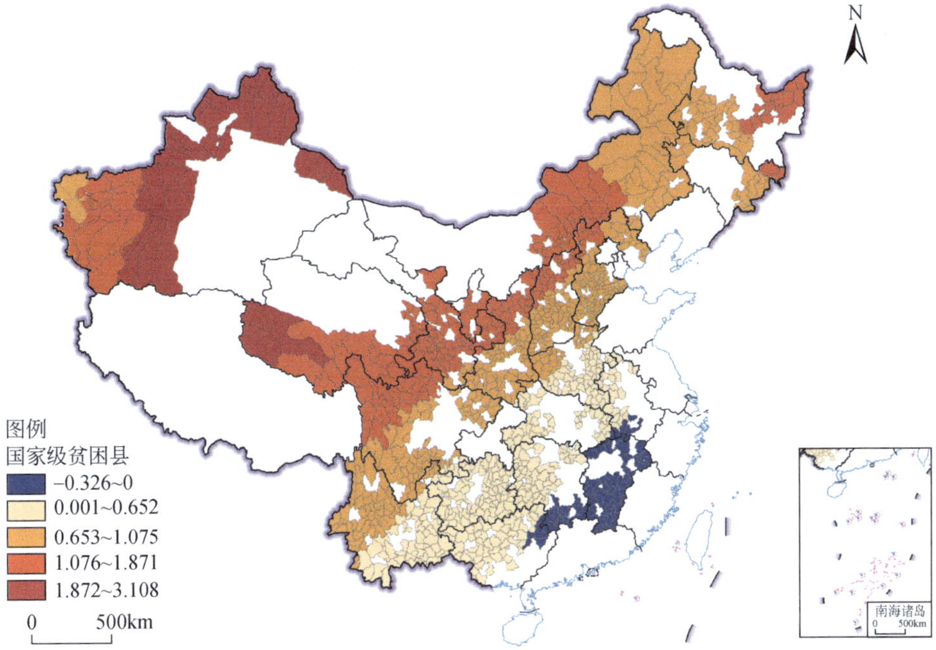

图 5-4　国家级贫困县变量回归系数空间分布

援和产业转移政策支持力度（国务院扶贫开发领导小组办公室，2020），吸引更多的市场化资源推动经济增长（帅传敏等，2008）。同时，可将乡村振兴、新型城镇化进程相融合，注重城乡互动、区域联动，推动城乡统筹发展（刘彦随等，2016；龙花楼等，2016）。

5.4　研究结论与讨论

利用 OLS 和 GWR 模型研究以县域经济增长为主要表征的我国县域尺度乡村聚落发展的影响因素及其空间差异性的主要结论如下。

1）OLS 和 GWR 模型均证实土地资源禀赋、社会基础、经济发展基础和国家政策对经济增长率有一定的影响，其中，除初始经济水平和所在地级市经济水平与经济增长率呈现负相关外，其余自变量均呈现正相关。GWR 模型的解释力度明显优于 OLS 模型，进一步揭示出不同因素对县域经济增长影响的空间异质性。

2）各类因素对县域经济增长的促进作用基本都存在空间异质性。在土地资源禀赋变量方面，变量系数的高值在中部地区和东北地区集中出现，而南部地区则主要为低值，表明土地要素在我国中部地区和东北地区仍对经济增长有较大的拉动作用；在社会基础变量方面，民族县政策变量在汉族聚居区更能体现出政策优势，而人口密度变量则体现了我国产业分布的现状，在东部对人才需求更高的发达地区，人口密度的影响力减弱；在经济发展基础变量方面，市场化水平变量的空间异质性最为突出，出现在中东部地区主要为促进作用，而在东北地区、西南地区和新疆地区主要为抑制作用的现象，表明在市场化程度较高的地区，市场化水平与经济发展相互促进，形成良性循环，而经济相对弱势的地区，较高的市场化水平却可能带来无序或不公平竞争；在国家政策变量方面，其影响则呈现出从西北向东南递减、在部分中部偏东南地区出现抑制作用的圈层结构，这主要归因于在经济发展水平和市场化程度较高的偏东部地区，县域经济增长受市场调控的力度大于政府干预，同时，西北地区贫困县获得的政策扶持比东南地区更大。

3）既然国家级贫困县政策的减贫效应存在空间差异性，在后续持续制定精准帮扶和乡村振兴等促进县域经济发展的政策时，应因地制宜，避免“一刀切”。特别是在当前帮扶战略已从传统的区域瞄准向个体瞄准转变的背景下，推动县域经济发展、缓解城乡差距的有效措施是面向地方实际，“精准量体裁衣”，有针对性地实施市场引导或政策扶持等方向差别化的、可持续的行动机制（刘小鹏等，2019）。一方面，通过补齐农村基础设施和基本公共服务短板，帮扶农民提升自我发展能力，以乡村振兴政策巩固脱贫成果（国务院扶贫开发领导小组办公室，2020）。另一方面，要充分调动市场在扶贫资源配置中的积极作用，促进各类资源要素在城乡之间自由流动，实现城乡融合发展（刘彦随等，2019）。

下篇　广东实证

第 6 章　广东省乡村聚落系统空间特征

广东省作为我国改革开放的前沿阵地，乡村聚落发展的自然和社会经济基础均有显著的地域差异。本章从广东省乡村聚落的基本情况、空间特征、时空演化特征和发展格局与类型划分四个方面入手，对本书的实证研究地区进行系统分析，以求全面地向读者介绍广东省乡村聚落系统的空间特征。

本章以中国科学院地理科学与资源研究所、中国科学院资源环境科学与数据中心提供的全国 30m×30m 遥感影像解译数据中农村居民点斑块为基本研究单元，应用 1980 年、1995 年、2005 年、2015 年共 4 期空间矢量数据进行相关分析，如无特殊说明，相关数据均来源于中国多时期土地覆被遥感监测数据（CNLUCC）。

6.1　广东省乡村聚落基本情况

6.1.1　广东省基本情况

广东省由以冲积平原为主的珠三角冲积地区和山地丘陵为主的粤东西北地区组成，省内区域差异十分明显。珠三角地区包括广州、深圳、珠海、佛山、东莞、江门、中山、惠州及肇庆九个地级市，面积仅占全省总面积的 30.8%，但却贡献全省 GDP 的 80.23%，是中国经济增长的三极之一。而珠三角地区外围还存在大量欠发达地区，其中粤东地区包括汕头、汕尾、潮州、揭阳四个地级市，总面积占全省的 8.6%，GDP 占全省的 6.58%；粤西地区包括湛江、茂名、阳江三个地级市，总面积占全省的 17.7%，GDP 占全省的 7.38%；粤北地区发展潜力大，包括韶关、河源、梅州、清远、云浮五个地级市，总面积占全省的 42.9%，GDP 却仅占全省的 5.81%。受社会经济发展水平影响，广东省内乡村聚落发展差异同样明显，珠三角地区作为我国快速城镇化样本，“自下而上”的乡村工业化遍地开花，形成了大量虽保留农村建制但空间形态和产业业态非农程度很高的城乡混杂的特殊景观。在粤东西北的偏远山区，仍分布着大量传统村落。与此同时，广东省地形地貌类型复杂多样，空间资源禀赋不均，传统乡村聚落形成与发展所依托的自然环境本底差异巨大。

6.1.2　广东省乡村聚落自然环境

广东省地貌类型复杂多样，包含山地、丘陵、台地和平原等，其中以山地和丘陵为主，占全省土地面积的 58.6%，台地和平原占 35.9%。总体来看，广东省地势北高南低，在北部、东北部、西部有较高山脉，而中部和南部沿海地区主要为平原、丘陵及台地。南部沿海地区分布着三个主要平原（台地），分别为珠三角平原、粤西湛江平原台地以及粤东潮汕平原（图6-1）。

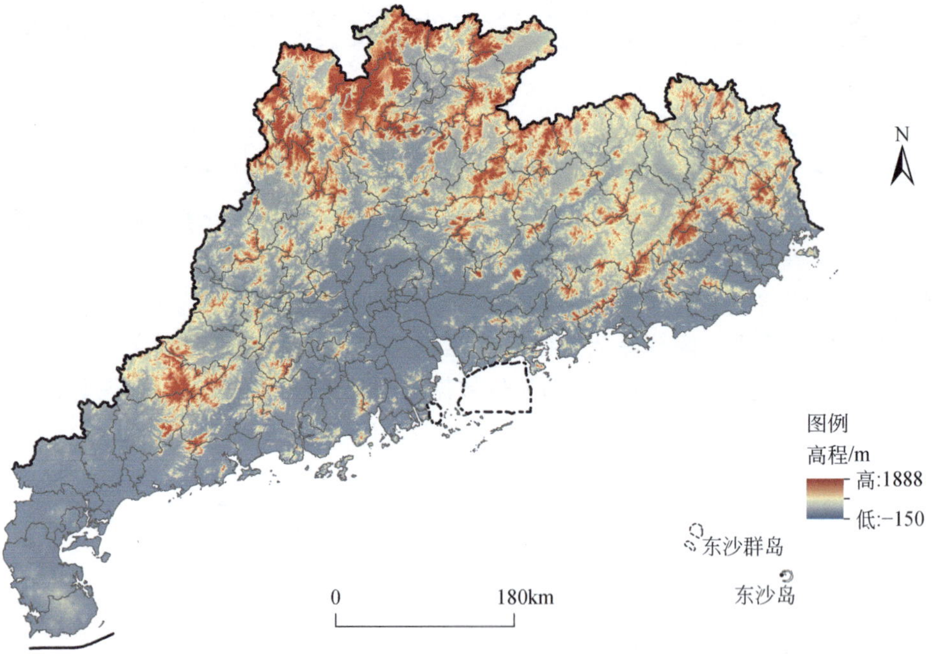

图6-1　广东省高程空间分布
资料来源：广东省DEM数据

通过分组统计观察不同高程以及坡度范围内乡村聚落分布变化，探究地形因素对乡村聚落空间格局的影响，发现广东省乡村聚落在高海拔、陡坡区域规模及数量较小。结合自然断点法，将广东省高程分为≤40m、40～120m、120～300m、>300m四个高程带，将坡度分为≤5°、5°～10°、10°～15°、>15°四个坡度范围，统计不同高程和坡度范围内乡村聚落的个数及面积（表6-1和表6-2）。

表6-1　2015年广东省不同高程范围内乡村聚落分布变化

高程/m	个数	个数占比/%	面积/km²	面积占比/%	平均面积/km²
≤40	15 258	60.91	3 071.34	72.39	0.20
40～120	6 718	26.82	861.58	20.31	0.13
120～300	2 612	10.43	276.19	6.51	0.11
>300	462	1.84	33.61	0.79	0.07

表 6-2　2015 年广东省不同坡度范围内乡村聚落分布变化

坡度/（°）	个数	个数占比 /%	面积 /km²	面积占比 /%	平均面积 /km²
≤5	12 497	49. 89	2 423. 71	57. 12	0. 19
5 ~ 10	10 785	43. 05	1 646. 04	38. 80	0. 15
10 ~ 15	1 357	5. 42	134. 44	3. 17	0. 10
>15	411	1. 64	38. 53	0. 91	0. 09

广东省乡村聚落分布有明显的低海拔集聚特征，随着海拔增加，乡村聚落个数逐渐减少。超过一半的聚落分布在海拔 40m 以下的地区（60. 91%），面积达 3071. 34km²，平均面积最大，约为 0. 20km²，说明在低海拔区域，聚落面积、个数均较大。在 40 ~ 120m 范围内，乡村聚落个数占比为 26. 82%，面积占比为 20. 31%，平均面积为 0. 13km²。海拔大于 120m 的范围内，乡村聚落个数占比 12. 27%，而面积占比仅约 7%。随着海拔增加，乡村聚落的个数、面积在减小，说明高程对乡村聚落的分布具有显著的限制作用。

坡度对乡村聚落分布同样有明显的影响，随着坡度增大，乡村聚落的个数、面积逐渐减少。接近 50% 的乡村聚落分布在坡度≤5°的区域，乡村聚落斑块面积占总乡村聚落面积的 57. 12%。坡度在 10°以上的区域，乡村聚落面积占总乡村聚落面积的 4% 左右。一般而言，坡度较大的地方地势崎岖陡峭，乡村聚落难以集聚发展，面积较小；而在坡度较小的地方，地势平坦，交通便捷，易于聚落集聚发展，面积往往较大（图 6-2）。

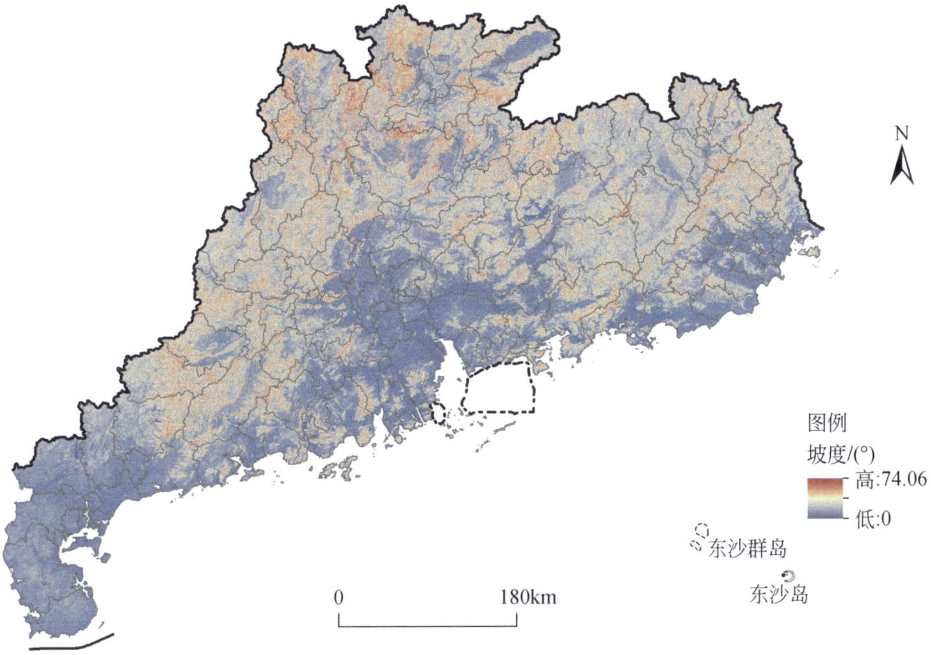

图 6-2　广东省坡度空间分布
资料来源：广东省 DEM 数据

6.1.3 广东省乡村聚落人文环境

(1) 经济发展水平

在整个中国，沿海和平原地区的经济发展水平总体上比内陆地区高，对于广东省而言，南部沿海、东西两翼的平原、台地经济发展水平高于北部山区。从表6-3可以看出，广东省内部经济发展不均衡，省内珠三角地区是中国经济增长的三极之一，2015年广东省约79%的GDP来自珠三角地区，珠三角地区土地面积占广东省土地面积的30.5%。粤东、粤西、粤北地区GDP占全省GDP的比例分别为6.90%、7.72%、6.24%，粤东与粤北地区GDP相近，但是粤北地区的土地面积占全省土地面积最大（42.7%）；从人均GDP水平来看，珠三角地区的人均GDP（107 011元）是全省人均GDP（67 503元）的1.59倍，而粤东、粤西、粤北地区的人均GDP分别是31 426元、38 461元、29 583元，远低于全省人均GDP水平。从区域来看，广东省经济发展呈现出明显的“中心—外围”态势。从县域人均GDP空间分布来看，在珠三角地区内部，深圳以及广州中心区始终是经济最为发达的地区，以二者为核心，以“深圳-东莞-惠州-广州-佛山-中山-珠海”组成的珠三角沿海核心内环为轴，不断向外扩散，带动整个珠三角地区的经济发展，其中肇庆西北部、江门西部发展较为滞后，珠三角大部分地区经济发展水平均明显超过外围其他地区（图6-3）。

表6-3 广东省2015年各区域经济发展情况表

区域	人均GDP/元	GDP		产业占比/%			土地面积	
		GDP/亿元	占比/%	第一产业	第二产业	第三产业	面积/km²	占比/%
珠三角	107 011	62 267.78	79.14	1.79	43.58	54.63	54 763	30.5
粤东	31 426	5 430.21	6.90	8.22	53.80	37.98	15 475	8.6
粤西	38 461	6 075.66	7.72	17.24	40.69	42.07	32 646	18.2
粤北	29 583	4 910.84	6.24	15.80	39.53	44.67	76 751	42.7
广东省	67 503	72 812.55	—	4.59	44.79	50.61	179 635	—

就产业结构而言，珠三角地区第一产业占比最低（1.79%），粤西地区第一产业占比最高。从广东省县级行政单元第一产业占比空间分布可以发现（图6-4），湛江、茂名、阳江、云浮、肇庆西部、清远、韶关、河源、梅州、汕尾及揭阳南部是广东省农业主导区，特别是粤西湛江地区，2015年第一产业占比在30%～50%。2015年，广东省第一产业占比基本形成了以珠三角沿海地区为核心向外逐渐增长的空间分布格局。

将2015年广东省县级行政单元人均GDP分为5个等级，统计各等级乡村聚落分布特征（表6-4）。广东省乡村聚落所在县级行政单元经济发展差异明显，珠三角地区为经济发展高水平区，粤西、粤北地区为经济发展低水平区。73.53%的乡村聚落分布于经济发展中低水平的区域，26.47%的乡村聚落分布于经济发展水平较高的区域，主要是在珠三角地区。广东省南部的沿海和平原地区具有特殊的优势，社会经济发展水平较高，因此乡

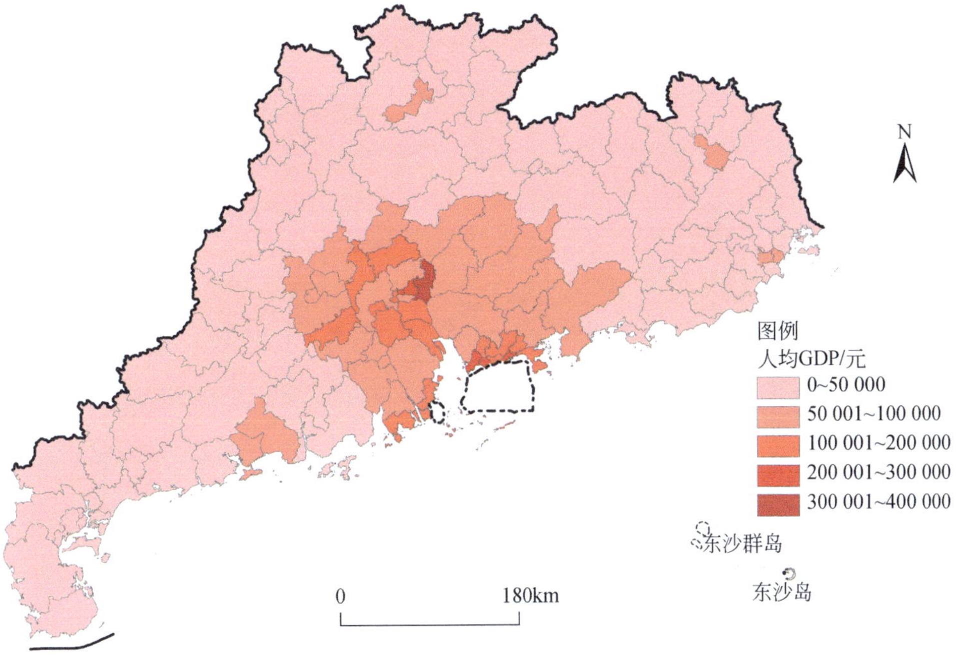

图 6-3　2015 年广东省县级行政单元人均 GDP 空间分布

资料来源：《广东统计年鉴（2015）》

村聚落密度也相对较高，而在粤北地区乡村聚落密度很低，这与广东省“珠三角地区–粤北地区–粤东地区–粤西地区”四大经济区划较为吻合。

表 6-4　区域经济发展水平下乡村聚落分布统计

人均 GDP /万元	乡村聚落个数	个数占比 /%	面积/km^2	面积占比 /%	平均面积 /km^2
≤1. 52	1 396	5. 57	268. 47	6. 33	0. 19
1. 52 ~ 2. 25	4 316	17. 23	767. 91	18. 10	0. 18
2. 25 ~ 4. 09	12 707	50. 73	1 644. 16	38. 75	0. 13
4. 09 ~ 9. 34	5 559	22. 19	1 201. 84	28. 33	0. 22
>9. 34	1 072	4. 28	360. 34	8. 49	0. 34

（2）人口密度

广东省是我国人口大省，也是中国人口较稠密的省份之一，且为人口吸引力最强的省份，汇集了大量外来人口。改革开放以来，广东省人口持续快速增长，其常住人口自 1980 年的 5851. 09 万人已增长至 2015 年的 10 849 万人。广东省人多地少，2015 年人口密度为 603. 73 人/km^2，是全国的 4. 22 倍，且区域差异明显。珠三角地区是广东省经济发展的核心，自然也是人口主要聚集地。2015 年珠三角地区常住人口达 5874. 27 万人，占全省总人口的 54. 2%，而粤东、粤西、粤北地区人口占比分别为 15. 9%、14. 6% 和 15. 3%

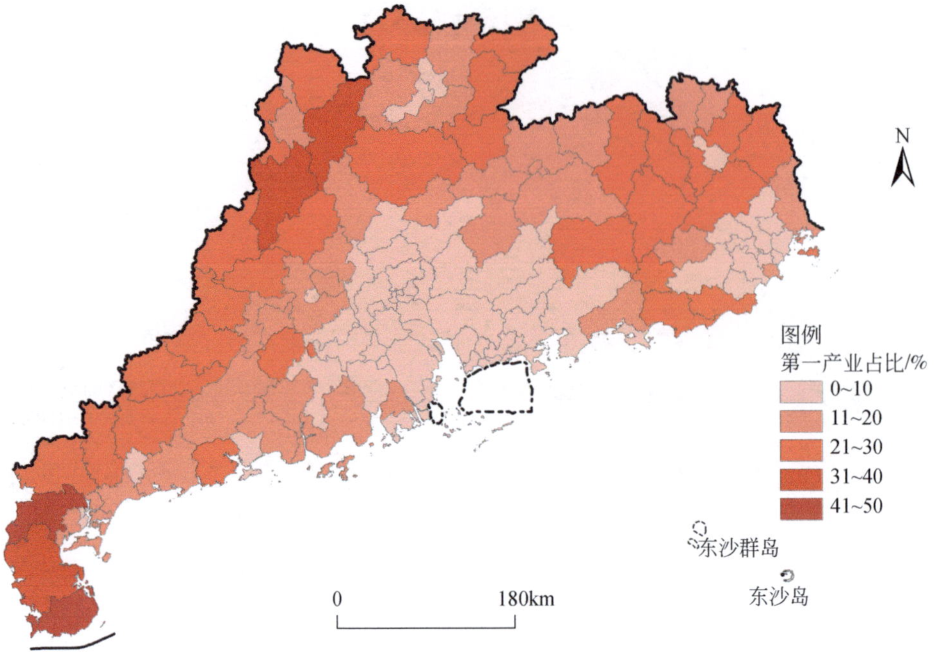

图 6-4　2015 年广东省县级行政单元第一产业占比空间分布
资料来源：《广东统计年鉴（2015）》

（表 6-5）。与珠三角地区相比，其余地区成为广东省人口的外流区，不仅大量省外人口涌入珠三角地区，广东省内部人口也逐渐向珠三角地区集中（卓晓岚，2015），尤其是涌入广州、深圳两大城市。

表 6-5　广东省 2015 年各区域人口发展情况

区域	人口密度/（人/km²）	人口		城镇化率/%
		数量/万人	占比/%	
珠三角	1 072. 67	5 874. 27	54. 2	84. 59
粤东	1 116. 19	1 727. 31	15. 9	59. 93
粤西	485. 01	1 583. 35	14. 6	42. 01
粤北	216. 81	1 664. 07	15. 3	47. 17
广东省	603. 73	10 849	—	68. 71

广东省经济快速发展也带动了城镇化的迅速发展，1949 年广东省城镇化率只有 13. 3%，但到了 2015 年，广东省城镇化率达 68. 71%。区域经济差异也导致城镇化水平的不同，珠三角地区城镇化率最高，达到 84. 59%，粤东、粤西和粤北地区的城镇化率分别为 59. 93%、42. 01% 和 47. 17%。

将 2015 年广东省县级行政单元常住人口分为 5 个等级，统计各等级乡村聚落分布特征（图 6-5 和表 6-6）。广东省乡村聚落所在县级行政单元人口差异明显，珠三角地区为人口集聚区，粤西、粤北地区人口较少且人口密度较低。72.08% 的乡村聚落分布于人口低水平地区，27.92% 的乡村聚落分布于人口高水平地区（以珠三角地区和粤东地区为主）。分布于人口较多地区的乡村聚落，聚落平均规模较大，这说明人口集聚的乡村聚落越容易促进规模增大。而在人口较低水平地区的乡村聚落，其聚落数量最大，但是平均面积较小，主要分布在粤北山区。

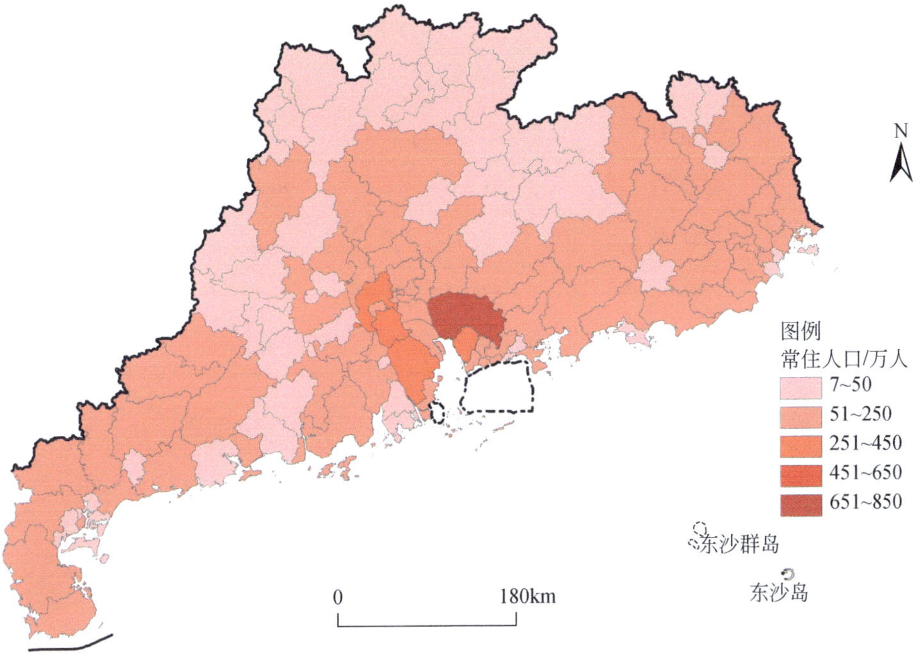

图 6-5　广东省 2015 年县级行政单元常住人口空间分布

资料来源：《广东统计年鉴（2015）》

表 6-6　区域社会发展水平下乡村聚落分布统计

人口/万人	乡村聚落个数	个数占比/%	面积/km²	面积占比/%	平均面积/km²
≤60	7 473	29.83	990.16	23.34	0.13
60～120	10 582	42.24	1 814.53	42.77	0.17
120～180	5 692	22.72	989.54	23.32	0.17
180～340	1 124	4.49	368.60	8.69	0.33
>340	179	0.72	79.89	1.88	0.45

（3）区位交通

广东省快速发展的经济也带动了基础设施建设，2015 年底，广东省高速公路里程达到 7021km，跃居全国第一，实现了“县县通高速”，形成以珠三角为核心的高速路网，向周围区域辐射。交通基础设施建设对经济社会的先导和带动作用，尤其是作为粤东、粤西和粤北地区发展抓手的作用更加凸显，交通先行为粤东、粤西和粤北地区振兴奠定了坚实基础。就广东省各区域而言，粤北的公路里程最长，但是由于粤北地区面积占比最大，公路密度反而最小。分析各区/县的路网密度，珠三角地区的路网密度明显高于其余三个地区，早在 2011 年就已率先实现“县县通高速”，尤其是广州、深圳，城市中心区的路网密度高于外围区/县（表 6-7 和图 6-6）。

表 6-7　广东省 2015 年各区域公路交通发展情况

区域	公路密度/（km/100km²）	公路里程		人均公路拥有量/（m/1000 人）
		里程/km	占比/%	
珠三角	115.14	63 054	29.19	1 073.39
粤东	139.72	21 621	10.01	1 251.72
粤西	151.06	49 314	22.83	3 114.54
粤北	106.88	82 034	37.97	4 929.72
广东省	120.26	216 023	—	1 991.18

资料来源：《广东统计年鉴（2015）》。

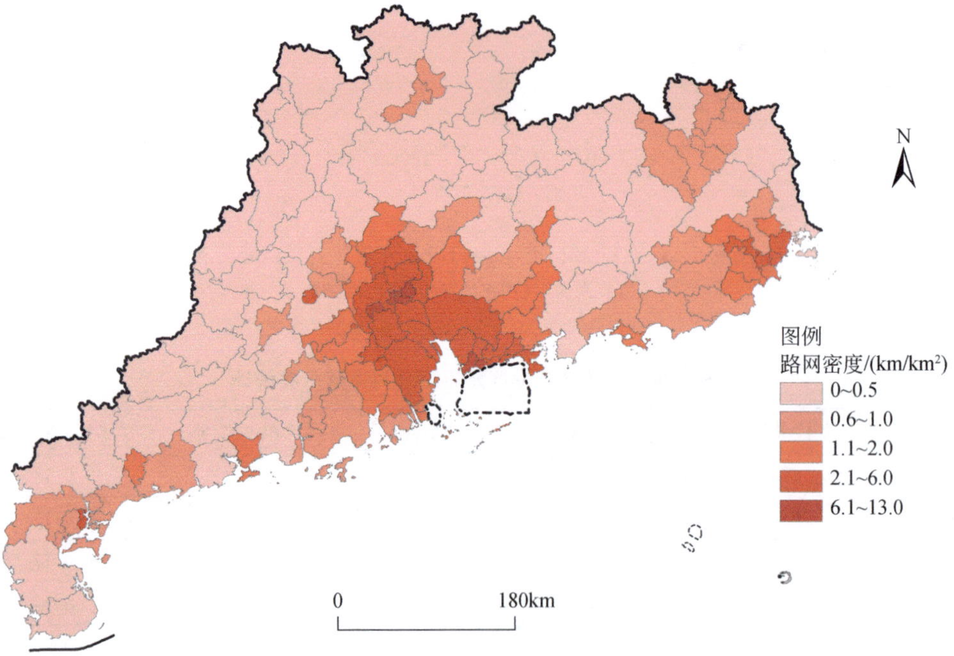

图 6-6　广东省 2015 年县级行政单元路网密度空间分布

资料来源：《广东统计年鉴（2015）》

6.2 广东省乡村聚落空间特征

在对广东省各地区乡村聚落区域特征有了整体认识后，进一步对乡村聚落空间特征进行探究，主要从规模特征、密度特征和空间结构特征三个方面展开。

6.2.1 广东省乡村聚落规模特征

2015 年广东省乡村聚落斑块总数为 25 050 个，聚落总规模达 4242.72km^2，占广东省土地面积的 2.36%。乡村聚落斑块面积个体间差异较大，最小斑块面积为 907.51m^2（由于本章选取 30m 分辨率的遥感影像作为基础数据，忽略了面积小于 900m^2 的聚落），最大斑块面积为 22.08km^2，位于珠三角地区，体现了珠三角地区大面积农村就地工业化、城镇化的特点。乡村聚落平均斑块面积是 0.17km^2，小于平均值的共有19 097 个，占所有乡村聚落个数的 76.24%；大于平均值的占 23.76%。这说明广东省乡村聚落虽然数量多，但是大部分规模低于平均值，以小规模为主要存在形式。

珠三角地区为广东省乡村聚落总规模占比最大的区域，占广东省聚落总规模的 34.1%，珠三角地区城镇化率最高（84.59%），且乡村聚落斑块的平均规模最大；乡村聚落总规模排名第二的为粤西地区，占广东省乡村聚落总规模的 31.9%，粤西地区的聚落斑块个数最多，且区域的城镇化率最低（42.01%）；粤北地区在广东省乡村聚落总规模中排名第三，占比约为 18.1%，但区域土地总面积占全省第一，这与粤北地区林地、草地占比较大有关；粤东地区在广东省乡村聚落总规模最小，且聚落斑块个数最少，城镇化率为全省第二（表 6-8 和图 6-7）。

表 6-8 广东省 2015 年各区域乡村聚落规模特征

区域	聚落总规模/km^2	斑块个数	平均大小/m^2	最大值/km^2	最小值/m^2	区域面积/km^2	占区域面积的比例/%	城镇化率/%
粤东	675.92	3 758	179 861	12.76	4 039.75	15 475	4.37	59.93
粤西	1 351.74	8 416	160 616	4.63	918.48	32 646	4.14	42.01
粤北	769.63	6 181	124 515	5.19	2 242.18	76 751	1.00	47.17
珠三角	1 445.43	6 695	215 897	22.08	907.51	54 763	2.64	84.59
广东省	4 242.72	25 050	169 370	22.08	907.51	179 635	2.36	68.71

分析广东省四个区域乡村聚落面积占比情况，粤东乡村聚落规模占其区域面积的比例最大，为4.37%；粤西乡村聚落规模占其区域面积的比例为 4.14%；珠三角乡村聚落规模占其区域面积的比例为 2.64%；粤北乡村聚落规模占其区域面积的比例为 1.00%，主要是由于粤北地区地形为山地，聚落规模较小。

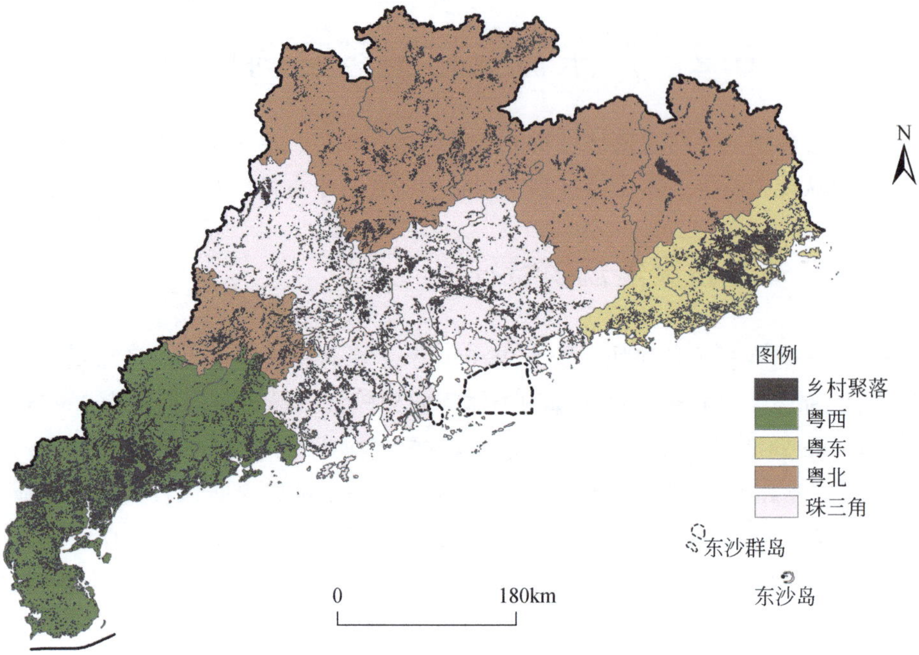

图 6-7　2015 年广东省乡村聚落分布

6.2.2　广东省乡村聚落密度特征

采用 ArcGIS 核密度分析工具，探寻广东省乡村聚落空间分布的整体差异。核密度值越大表示乡村聚落分布越集中，越小则表示聚落分布越分散，以此来识别广东省乡村聚落分布聚集、稀疏的地区。

使用 ArcGIS 中的面转点工具，提取 2015 年广东省乡村聚落图斑的质心，创建点特征图层，之后使用分析工具中的核密度分析，采用基于空间配置和输入点数计算的默认搜索半径（带宽），此方法可剔除距离其他点非常远的孤立点等空间异常值，不会导致搜索半径过大。

从图 6-8 可以看出，广东省乡村聚落分布密度区域差异明显。2015 年广东省乡村聚落的平均密度为 0.14 个/km^2，在空间上呈现出东西两翼密集、北部及中部稀疏的格局。两大密度核心地区为粤东潮汕平原、粤西湛江平原台地，密度为 0.6～0.84 个/km^2，在空间上呈现出以揭阳市和茂名市为两大核心集聚区，并向外围密度依次降低的阶梯式格局。在珠三角平原地区，乡村聚落密度为0.4～0.5 个/km^2，形成了多个次级密度核心地区。东西两翼、珠三角地区聚落密集分布，离不开地形的影响，由于地势相对平坦，交通便捷，有利于发展农业，从而形成集聚的乡村聚落。除此之外，广东省地势北高南低，在北部山区聚落稀疏，如粤北地区乡村聚落核密度范围≤0.3 个/km^2，大部分乡村聚落零星分散，主要是由于粤北山区海拔高，地形崎岖复杂致使交通便捷程度低，从而导致粤北地区聚落数量多但规模较小。

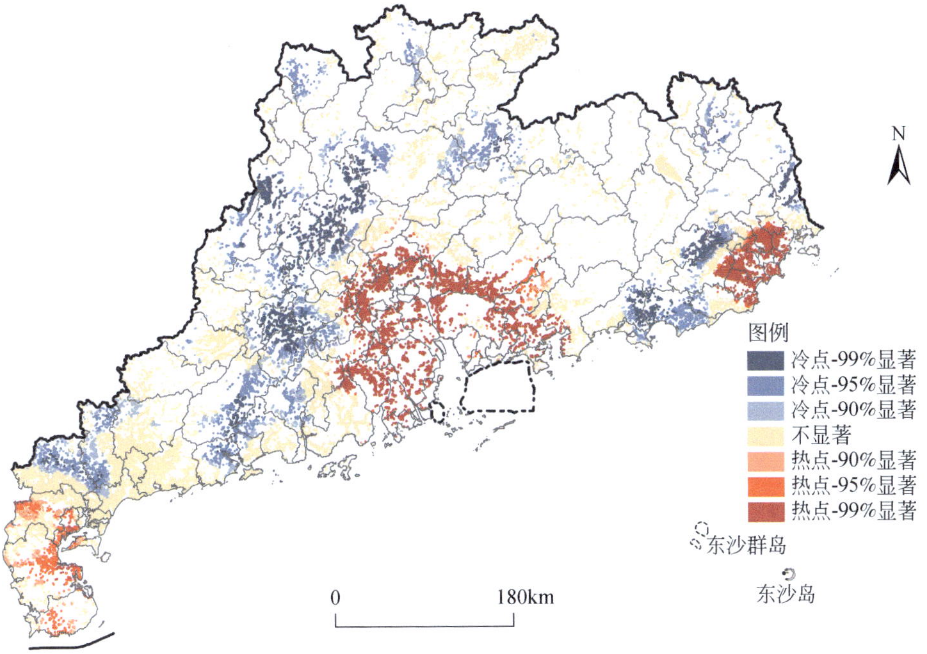

图 6-8　广东省乡村聚落规模局部空间聚类分析结果

6.2.3　广东省乡村聚落空间结构特征

在探究广东省乡村聚落空间结构特征时，本节主要研究其规模集聚特征，方向性特征将在 6.3.3 节中进行更为详尽的介绍。

(1) 全局空间聚类分析

用 ArcGIS 空间分析工具，对 2015 年广东省乡村聚落面积进行全局空间聚类检验，采用 INVERSE_DISTANCE 定义要素间的空间关系，并采用欧氏距离计算每个要素与邻近要素间的距离，得到的结果见表 6-9。

表 6-9　2015 年广东省全局空间聚类检验结果

G 观测值	*G* 期望值	方差	*Z* 得分	*P* 值
0.000 002	0.000 002	0	4.188 969	0.000 028

通过全局空间聚类检验，*Z* 得分大于 0，且 *P* 值通过显著性检验，说明广东省乡村聚落空间分布存在显著的高值集聚，即规模大的乡村聚落集群分布特征显著。

(2) 局部空间聚类分析

在广东省乡村聚落空间分布存在高值集聚特征的基础上，进一步进行局部 Getis-Ord G^* 空间聚类检验，判断是否存在高值或低值聚集区，找到乡村聚落规模在空间上的“冷点”与“热点”，即大规模乡村聚落或小规模乡村聚落集聚的区域。

总体来看，广东省乡村聚落形成三个明显的集聚区：珠三角平原、粤西台地和粤东潮汕平原，而粤北山区呈现小规模乡村聚落集聚分布。

广东省乡村聚落“热点”呈现“三极”分布特征，热点区（红色）主要集中在平原地区，分别为粤西湛江平原台地—珠三角平原—粤东潮汕平原，并以三级为中心呈现逐渐向外递减的趋势。这些地区乡村聚落规模大，得益于地区地势平坦。冷点区（蓝色）表明乡村聚落规模小，主要分布在北部山区。总体来看，广东省乡村聚落规模集聚与地貌类型直接相关，平原地区乡村聚落规模较大，台地、丘陵地区次之，山地地区易形成小规模乡村聚落集聚（图6-9）。

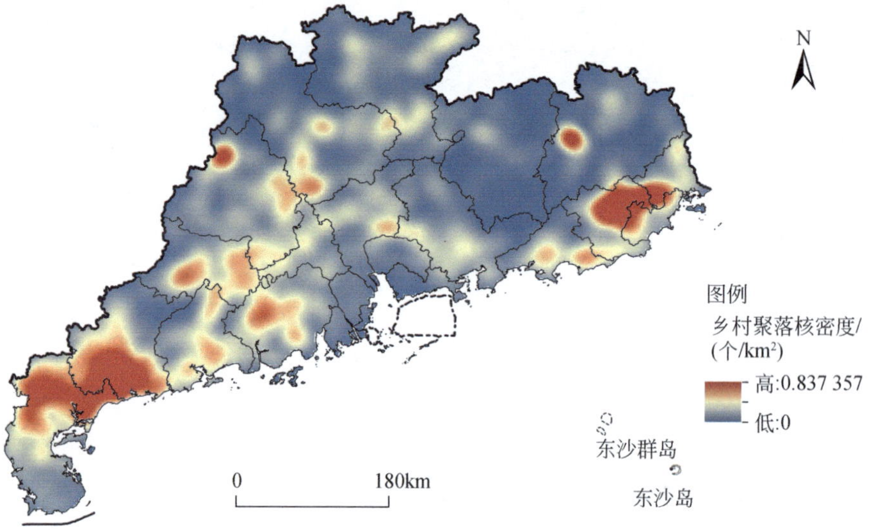

图6-9　广东省乡村聚落核密度估计空间分布

将广东省乡村聚落规模局部空间聚类分析结果（图6-9）与核密度分布结果（图6-8）进行对比可以发现，粤东潮汕平原既是大规模乡村聚落集聚的“热点”也是密度核心，即粤东潮汕平原区域乡村聚落密度较高且规模普遍较大。而在粤西湛江平原台地，密度核心区与规模集聚热点出现了错位，其中雷州半岛区域乡村聚落密度较低，但形成了大规模乡村聚落集聚的热点，即该区域乡村聚落规模较大、密度较低；而湛江北部的廉江、吴川以及茂名南部形成了高密度核心区，但也是小规模乡村聚落集聚区，即该区域乡村聚落密度较高但规模较小。云浮、阳江地区以山地为主，形成了小规模乡村聚落集聚的“冷点”，同时形成了多个分散的次级密度核心，该区域属于小规模乡村聚落的中密度集聚区。而粤北地区清远、韶关出现了小规模乡村聚落集聚“冷点”同时密度较低，属于小规模低密度的分布模式。粤北河源、梅州地区，乡村聚落密度较低同时没有形成规模集聚分布的显著冷点或热点，说明该区域乡村聚落分布较为分散。珠三角地区是最大的大规模乡村聚落集聚的“热点”，但在核密度估计结果中，形成了多个分散的次级核心，在中山、珠海、东莞、深圳形成了大规模、低密度分布格局，在广州、惠州接壤地区形成了大规模、中密度的分布格局。

总体来看，广东省乡村聚落空间分布格局多样，空间差异性大，存在“高密度-大规模”、“高密度-小规模”、“中密度-大规模”、“低密度-大规模”和“低密度-小规模”多种类型共存的空间分布特征。

6.3 广东省乡村聚落时空演化特征

基于遥感解译获得 1980 ~ 2015 年广东省乡村聚落用地数据，识别不同时期广东省乡村聚落空间分布特征。从图 6-10 可以发现，广东省乡村聚落在不同时期都呈现出三个明显的集聚区，即珠三角平原、粤西湛江平原台地以及粤东潮汕平原地区，而在北部山区则分散分布着大量乡村聚落，这与广东省“珠三角地区-粤北地区-粤东地区-粤西地区”的划分非常吻合，且基于广东省实际发展状况，各地区社会经济发展水平差异明显。故本书在明确 1980 ~ 2015 年广东省乡村聚落规模演化总体特征的基础上，进一步将广东省分为珠三角地区、粤北地区、粤东地区、粤西地区四个地区，探究广东省内部不同区域乡村聚落演化趋势及特征是否存在差异。同时，综合利用高/低聚类、空间热点探测、核密度分析、标准差椭圆等空间分析方法，对广东省乡村聚落时空演化特征进行更加细致的分析，第 8 章中也将进一步使用 GTWR 模型对广东省乡村聚落时空演化的影响因素进行分析。

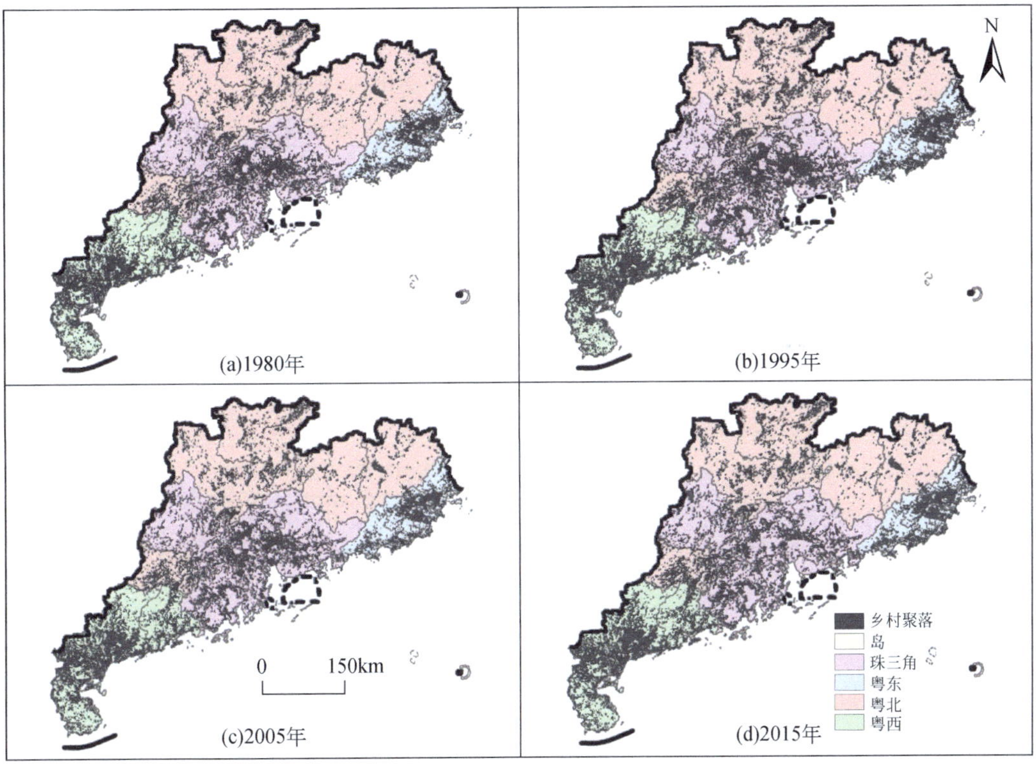

图 6-10 广东省乡村聚落空间分布（1980 ~ 2015 年）

6.3.1 广东省乡村聚落规模演化特征

首先对广东省乡村聚落规模演化总体特征进行统计分析，对不同阶段带来乡村聚落规模变化的原因进行探究，此后分别对珠三角地区、粤西地区、粤北地区、粤东地区乡村聚落规模演化特征进行定量探究。

（1）省域乡村聚落规模演化总体特征

表6-10和图6-10展示了广东省各时期乡村聚落规模演化的总体特征，乡村聚落总规模呈现先增加后减少的发展趋势，变化较为剧烈。1980年之后，广东省乡村聚落总规模持续增长，年均增长率在0.79%左右，且乡村聚落平均大小以及斑块个数同步增长，斑块个数从1980年的26 811个增长到1995年的27 248个，平均大小从0.16km^2左右增长到0.18km^2左右，说明1980～1995年乡村聚落总规模的扩大一方面体现在新的乡村聚落的出现；另一方面体现在原有乡村聚落的扩张，且乡村聚落最大规模从9.52km^2增长至44.10km^2，翻了近五倍，在乡村聚落总规模增长的过程中，较大规模的乡村聚落扩张显著，出现了“超大体量”的乡村聚落。乡村聚落总规模在1995～2005年达到峰值，此后开始逐渐下降。2005～2015年，广东省乡村聚落总规模平均每年减小约1.30%，斑块个数减少超过3000个，乡村聚落平均大小也有小幅度下降，同时乡村聚落规模的最大值锐减至22.08km^2，说明1980年以来发展过程中出现“超大体量”的乡村聚落在后期乡村聚落总规模减小的过程中消失了，如此大体量的乡村聚落很难通过建设清退、城乡建设用地增减挂钩等行为产生收缩，因此极大的可能是出现了乡村城镇化。至2015年，广东省乡村聚落总规模略低于1980年。

表6-10　广东省乡村聚落规模特征

年份	总规模/km^2	年均增长率/%	斑块个数	平均大小/m^2	最大值/km^2	最小值/m^2
1980	4 333.44	—	26 811	161 629.31	9.52	1 040
1995	4 873.42	0.79	27 248	178 854.37	44.10	900
2005	4 897.24	0.05	28 581	171 346.06	38.55	900
2015	4 295.99	-1.30	25 277	169 929.49	22.08	907

图6-11和图6-12分别展示了1980～2015年广东省发生规模增加以及规模减小的乡村聚落的空间分布。其中，乡村聚落城镇化和原有乡村聚落收缩是两种截然不同的演化路径，为了对乡村聚落规模减小的原因有更加清晰的认识，需要对二者进行更加细致的区分。首先，基于土地利用转移模式（农村居民点用地转变为城镇用地）提取各期乡村聚落城镇化的空间范围，除此之外发生乡村聚落规模减小的区域则为原有乡村聚落收缩所导致的，基于此进一步明确收缩型乡村聚落与城镇化型乡村聚落在空间上的分布（图6-13）。

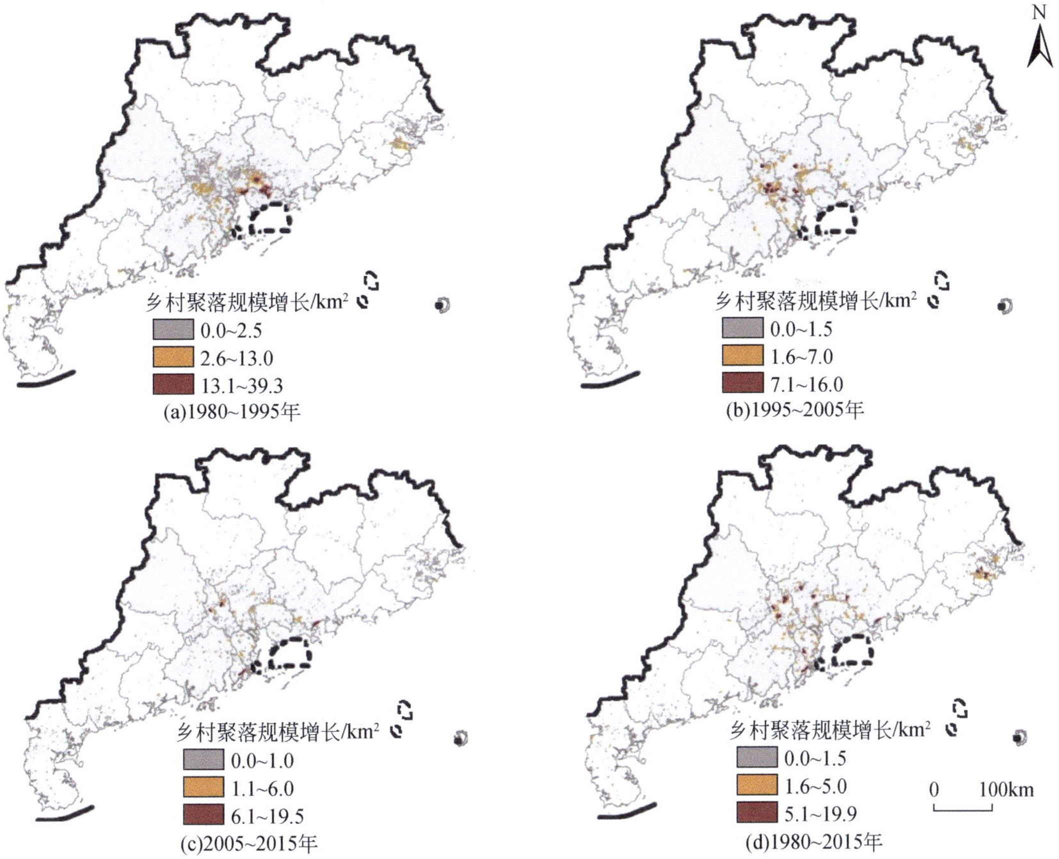

图 6-11 广东省乡村聚落规模增加空间分布

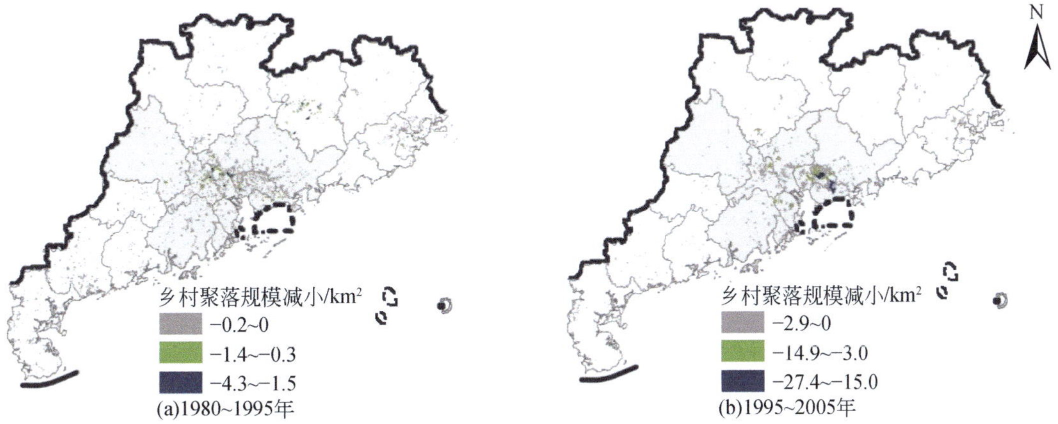

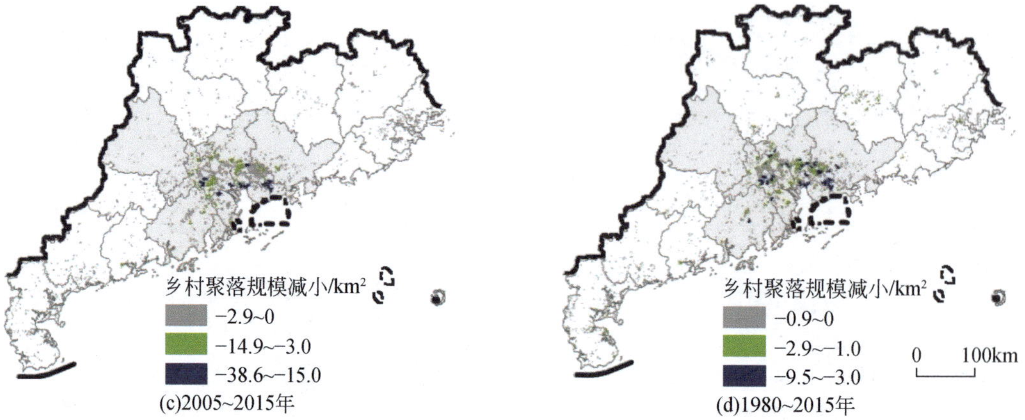

图 6-12　广东省乡村聚落规模减小空间分布

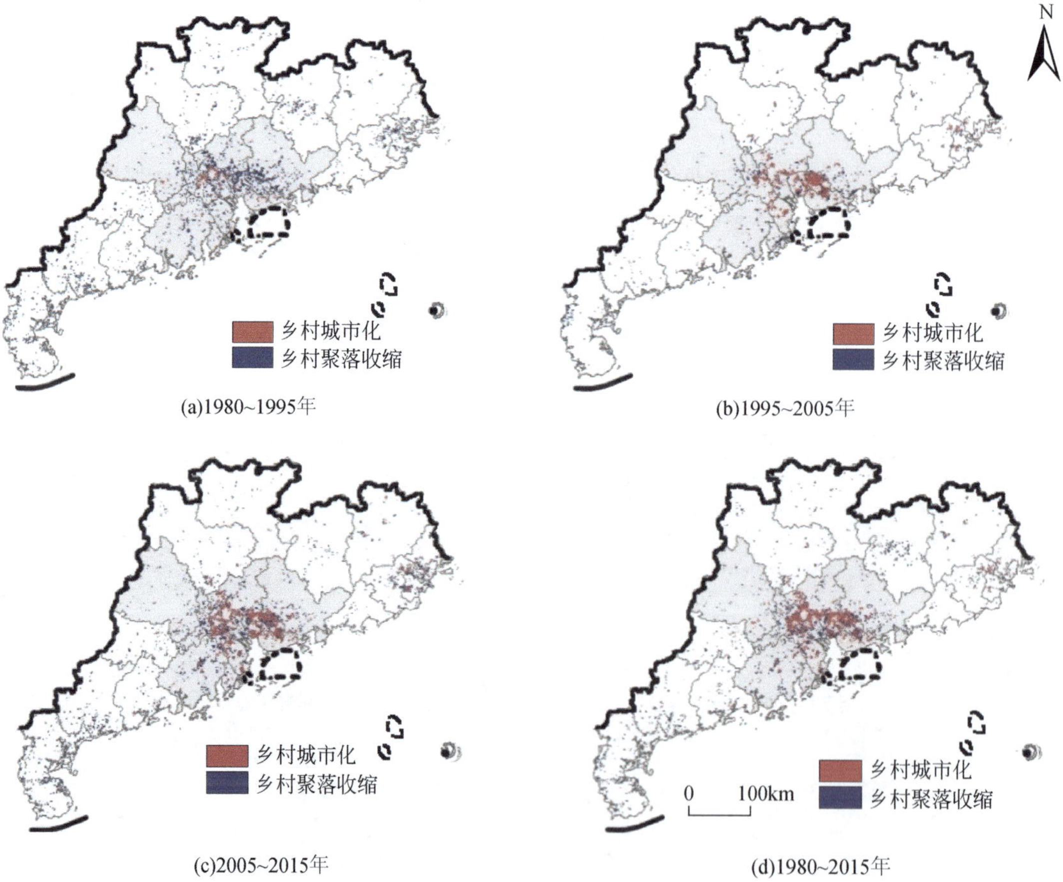

图 6-13　广东省乡村聚落规模减小类型空间分布

通过图 6-11 和图 6-12 的空间叠加分析可以发现，乡村聚落规模的增加和减小始终同时存在，乡村聚落总规模的变化取决于二者的数量关系。当原有乡村聚落扩张与新的乡村聚落产生带来的乡村聚落规模增加之和大于由原有乡村聚落收缩与乡村聚落城镇化带来的乡村聚落规模减小之和时，乡村聚落总规模增加，认为该区域乡村聚落整体处于“成长”阶段；反之，当乡村聚落规模增加之和小于乡村聚落规模减小之和时，则乡村聚落总规模减小，认为该区域乡村聚落整体处于“衰退”阶段。从全省整体来看，2005 年起广东省乡村聚落发展已步入“衰退”阶段（图 6-14）。

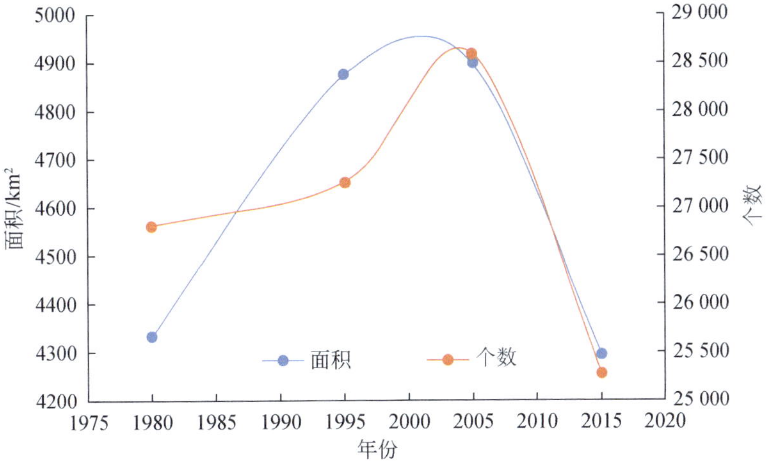

图 6-14　广东省乡村聚落总规模变化

据表 6-11 广东省乡村聚落规模变化模式可以发现，广东省乡村聚落规模增加总量随着时间逐渐减小，从 1980 ~ 1995 年的 840km² 左右下降至 1995 ~ 2005 年的 457km² 左右，2005 ~ 2015 年进一步下降至 408km² 左右，此过程中，无论是新增乡村聚落还是原有乡村聚落扩张都呈逐渐减小趋势，原有乡村聚落扩张始终是乡村聚落规模扩张的主要原因。

表 6-11　广东省乡村聚落规模变化模式

时间	总规模变化值/km²	规模增加			规模减小	
		新增乡村聚落个数	新增乡村聚落面积/km²	原有乡村聚落扩张面积/km²	原有乡村聚落收缩面积/km²	乡村聚落城镇化面积/km²
1980 ~ 1995 年	539.93	304	104.92	735.32	211.33	88.98
1995 ~ 2005 年	23.87	217	65.92	391.47	39.90	393.62
2005 ~ 2015 年	-601.26	214	53.22	355.06	440.42	569.12

与之相反，乡村聚落规模减小总量随着时间逐渐增大，1980 ~ 1995 年乡村聚落规模减小总量约 300km²，而 2005 ~ 2015 年规模减小总量已超过 1000km²。此过程中，乡村聚落

城镇化面积随时间逐渐扩大，逐渐代替原有乡村聚落的收缩成为乡村聚落规模减小的主要原因。1980～1995 年，约 89km² 的乡村聚落土地转变为城镇建设用地，主要集中在珠三角地区（约 85km²，占广东省乡村聚落城镇化面积的 95.47%）；1995～2005 年 1115 个乡村聚落斑块发生了城镇化，总计 393.62km²；2005～2015 年 3590 个乡村聚落斑块发生了城镇化，总计 569.12km²。

（2）珠三角地区乡村聚落规模演化特征

珠三角地区为广东省乡村聚落总规模占比最大的区域（图 6-15 和图 6-16），1980 年、1995 年、2005 年、2015 年平均占比约为 39%，同时也是乡村聚落规模变化最为剧烈的地区，且其乡村聚落总规模的演化呈现出与广东省总体相同的“先增后减”的变化趋势。1980 年后，乡村聚落规模持续增加，在 1995～2005 年达到顶峰，之后开始快速下降，至 2015 年珠三角地区乡村聚落总规模较 1980 年减少了约 10%（表 6-12）。从珠三角地区乡村聚落规模变化模式统计分析结果来看（表 6-13），乡村聚落规模增加总量逐渐减小，但主要来源始终是原有乡村聚落扩张，而乡村聚落规模减小总量逐渐增加，其主要来源始终是乡村聚落城镇化。具体来看，珠三角地区乡村聚落规模演化可以分为以下几个阶段。

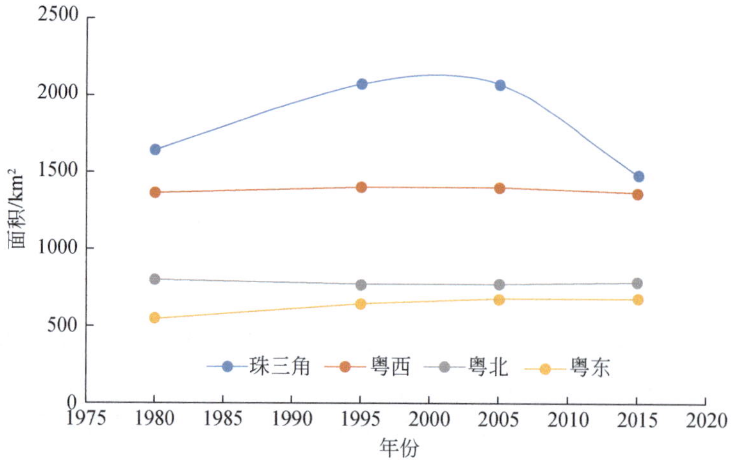

图 6-15　各地区乡村聚落规模变化

表 6-12　珠三角地区乡村聚落规模特征

年份	总规模/km²	年均增长率/%	斑块个数	平均大小/m²	最大值/km²	最小值/m²
1980	1 635.56	—	8 174	200 093	9.52	4 459.50
1995	2 066.59	1.57	8 392	246 257	44.10	900.00
2005	2 067.26	0.003	9 521	217 126	38.55	900.00
2015	1 471.90	-3.34	6 829	215 410	22.08	907.51

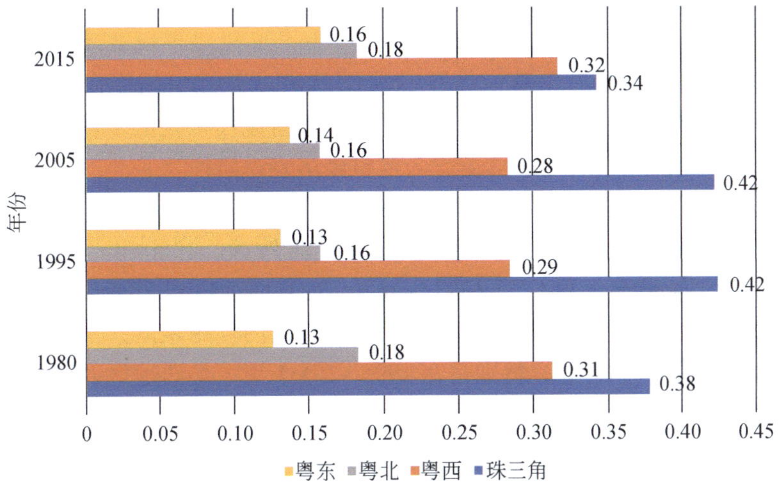

图 6-16　各地区乡村聚落规模占比

表 6-13　珠三角地区乡村聚落规模变化模式

时间	总规模变化值/km²	规模增加			规模减小	
		新增乡村聚落个数	新增乡村聚落面积/km²	原有乡村聚落扩张面积/km²	原有乡村聚落收缩面积/km²	乡村聚落城镇化面积/km²
1980～1995 年	431.03	160	71.88	505.20	61.10	84.95
1995～2005 年	0.67	143	53.29	336.70	28.00	361.32
2005～2015 年	-595.36	128	26.39	205.02	286.11	540.66

1980～1995 年，原有乡村聚落扩张为主的乡村聚落总规模处于快速增长阶段。该阶段内珠三角地区乡村聚落斑块个数增加幅度较小，但平均大小、最大规模增加显著，说明该阶段内乡村聚落规模增加主要体现在原有乡村聚落扩张，且规模扩张最为剧烈的聚落主要分布在珠江口东岸深圳、东莞地区。同时，该阶段内珠三角地区已经出现了小规模的乡村聚落城镇化，主要发生在广州、佛山的中心地区以及深圳关外地区。

1995～2005 年，乡村聚落城镇化加速伴随原有乡村聚落扩张的转型阶段。经过两期土地利用数据的叠加分析，该阶段内珠三角地区发生了剧烈的乡村聚落城镇化，约 361km² 的乡村建设用地转变为城镇建设用地，广泛分布于珠江口沿岸的“深圳—东莞—广州—佛山—中山—珠海”地区，其中以东岸的东莞以及深圳北部最为剧烈。而在该阶段，珠三角地区乡村聚落总规模并没有发生明显减少，说明在该阶段乡村聚落规模增加同样在持续发生。从乡村聚落规模增长空间分布来看，发生规模增长的聚落同样广泛分布于珠江口沿岸，且西岸乡村聚落规模增长突出，即该阶段内乡村聚落规模的剧烈变化集中在珠江口沿岸，且东岸“深—莞”地区乡村聚落城镇化剧烈，而西岸“广佛—珠中”地区原有乡村聚落规模扩张显著。

2005～2015年，乡村聚落快速城镇化阶段。该阶段内珠三角地区乡村聚落城镇化进一步加速，超过540km^{2}乡村聚落发生了城镇化，这也是该阶段乡村聚落总规模下降的主要原因。从空间分布上看，乡村聚落城镇化的范围已经从珠江口沿岸向外扩散至江门、肇庆、惠州等地。同时，珠三角地区内部广泛分布着聚落规模扩张的乡村聚落，但增长幅度普遍较小。总体来看，珠三角地区已经进入乡村聚落衰退阶段。

(3) 粤西地区乡村聚落规模演化特征

广东省乡村聚落总规模排名第二的区域为粤西地区，1980年、1995年、2005年、2015年平均占比约为30%（图6-15和图6-16），且粤西地区乡村聚落规模演化同样呈现出先增加后减少的趋势，但变化幅度较小，三个时间段内乡村聚落总规模年均变化率均在0.2%以下，远低于全省平均值，特别是在1995～2005年，粤西地区乡村聚落发展基本处于停滞状态，没有发生明显的乡村聚落规模增加或减小的现象。从乡村聚落规模变化产生的原因来看，粤西地区基本呈现与珠三角地区相同的阶段性特征，且乡村聚落规模增加主要来自原有乡村聚落扩张。与珠三角不同的是，粤西地区乡村聚落规模减小主要来自原有乡村聚落收缩，始终没有发生大规模的乡村聚落城镇化（表6-14和表6-15）。

表6-14 粤西地区乡村聚落规模特征

年份	总规模/km^2	年均增长率/%	斑块个数	平均大小/m^2	最大值/km^2	最小值/m^2
1980	1 355.97		8 540	158 779	4.35	1 040.41
1995	1 392.85	0.179	8 539	163 116	4.64	900.00
2005	1 387.87	-0.036	8 597	161 437	7.99	900.00
2015	1 361.13	-0.194	8 445	161 176	4.63	918.48

粤西地区在1980～1995年已经出现了乡村聚落城镇化现象，但规模非常小，此后乡村聚落城镇化的规模有逐年增大的趋势，2005～2015年，约9.18km^{2}乡村聚落发生了城镇化，但总体来看与珠三角相比差距明显。由图6-13广东省乡村聚落规模减小类型空间分布结合核密度分析结果可知，粤西地区乡村聚落城镇化主要集中在地级市市区周边。总体来看，粤西地区乡村聚落已经步入衰落阶段。

表6-15 粤西地区乡村聚落规模变化模式

时间	总规模变化值/km^2	规模增加			规模减小	
		新增乡村聚落个数	新增乡村聚落面积/km^2	原有乡村聚落扩张面积/km^2	原有乡村聚落收缩面积/km^2	乡村聚落城镇化面积/km^2
1980～1995年	36.88	4	3.95	84.20	48.45	2.82
1995～2005年	-4.97	5	1.05	5.17	7.16	4.03
2005～2015年	-26.74	27	9.39	66.93	93.88	9.18

(4) 粤北地区乡村聚落规模演化特征

粤北地区乡村聚落规模在广东省总规模中排名第三，1980年、1995年、2005年、

2015 年平均占比约为 17% （图 6-15 和图 6-16）。粤北地区乡村聚落规模呈现出先减少后增多的趋势，这与广东省总体趋势表现出明显不同。但总体来看，变化幅度小，三个时间段内乡村聚落总规模年均变化率均在 0.2% 以下，特别是 1995 ~ 2005 年，粤北地区乡村聚落发展基本处于停滞状态，没有发生明显的乡村聚落规模增加或减小（表 6-16 和表 6-17）。具体来看，粤北地区乡村聚落规模演化可以分为以下几个阶段。

表 6-16　粤北地区乡村规模特征

年份	总规模/km^2	年均增长率/%	斑块个数	平均大小/m^2	最大值/km^2	最小值/m^2
1980	794.53		6 287	126 376	3.65	4 794.00
1995	771.56	−0.194	6 325	121 986	5.44	900.00
2005	770.83	−0.009	6 437	119 751	5.18	900.00
2015	782.13	0.146	6 223	125 684	5.19	2 242.19

表 6-17　粤北地区乡村聚落规模变化模式

时间	总规模变化值/km^2	规模扩张			规模减小	
		新增乡村聚落个数	新增乡村聚落面积/km^2	原有乡村聚落扩张面积/km^2	原有乡村聚落收缩面积/km^2	乡村聚落城镇化面积/km^2
1980 ~ 1995 年	−22.97	98	14.69	39.28	76.42	0.50
1995 ~ 2005 年	−0.73	28	6.24	7.91	3.03	11.85
2005 ~ 2015 年	11.30	39	12.53	48.23	37.68	11.78

1980 ~ 1995 年，原有乡村聚落收缩导致乡村聚落总规模减小阶段。从统计数据来看，该阶段内粤北地区乡村聚落总规模的下降伴随着平均规模的下降，而与此同时聚落个数增加了 38 个，且土地利用叠加分析的结果显示，该阶段内粤北地区基本没有发生乡村聚落城镇化，可以断定粤北地区早期乡村聚落总规模的下降主要来源于原有乡村聚落的收缩。

1995 ~ 2005 年，乡村聚落城镇化初步发展阶段。该阶段内粤北地区乡村聚落总规模基本保持稳定，但从乡村聚落规模变化模式分析结果中得出，该阶段有近 11.85km^2 的乡村聚落发生了城镇化，且存在少量的原有乡村聚落收缩；与此同时新增乡村聚落与原有乡村聚落扩张同时作用于乡村聚落规模的增加，使得总规模基本保持不变。

2005 ~ 2015 年，以原有乡村聚落扩张为主的乡村聚落规模扩张阶段。该阶段内粤北地区乡村聚落总规模呈上升态势，乡村聚落个数从 6437 个下降至 6223 个，但是乡村聚落平均大小从 0.12km^2 左右增长至 0.13km^2 左右，说明原有聚落扩张是带来乡村聚落规模增加的主要动力，粤北地区乡村聚落规模变化模式印证了这一点。该阶段内乡村聚落城镇化持续发生，11.78km^2 的乡村聚落转化为了城镇，同时2005 ~ 2015 年粤北地区乡村聚落收缩面积达到 37.68km^2。总体来看，2015 年粤北地区乡村聚落处于成长阶段。

（5）粤东地区乡村聚落规模演化特征

粤东地区乡村聚落总规模最少，1980 年、1995 年、2005 年、2015 年平均占比约为

14%，但粤东地区乡村聚落规模变化的剧烈程度要高于粤北地区及粤西地区（图6-15和图6-16）。同时，粤东地区乡村聚落呈现出持续增加的发展态势，但增长速率逐渐放缓（表6-18和表6-19）。具体来看，粤东地区乡村聚落规模演化可以分为以下几个阶段。

表6-18　粤东地区乡村聚落规模特征

年份	总规模/km^2	年均增长率/%	个数	平均大小/m^2	最大值/km^2	最小值/m^2
1980	547.39		3 810	143 671	5.44	1 552.25
1995	642.43	1.158	3 992	160 929	7.87	900.00
2005	671.28	0.449	4 026	166 736	12.75	900.00
2015	680.82	0.142	3 780	180 112	12.76	4 039.75

表6-19　粤东地区乡村聚落规模变化模式

时间	总规模变化值/km^2	规模扩张			规模减小	
		新增乡村聚落个数	新增乡村聚落面积/km^2	原有乡村聚落扩张面积/km^2	原有乡村聚落收缩面积/km^2	乡村聚落城镇化面积/km^2
1980～1995年	95.04	42	14.46	106.65	26.06	0.01
1995～2005年	28.85	41	5.34	41.64	1.81	16.32
2005～2015年	9.55	20	4.90	34.89	22.83	7.41

1980～2005年，以原有乡村聚落扩张为主的乡村聚落总规模快速增加阶段。粤东地区乡村聚落个数、平均大小、规模最大值同步上涨，即该阶段内已有乡村聚落规模扩张的同时也伴随着新聚落的产生，共同带来乡村聚落规模的增加，但原有乡村聚落规模扩张更为显著。从图6-13广东省乡村聚落规模增长空间分布来看，粤东地区乡村聚落面积增长主要集中在潮汕平原练江、榕江、韩江流域，其中以汕头市内练江流域地区增加最为显著。

1995～2005年，乡村聚落城镇化伴随原有乡村聚落扩张放缓阶段。乡村聚落规模增加速度明显放缓，新增41个乡村聚落，新增聚落的个数与1980～1995年基本相同，但新增聚落总面积仅为1980～1995年的1/3，说明1995～2005年新增乡村聚落斑块普遍较小，乡村聚落规模扩张主要来自原有乡村聚落扩张，但扩张幅度较上一时期明显较弱，这也是带来粤东地区乡村聚落总规模增速放缓的主要原因。同时，1995～2005年发生了较大规模的乡村聚落城镇化，从空间分布上来看，乡村聚落城镇化同样主要分布在潮汕平原练江、榕江、韩江流域，三条主干河流对于粤东地区乡村聚落演化具有较大影响。

2005～2015年，乡村聚落规模扩张速度放缓同时规模减小加速阶段。该阶段内粤东地区乡村总规模仍呈现上升态势，但年均增长率明显下降，不足0.15%，约为1980～1995年乡村聚落规模年均增长速率的1/10，新增乡村聚落、原有乡村聚落的扩张幅度均有所减小。与此同时，该阶段内乡村聚落城镇化与原有乡村聚落收缩带来的乡村聚落规模减小总量达30km^2，超过此前两个阶段，说明该阶段内虽然粤东地区乡村聚落总规模仍呈现上升态势，但通过对带来规模变化的发展模式的进一步探究可以发现，乡村聚落规模扩张明显放缓而规模减小明显加速，已经呈现出乡村聚落总规模转为下降的发展态势，粤东地区乡村聚落发展即将达到临界值转而迈入衰退阶段。

6.3.2 广东省乡村聚落密度演化特征

在对广东省各地区乡村聚落规模演化特征有了整体认识后，需要进一步分析其空间分布的密度特征，为此需要引入 ArcGIS 核密度分析工具对广东省乡村聚落空间分布密度进行探索性分析，得到各期广东省乡村聚落核密度估计空间分布，如图 6-17 所示。

广东省乡村聚落分布存在显著的空间差异，且密度核心分布较为分散。最为显著的两个密度核心为粤东潮汕平原以及粤西的湛江–茂名平原（台地）地区，在珠三角平原地区形成了多个次级密度核心，北部山区乡村聚落分布较为稀疏。

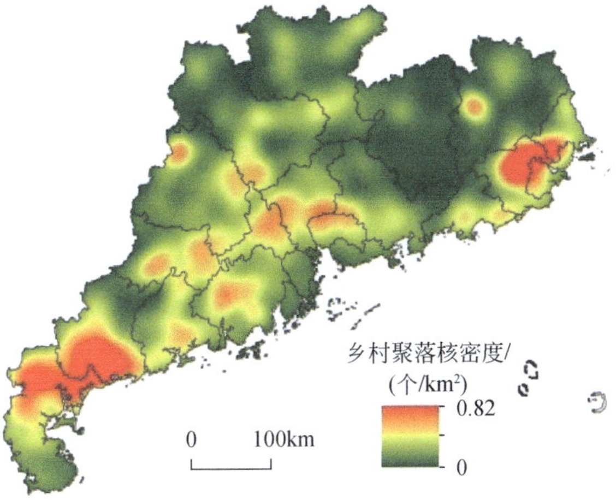

(a)1980年

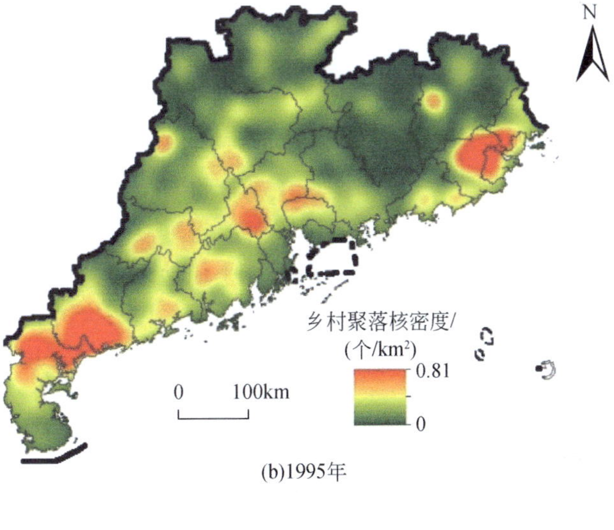

(b)1995年

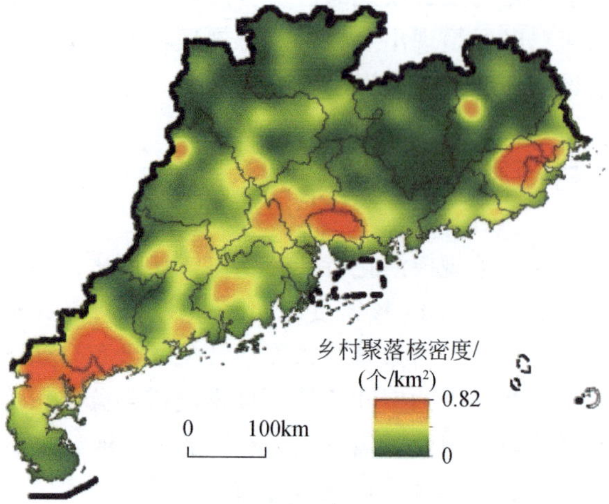

(c)2005年

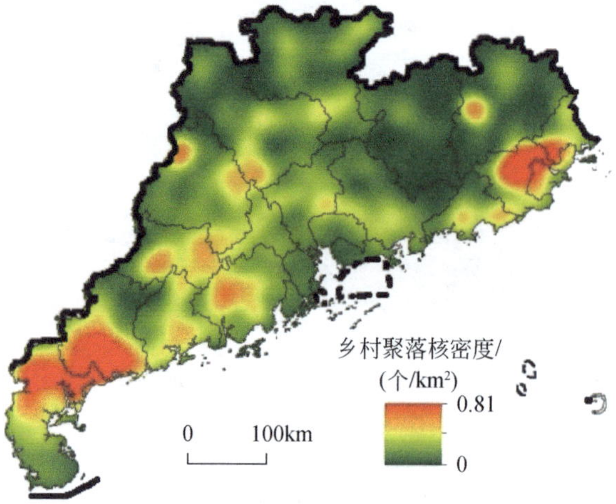

(d)2015年

图 6-17 1980 ~ 2015 年广东省乡村聚落核密度估计空间分布

利用不同年份的乡村聚落核密度栅格数据进行地图代数运算，得到 1980 ~ 1995 年、1995 ~ 2005 年、2005 ~ 2015 年、1980 ~ 2015 年的乡村聚落核密度变化率栅格图（图 6-18），揭示其时空动态变化特征。乡村聚落核密度变化最为剧烈的是珠三角地区，其次是粤东潮汕平原地区，北部山区以及粤西湛江平原地区变化较小，这与前面得到的各地区乡村聚落规模演化特征结果一致。具体来看，1980 ~ 1995 年密度增加主要体现在珠三角地区佛山市南部的顺德区以及粤东地区汕头市；1995 ~ 2005 年密度增加主要体现在珠三角地区的东莞市；而 2005 ~ 2015 年，珠三角地区的东莞市、广州市市区、佛山市南海区由于乡村聚落城镇化带来乡村聚落密度下降。

总体来看，1980 ~ 2015 年，广东省乡村聚落核密度减小了 0.009 个/km²，其中，珠三角地区减少最为剧烈，为 0.025 个/km²，粤北、粤东、粤西乡村聚落密度平均值均有所减

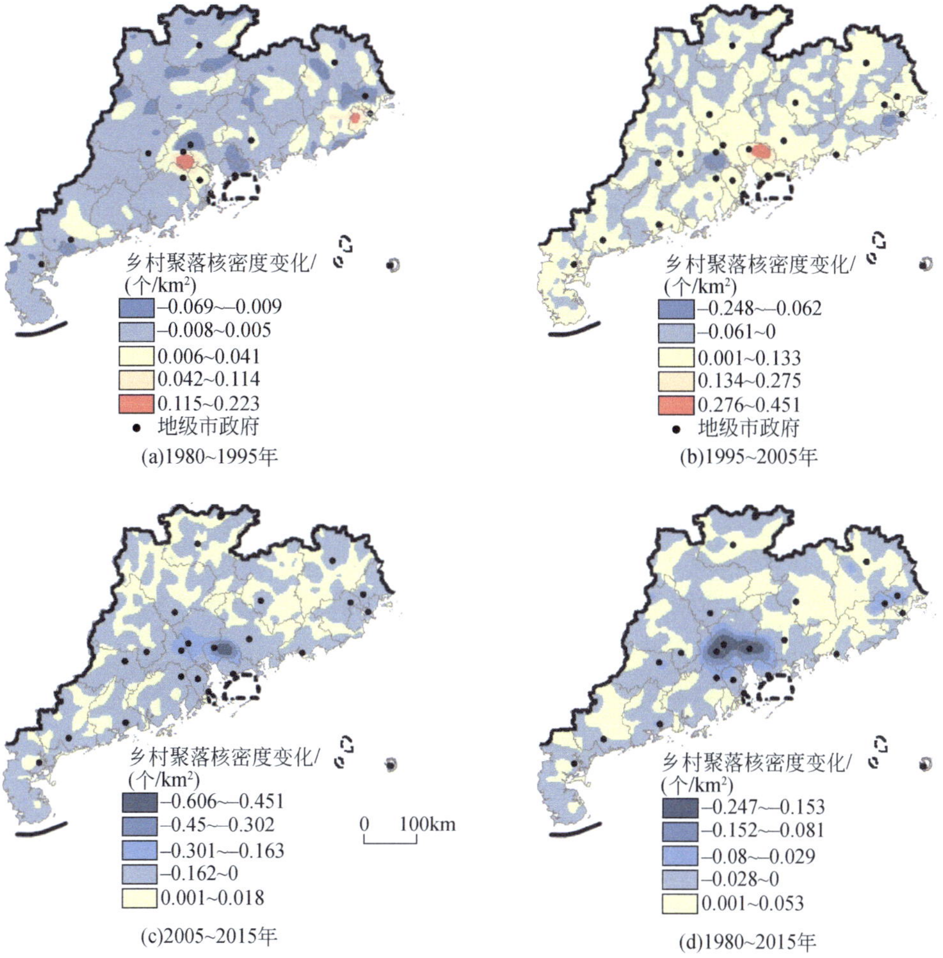

图 6-18　1980 ~ 2015 年广东省乡村聚落核密度变化率栅格图

小，在 0.0015 ~ 0.0035 个/km^2。在“广—佛”和“深—莞—惠”两大发展轴带的快速发展驱动下城市空间快速扩张，大量城边村发生城镇化，乡村聚落用地大规模转变为城镇建设用地。其次，在珠三角以外地区，地级市市区周边的乡村聚落消失也普遍存在，在阳江、云浮、清远、潮州、揭阳表现最为显著。

6.3.3　广东省乡村聚落空间结构演化特征

（1）方向性演化特征

利用 ArcGIS 中的方向分布（标准差椭圆）工具对广东省乡村聚落分布的中心趋势、集聚趋势和方向性趋势进行定量探究。方向分布（标准差椭圆）工具通过计算所有要素在 X 轴和 Y 轴方向上的标准距离创建三个新的以平均中心为中心的椭圆面，分别表示 1 ~ 3 个标准差范围。当要素在空间上呈正态分布态势时（即中心处最为密集，向外围逐渐变得稀疏)，1～3个标准差范围分别可以将总数68%、95%、99%的要素的质心包含在内。本书选择一个标准差且以聚落面积作为权重分别计算1980～2015年广东省全域以及分区(珠三角地区-粤西地区-粤北地区-粤东地区)的乡村聚落空间分布加权标准差椭圆(表6-20)。

表6-20　1980～2015年广东省乡村聚落标准差椭圆参数

年份	X/m	Y/m	X轴标准距离/m	Y轴标准距离/m	旋转角/(°)
1980	817 336.74	2 399 626.23	314 530.07	96 581.71	60.39
1995	828 089.67	2 400 625.59	308 202.86	93 720.61	61.40
2005	828 035.61	2 401 010.25	308 649.12	93 797.96	61.52
2015	824 620.67	2 400 220.07	326 706.99	100 371.05	61.70

从1980～2015年广东省全域乡村聚落标准差椭圆参数结果来看(图6-19)，广东省乡村聚落标准差椭圆整体呈现“西南-东北”的方向分布，这主要受广东省整体形状的影响。标准差椭圆位于广东省南部，东西方向来说处于中间位置，说明广东省乡村聚落在空间分布上呈现“南重北轻”的态势，而东西方向上较为均衡。

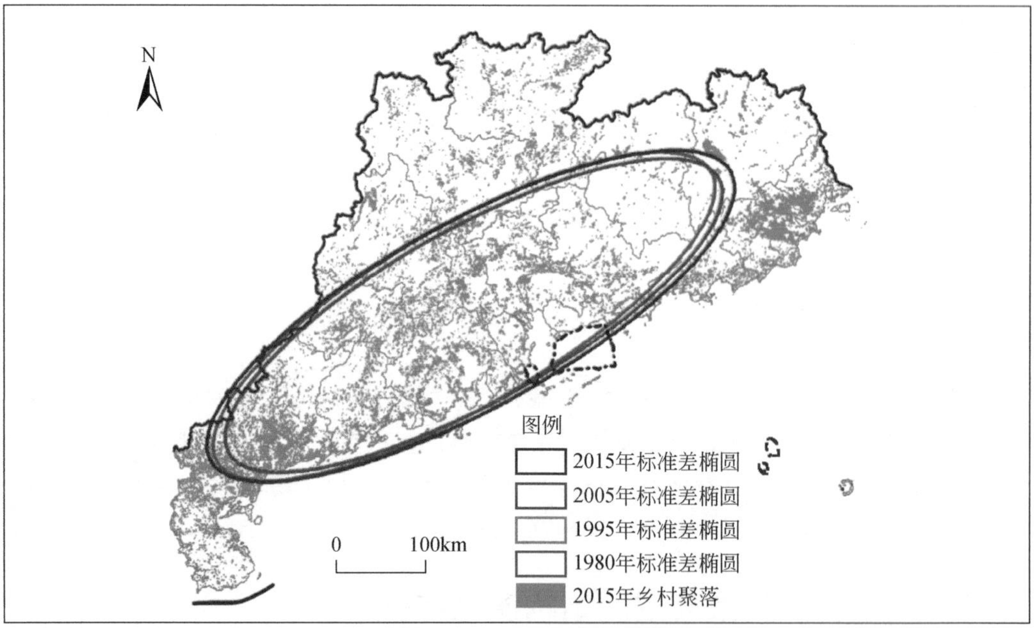

图6-19　1980～2015年广东省全域乡村聚落标准差椭圆

1980～2015年，椭圆旋转角度逐渐增大，表明标准差椭圆逐渐向东南方向侧重，即珠三角东岸以及粤东地区乡村聚落的影响凸显，这与4.1节中得到分地区乡村聚落规模演化特征相吻合。而X轴与Y轴标准距离呈现先减小后增加的趋势，说明乡村聚落空间分布呈现先收缩后扩张的发展态势，且收缩与扩张均体现在南北、东西两个方向，这是因为 1980 年后，位于地理中心的珠三角地区乡村聚落发展迅速，在全域范围内占比增加，从全域来看呈现出“中心集聚加强”的态势，随后由于珠三角地区乡村聚落快速城镇化，乡村聚落规模与个数锐减，占比下降，“中心集聚”态势减弱，乡村聚落分布趋向分散（图 6-20）。

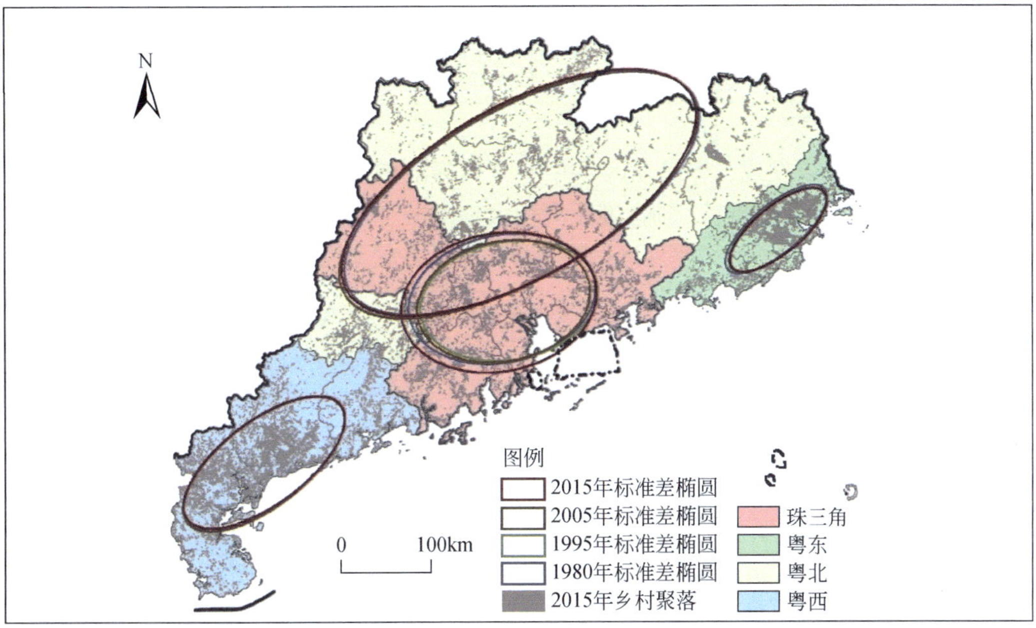

图 6-20　1980 ~ 2015 年广东省分区乡村聚落标准差椭圆

从表 6-21 中可以发现，珠三角地区乡村聚落重心逐渐南移，且 *X* 轴与 *Y* 轴标准距离呈现先减小后增加的趋势，即一个标准差椭圆呈现先收缩后扩张态势，且收缩与扩张均体现在南北、东西两个方向，说明珠三角地区乡村聚落发展同样呈现出先中心集聚后由于中心地区乡村聚落城镇化导致中心集聚效应减弱，乡村聚落空间分布趋向分散的发展规律（图 6-20）。

表 6-21　1980 ~ 2015 年珠三角地区乡村聚落标准差椭圆参数

年份	*X*/m	*Y*/m	*X* 轴标准距离/m	*Y* 轴标准距离/m	旋转角/(°)
1980	857 312. 93	2 424 638. 04	104 181. 59	68 559. 46	79. 02
1995	864 934. 51	2 422 669. 49	98 786. 51	63 605. 36	80. 47
2005	859 128. 67	2 421 952. 02	96 513. 99	64 541. 15	79. 06
2015	853 875. 40	2 420 838. 11	108 575. 51	74 414. 47	80. 27

从表 6-22 中可以发现，粤北地区标准差椭圆呈西南-东北方向分布，主要受粤北地区形状影响。*X* 轴方向标准距离先增后减，*Y* 轴方向标准距离持续增加，说明沿西北-东南方向乡村聚落分布趋向分散（图 6-20）。

表 6-22 1980~2015 年粤北地区乡村聚落标准差椭圆参数

年份	X/m	Y/m	X 轴标准距离/m	Y 轴标准距离/m	旋转角/(°)
1980	879 346. 34	2 538 073. 43	216 505. 20	91 662. 11	61. 75
1995	874 996. 63	2 537 086. 92	218 794. 46	91 893. 41	61. 12
2005	875 328. 16	2 536 713. 14	219 282. 98	92 248. 30	61. 10
2015	876 277. 02	2 538 876. 79	216 976. 79	93 180. 95	61. 26

从表 6-23 中可以发现，粤东地区 X 中心坐标逐渐增大，说明粤东地区乡村聚落重心有东移趋势。X 轴标准距离、Y 轴标准距离均大幅度减小，粤东地区“中心集聚”逐渐增强，以汕头市为中心的潮汕平原地区始终是粤东地区乡村聚落的主要集聚地（图 6-20）。

表 6-23 1980~2015 年粤东地区乡村聚落标准差椭圆参数

年份	X/m	Y/m	X 轴标准距离/m	Y 轴标准距离/m	旋转角/(°)
1980	1 159 220. 04	2 498 650. 17	68 838. 31	26 284. 68	51. 33
1995	1 160 809. 15	2 497 835. 55	65 499. 66	25 866. 69	51. 65
2005	1 161 426. 32	2 497 840. 55	65 260. 73	25 623. 99	51. 93
2015	1 161 805. 92	2 497 922. 80	65 000. 36	25 506. 75	51. 59

从表 6-24 中可以发现，1980~1995 年、1995~2005 年，粤西地区标准差椭圆变化并不显著。而 2005~2015 年，标准差椭圆发生显著收缩，X 轴标准距离与 Y 轴标准距离同步减小，标志着粤西地区乡村聚落在 2005~2015 年出现了明显的中心极化现象。对照广东省乡村聚落规模增加空间分布（图 6-11）与广东省乡村聚落规模减小空间分布（图 6-12），发现在此期间，粤西中心地区，即湛江市北部的廉江市、吴川市以及茂名市南部的化州市、高州市、茂南区、电白区是聚落规模扩张的主要区域，而外围的雷州半岛以及阳江市区域乡村聚落规模扩张并不显著甚至部分区域出现了乡村聚落收缩，从而导致粤西地区乡村聚落中心集聚效应加强（图 6-20）。

表 6-24 1980~2015 年粤西地区乡村聚落标准差椭圆参数

年份	X/m	Y/m	X 轴标准距离/m	Y 轴标准距离/m	旋转角/(°)
1980	594 770. 29	2 248 360. 02	105 254. 43	45 789. 61	53. 76
1995	593 977. 23	2 247 490. 18	105 555. 48	45 703. 12	54. 03
2005	594 203. 08	2 247 612. 59	105 247. 83	45 744. 97	53. 86
2015	594 646. 93	2 249 379. 83	104 473. 44	45 266. 64	54. 69

（2）规模集聚演化特征

为了探究广东省乡村聚落空间分布从整体上看是否存在大规模或小规模乡村聚落集聚分布的特征，并在此基础上进一步找到大规模乡村聚落集聚、小规模乡村聚落集聚在空间上的分布特征，首先运用高/低聚类方法对广东省乡村聚落空间分布进行全局空间聚类分析，后运用空间“热点”探测方法进行局部空间聚类分析。

首先运用 ArcGIS 中的高/低聚类工具对广东省乡村聚落规模空间分布进行全局空间聚类检验，以验证其是否存在高值集聚或低值集聚。然后分别对四期广东省乡村聚落空间分布数据进行全局空间聚类检验，得到结果见表 6-25。

表 6-25　四期广东省全局空间聚类检验结果

年份	General *G* 观测值	General *G* 期望值	方差	*Z* 得分	*P* 值
1980	0.014 022	0.011 095	0	9.874 688	0
1995	0.017 157	0.015 255	0	5.671 175	0
2005	0.000 002	0.000 001	0	4.050 484	0.000 051
2015	0.000 002	0.000 002	0	4.188 969	0.000 028

通过全局空间聚类检验，四期 General *G* 观测值均高于 General *G* 期望值，且 *Z* 值大于 0，只有不到 0.01% 的可能性认为广东省乡村聚落是随机分布或者低值集聚的，说明广东省乡村聚落分布具有显著的空间集聚特征，且为高值集聚，即大规模乡村聚落集群分布特征显著。从 *Z* 值的变化来看，高值集聚的特征在逐渐减弱。

对广东省 1980～2015 年乡村聚落进行局部聚类分析（图 6-21），总体来看，①南部沿

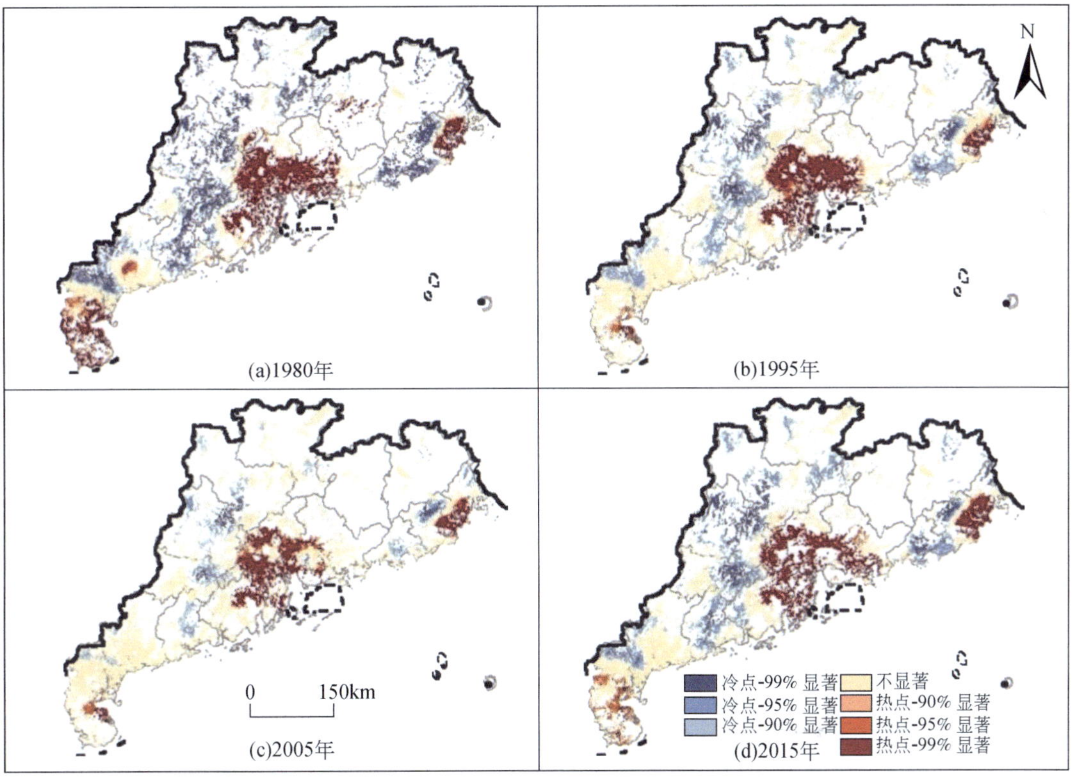

图 6-21　广东省乡村聚落冷热点分析结果

海地区的平原、台地地区乡村聚落规模较大，北部山区乡村聚落规模较小。②1980 年广东省乡村聚落“热点”呈现“三极”特征，即广东省南部沿海地区的三大平原（台地）地区，分别为粤西湛江平原台地–珠三角平原–粤东潮汕平原，并以三级为中心呈现逐渐向外递减的趋势。除此之外，茂名、河源的平原（台地）区域呈现出小范围的大规模乡村聚落集聚。③1980 年后粤西地区乡村聚落发展缓慢甚至有收缩现象，粤西湛江平原台地的“热点”逐渐减弱趋向消失，2015 年广东省乡村聚落规模“热点”分布转变为“两主一次”的格局。④粤北地区始终没有形成大规模乡村聚落集聚。⑤肇庆、茂名西部、阳江、云浮东部、清远北部、汕尾、揭阳北部几个区域呈现出小规模乡村聚落集聚分布的特征。总体来看，广东省乡村聚落规模集聚与地貌类型直接相关，平原地区乡村聚落规模较大，台地、丘陵地区次之，山地地区易形成小规模乡村聚落集聚分布。

6.4 广东省乡村聚落发展格局与类型划分

6.4.1 广东省乡村聚落发展水平评价

(1) 乡村聚落发展水平评价指标体系构建

乡村聚落发展是一个综合概念，是指乡村聚落经济、社会、生态、文化等多种要素良性演进的过程。随着城镇化的推进，乡村聚落的生态环境、经济社会、聚落空间、人口密度等不断发展和演变（周扬等，2019）。乡村聚落发展内涵的丰富性决定了乡村聚落发展水平评价维度的综合性。因此，考虑到研究范围和研究单元聚落斑块的数据资料可获得性，同时遵循全面性、代表性、科学性、可比性等原则，参考相关研究成果（冯长春等，2012；龙花楼等，2019；吕敏娟和曹小曙，2020），本书从社会经济、土地利用、可达性 3 个维度来构建乡村综合发展水平指标体系（表 6-26）。其中，GDP 是乡村地区经济发展现状的直接表征；人口密度反映乡村地区的人口活力；POI 密度是一个区域各类 POI 加权个数和与该区域面积之比，能够衡量乡村土地使用情况，揭示乡村建设开发强度；POI 混合度表征土地多功能混合利用程度；路网密度是测度乡村地区交通通达度，衡量城乡间联系便捷性的重要指标。

表 6-26　乡村发展水平评价指标体系

评价维度	评价指标	计算方法	数据来源
社会经济	人口密度	1km 网格的人口空间分布数据	2015 年中国人口空间分布
	GDP	1km 网格的 GDP 空间分布公里格网数据	2015 年中国 GDP 空间分布
土地利用	POI 混合度	$-\sum_{i=1}^{N} P_i \times \log P_i$ P_i 为不同种类 POI 数量	2015 年广东省 POI 数据
	POI 密度	POI 各类加权个数和/聚落面积	2015 年广东省 POI 数据
可达性	区域路网密度	道路总长度/面积	2015 年 OSM 数据

(2) 乡村聚落发展水平指数测算

为了既考虑数据间的内在联系，同时也兼顾决策者的主观能动性，体现评价结果的科学性，本文采用主客观组合赋权法确定各评价因子权重，即将 AHP 和熵权法相结合，组合赋权以弥补单一赋权带来的不足（何杰等，2020）。采用线性加权求和的方法对乡村聚落发展水平综合指数进行测算，并通过极差标准化对不同数据进行无量纲化处理。在得出乡村聚落发展指数结果后，利用自然断点法将结果从低至高依次分为低水平、较低水平、中等水平、较高水平、高水平乡村聚落。

主客观组合赋权的权重计算公式为

$$W_j = \frac{\sqrt{\alpha_j \beta_j}}{\sum_{j=1}^{n} \sqrt{\alpha_j \beta_j}} \tag{6-1}$$

式中，W_j为组合赋权法计算的权重；α_j为 AHP 法计算的权重；β_j为熵值法计算的权重。

乡村发展水平综合指数计算公式为

$$\mathrm{RD} = \sum_{j=1}^{P} w_j a_j \tag{6-2}$$

式中，RD 为乡村发展水平综合指数；w_j为第 j 个指标的权重；a_j为第 j 个指标标准化后的值。

(3) 乡村聚落发展水平综合评价

广东省乡村聚落发展水平指数介于 0.006 ~ 0.814。广东省乡村聚落发展水平的空间差异十分明显，总体呈现出“东南高、西北低”的差异性格局（图 6-22）。高水平乡村聚落连片分布在珠三角的广州、珠海、佛山等地，低水平乡村聚落主要分布在粤东、粤西、粤北地区。由此可见，广东省乡村发展水平不平衡，区域差异大。社会经济的发展是带动乡村振兴建设的重要保障，经济发达的珠三角地区其乡村聚落的发展水平也较高。而粤东、粤西、粤北地区在获得周围相关地区的功能辐射上存在一定困难，乡村聚落发展水平落后。

6.4.2 乡村聚落发展类型划分

(1) 乡村聚落类型划分的指标构建

乡村发展水平是对某时间节点乡村地域系统发展状态的度量，是一个静态的概念。某研究时段乡村类型与其发展水平密切相关，但同等发展水平的乡村可能有不同的发展类型。在乡村地区，以产业为载体，生产、生活行为中的物质和非物质元素之间发生各式各样的交互作用，并由此形成了不同的乡村发展类型（刘彦随，2018）。随着工业化与城镇化的推进，我国乡村产业结构的演化升级与空间分异是一种客观存在的经济社会现象，产业结构是划分乡村发展类型的关键。现代城市作为区域的经济中心，是区域发展的增长极，通过产业转移、技术扩散、文化、信息的传播为农村的发展提供驱动力，城乡之间的距离在很大程度上决定了城市对乡村发展辐射作用的强度（杨昕，2016）。因此，本节基于发展水平、产业结构、城乡区位三个维度构建乡村聚落发展类型划分指标体系。

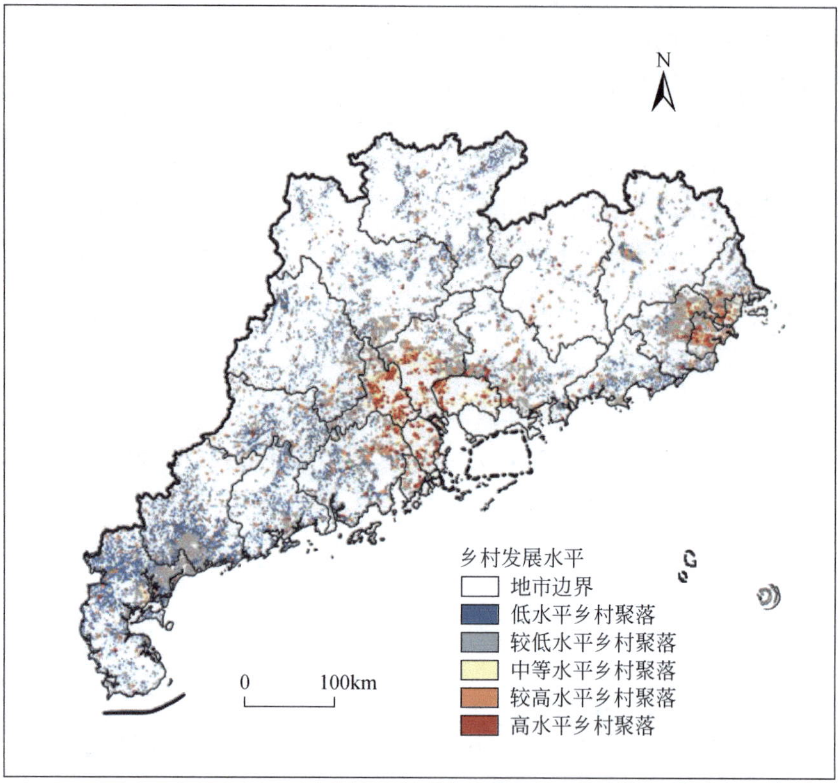

图 6-22 广东省乡村聚落发展水平空间分布

考虑到本书的研究范围和研究尺度，我们难以依靠传统的统计数据从产值占比角度评价乡村聚落的三次产业结构，目前也鲜有关于村域尺度三次产业结构的研究。但是，人均耕地面积能够直接体现乡村聚落耕地资源禀赋，耕地变化率也反映了乡村聚落农业发展的态势；结合实地调研经验，能够在地图上查询到的第二、第三产业兴趣点往往发展得较为成型且具备一定知名度，基层政府也常常将“某村是否拥有工厂”“某村是否拥有农家乐”等作为衡量乡村产业发展的指标。综上所述，本书选取乡村综合发展指数反映乡村发展程度；选取人均耕地面积、耕地面积变化率、第二产业 POI 个数、生产性服务业 POI 个数、生活性服务业 POI 个数 5 个指标分别从农业、第二产业和第三产业发展水平的角度刻画乡村地域的产业构型特征；选取到乡村聚落所属区县政府和市政府的距离来刻画乡村聚落的城乡区位特征（表 6-27）。

表 6-27 乡村聚落发展类型划分指标体系

分类维度		评价指标	计算方法数据来源
产业结构	人均耕地面积	2015 年乡村聚落人口数/2015 年聚落面积	2015 年中国人口空间分布公里网格数据；中国多时期土地利用/土地覆盖遥感监测数据库

续表

分类维度		评价指标	计算方法数据来源
产业结构	耕地面积变化率	（2015 年乡村聚落耕地面积-2005 年乡村聚落耕地面积）/2015 年的乡村聚落耕地面积	中国多时期土地利用/土地覆盖遥感监测数据
	第二产业 POI 个数	POI 数据与 ArcGIS 相交分析，计算乡村聚落内属于采矿、制造、能源供应、建筑等产业 POI 数据总和	2015 年广东省百度地图 POI 数据
	生产性服务业 POI 个数	POI 数据与 ArcGIS 相交分析，计算乡村聚落内属于采矿、制造、能源供应、建筑等产业 POI 数据总和	2015 年广东省百度地图 POI 数据
	生活性服务业 POI 个数	POI 数据与 ArcGIS 相交分析，计算乡村聚落内属于研发设计、仓储运输、金融服务、信息商务、批发贸易、人力管理等产业 POI 数据总和	2015 年广东省百度地图 POI 数据
城乡区位	到乡村聚落所属区县政府的距离	基于 ArcGIS 近邻分析工具计算到最近县区级人民政府的距离	广东省市级、县区级人民政府所在地矢量数据
	到乡村聚落所属市政府的距离	基于 ArcGIS 近邻分析工具计算到最近市级人民政府的距离	广东省市级、县区级人民政府所在地矢量数据
乡村聚落发展水平	乡村发展水平指数	详见乡村聚落发展水平评价部分	详见表 6-26

（2）广东省乡村聚落发展类型的划分

利用 MATLAB 神经网络工具箱提供的 SOFM 相关函数进行编程，经对 SOFM 程序进行多次分类调试运行，发现聚为 4 类时最为适宜，且量化误差和拓扑误差也达到了较为满意的水平，由此，把广东省乡村聚落发展类型划分为 4 类。依据“产业结构+发展水平+城乡区位”的命名方式，将广东省乡村聚落分为偏远低水平农业主导型、远郊较低水平农业主导型、近郊中等水平农工业主导型、城市周边高水平工商业主导型 4 类，分别占比 23.52%、30.32%、21.61%、24.55%。

基于 ArcGIS 软件的空间查询功能对指标数据进行整理即可获得各类型主要指标的数值特征（表 6-28）。从数值结果来看，广东省不同发展类型乡村聚落在不同指标的数值特征上差异较为明显。偏远低水平农业主导型乡村聚落人均耕地面积最高，是城市周边高水平工商业主导型乡村聚落的 5 倍；所有类型乡村聚落的耕地面积都发生了减少，2005 ~ 2015 年，城市周边高水平工商业主导型乡村聚落的耕地面积变化最为剧烈，平均减少了 7.896%；第二产业 POI 主要分布在近郊中等水平农工业主导型和城市周边高水平工商业主导型乡村聚落；广东省乡村聚落所拥有的生产服务型 POI 数量较少，各类型乡村聚落所拥有的数量差距不大；城市周边高水平工商业主导型乡村聚落所拥有的生活服务 POI 显著多于其他类型乡村聚落，偏远低水平农业主导型乡村聚落拥有的生活服务型 POI 数量比远郊较低水平农业主导型、近郊中等水平农工业主导型反而略多，这主要是因为偏远的乡村聚落受城市辐射作用小，为了满足地区生活需求，部分处于偏远地区位置中心的乡村聚落拥有了数量较多的生活服务型POI。从空间格局来看，城市周边高水平工商业主导型乡村聚落大量分布在珠三角地区，偏远低水平农业主导型、远郊较低水平农业主导型乡村聚落在湛江、韶关、清远、云浮等地市分布较多（图6-23）。

表6-28　乡村聚落类型命名及各类别特征

乡村聚落类型	乡村聚落数量/个	综合发展水平	人均耕地面积/hm^2	耕地变化率/%	第二产业POI数量/个	生产服务型POI数量/个	生活服务型POI数量/个	到地市的距离/km	到区县的距离/km
偏远低水平农业主导型	5781	0.149	1.069	-0.683	0.164	0.019	0.943	69.376	30.270
远郊较低水平农业主导型	7447	0.158	0.516	-0.628	0.218	0.029	0.606	43.165	16.934
近郊中等水平农工业主导型	5312	0.210	0.468	-1.436	0.465	0.038	0.552	36.514	13.469
城市周边高水平工商业主导型	6034	0.503	0.243	-7.896	0.702	0.045	7.775	17.950	10.254

技术方法介绍——SOFM类型划分方法

划分乡村聚落发展类型的过程往往不是基于训练数据，而是直接对指标数据源进行处理，是一个无监督的学习过程。为了保证划分的客观性与精确性，本书采取无监督学习中最典型的自组织特征映射（self-organizing feature map，SOFM）神经网络对乡村聚落进行聚类。自组织特征映射神经网络是一种将高维数据集映射至低维，并以此获得数据间相似关系的网络模型，具有自组织性、自适应性与容错能力强等优点（毛祺，2019）。

具体步骤为：①SOFM程序编写与运行。运用SOM Toolbox 2.0工具箱于MATLAB R2019b平台训练SOFM网络，根据乡村聚落发展类型划分综合评价指标体系构建输入层数据，并对数据进行归一化，消除指标间由于单位和度量差别造成的影响，采用粗调邻域半径和微调邻域半径两步进行训练，程序重复运行2000次以获得稳定的分类结果。②微调与成图。指标数据难以无差别地反映区域乡村发展的状态特征，需结合其他经济指标、自然地理特征、农业区划等对聚类结果进行微调；将SOFM分类结果连接到ArcGIS 10.2中，并以“产业构型+发展水平+区位”对乡村聚落发展类型进行命名。

6.4.3　广东省不同发展类型乡村聚落特征及规划策略

结合数值特征和调研资料，本书进一步分析广东省不同发展类型乡村聚落的现有优势、潜在优势和限制因素，明晰未来规划侧重点，并提出相应的乡村聚落规划策略（表6-29）。

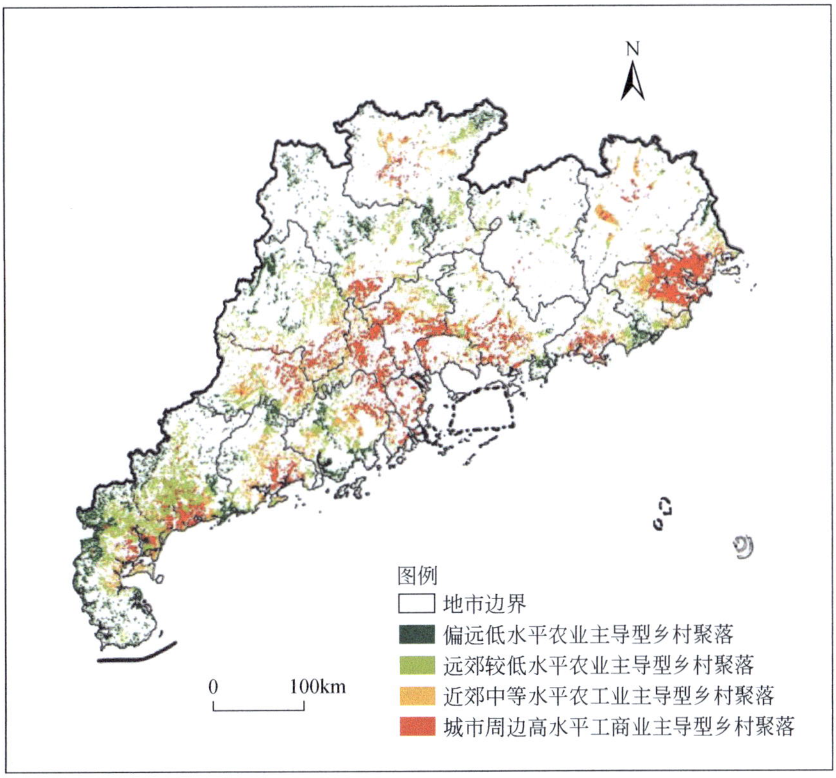

图 6-23　乡村聚落类型划分空间分布格局

表 6-29　乡村聚落发展规划策略

乡村聚落类型	特征	规划侧重点	规划策略
偏远低水平农业主导型乡村聚落	主要分布于粤西、粤北边缘，发展水平落后，人口外流，聚落空心化严重，受自然灾害威胁较大	聚落布局调整、资源环境价值评估、基本农田保护控制线、生态保护红线划定、聚落安全与防灾减灾	加强生态保护，遏制和防止耕地“非农化”“非粮化”；适当调整乡村聚落空间布局；对原生态旅游资源丰富聚落加大旅游资源开发力度
远郊较低水平农业主导型乡村聚落	主要分布在粤西粤北地区，距离城市较远，人口外流，农业资源禀赋较好，聚落较稳定	乡村特色农业发展规划、基础设施规划、乡村人居环境整治	加强农田水利等基础设施建设，推动农业现代化，打造“一村一品”；加强乡村文化建设，推进乡村治理现代化；促进农村人居环境整治，美化村容村貌
近郊中等水平农工业主导型乡村聚落	一般位于较为重要的区域节点，具备市场距离优势，城乡功能联系较密切	乡村产业发展规划、农副产品基地建设、基本农田控制线、乡村人居环境整治	加大耕地保护力度，守住耕地红线；打造城市“菜篮子”、发展休闲观光农旅；引导乡村工业集约、集聚、生态化发展，加强农村环境综合整治

续表

乡村聚落类型	特征	规划侧重点	规划策略
城市周边高水平工商业主导型乡村聚落	一般位于大城市周边、城乡交错带，在珠三角地区分布最多，聚落面临向城市转型，土地利用方式复杂、外来人口较多、产业发展日渐多元	旧村改造规划、乡村产业发展规划、宅基地制度改革、艺术空间营造	吸引电商行业、高端制造业集聚，推动产业升级；规范土地市场，鼓励村民、外来人口、企业等多方共同参与聚落的改造升级；合理考虑外来务工人员利益，注重传统文化保护、艺术空间营造

（1）偏远低水平农业主导型乡村聚落

偏远低水平农业主导型乡村聚落主要分布于粤西、粤北边缘。该类型乡村聚落发展水平落后，地理位置偏远，易受自然灾害威胁，受城市辐射带动少，主导产业仍然为传统的农业种植业，难以提供充足的就业机会。人口持续性外流，耕地大量撂荒，乡村聚落空心化严重。该类型中少部分具有特色生态旅游资源的乡村聚落逐渐开始发展乡村旅游产业，餐馆、旅店等服务型设施出现，但尚处于起步阶段，未能给乡村聚落经济发展带来明显效益。未来该类型乡村聚落的规划应该侧重于聚落布局调整、资源环境价值评估、基本农田保护控制线划定、生态保护红线划定、聚落安全与防灾减灾等。该类型中自然灾害频发、人口流失特别严重、宅基地闲置率高且村民搬迁意愿强烈的乡村聚落应该加快拆迁撤并；该类型中生态环境脆弱，但可以通过一定的工程措施实现有效治理而不至于搬迁撤并的乡村聚落应优化乡村聚落土地利用布局，促进中心村建设，科学推进农村土地综合整治，遏制和防止耕地“非农化”“非粮化”，加强培育特色农产品，大力发展农产品加工业，延长农业产业链；原生态旅游资源丰富但区位条件欠佳的乡村聚落可以加强基础设施建设，加大旅游资源开发力度，提升宣传能力，打造旅游品牌，发展民宿旅游。

（2）远郊较低水平农业主导型乡村聚落

远郊较低水平农业主导型乡村聚落在粤西粤北地区较为普遍，经济发展水平较低、农业资源禀赋较好，乡村聚落形态、组织都较为稳定，产业结构依然以农业为主，依然有大量剩余劳动力流入城市。该类型乡村聚落受区位、交通条件限制，难以吸引第二产业，推动农业现代化，挖掘聚落特色，打造“一村一品”是其发展的主要方式。需要注意的是，农田水利基础设施建设相对滞后、耕地布局分散、流转效率低、乡村聚落内部组织化程度不高等因素都会阻碍家庭农场、规模农业发展。因此，未来远郊较低水平农业主导型乡村聚落的规划应该侧重于乡村特色农业发展规划、基础设施规划、乡村人居环境整治等。未来应该加强农田水利等基础设施建设，推动农业现代化，打造“一村一品”；加强乡村文化建设，传承乡土文化，丰富居民精神生活，推进乡村治理现代化；促进农村人居环境整治，农村垃圾统一集中处理，美化村容村貌。

（3）近郊中等水平农工业主导型乡村聚落

近郊中等水平农工业主导型乡村聚落一般位于较为重要的区域节点，到产品市场和要素市场的距离明显比一般乡村聚落更具有优势，能够为城市提供互补性强的产品或服务，城乡功能联系较密切。近郊乡村的农副产品可以较快地销往附近城镇，发挥“菜篮子”作用，也可以通过低廉充裕的土地资源吸引大批制造业工厂和工业园进驻，从传统农业转变为制造业，部分村民逐渐放弃传统农业耕作方式。该类乡村发展的制约因素在于耕地快速减少、乡村工业产业转型升级困难、乡村工业化带来的环境污染加剧。因此，针对近郊中等水平农工业主导型乡村聚落的规划应该侧重于乡村产业发展规划、农副产品基地建设、基本农田控制线划定、乡村人居环境整治等。在今后发展中，应加大对耕地的保护，守住耕地红线；打造城市“菜篮子”、发展休闲观光农旅；优化产业结构，着力引导乡村工业的集约、集聚、生态化发展，切实加强农村环境综合整治，加强农村生态环境保护。

（4）城市周边高水平工商业主导型乡村聚落

城市周边高水平工商业主导型乡村聚落一般位于大城市周边、城乡交错带，在珠三角地区分布最多，交通便利，有着明显的区位优势与良好的政策制度环境，乡村发展水平最高。对于中山、东莞等珠三角核心区的乡村聚落，工业化进程起步较早，工业集聚发展产生充足的就业机会，吸引了大量外来劳动力迁入。村集体的主要经济收入来源包括乡镇企业的利润收入、服务于外来企业和人口的物业租赁业收入。但是，乡村聚落在新时代面临转型的巨大压力，产业升级困难、违法违章建筑较集中、隐形土地市场秩序混乱、多元利益主体下治理困难。因此，针对城市周边高水平工商业主导型乡村聚落的规划应该侧重于旧村改造规划、乡村产业发展规划、宅基地制度改革等。未来要灵活运用信息技术和科学技术，吸引电商行业、高端制造业集聚，减少新冠肺炎疫情等突发因素对经济的冲击，推动部分产业从劳动密集型产业向电商服务业、高新技术产业转变，创新第一、第二和第三产业融合方式。对于传统乡村特征不再显著且具有向城市转型条件的城中村，要根据不同区域的土地及相关资源环境承载能力、土地利用潜力、现有土地利用效率和未来规划的主导功能确定聚落优化的路径，鼓励村民、外来人口、企业等多方共同参与聚落的改造升级，规范城市更新的空间秩序（郝文璇等，2015）。同时，乡村聚落发展也要兼具人文情怀，合理考虑外来务工人员的利益，注重传统文化的保护、艺术空间营造等。

第7章 广东省乡村聚落空间各子系统互馈演化机制

改革开放以来，我国快速工业化和城镇化进程虽极大带动了广大乡村地域发展，但由于存在“重城轻乡”的思想，各种资源要素高度向城镇集聚，特别是劳动力大量流入城镇，导致乡村聚落在产业体系、人居环境、基本公共服务水平等方面严重滞后于城镇区域，城乡差距逐渐扩大。我国乡村地域辽阔，全国仍有将近一半人口聚居在乡村聚落，在国家乡村振兴战略实施背景下，乡村聚落在我国聚落体系中的重要性更加凸显。厘清乡村聚落系统发展规律及内在作用机理，能够为乡村聚落建设、发展提供理论指导，也有利于科学有效地服务于乡村振兴实践。

已有研究针对乡村聚落空间格局、聚落发展及其影响机制开展了大量工作，但主要从单一视角分析影响因子对聚落空间变化的单向作用，缺乏以系统论的视角探索乡村聚落整体发展的内在机理及其系统要素之间的互动机制。本章基于2015年广东省遥感影像数据，提取乡村聚落斑块作为研究单元，结合自然环境、社会经济等多源空间数据，构建乡村聚落系统的逻辑认知总体框架，使用结构方程模型解析系统的要素构成，研究乡村聚落各要素子系统之间的相互作用机制，重点剖析乡村聚落物质空间子系统与社会经济子系统的互馈演化机制。

7.1 乡村聚落系统组成

首先，立足于人地关系地域系统和乡村地域系统理论，兼顾数据的可得性，构建乡村聚落系统。将乡村聚落内核系统划分为资源环境子系统、社会经济子系统、物质空间子系统，将乡村聚落内核系统以外的系统定义为乡村聚落外缘系统，区位条件为两个系统之间物质交换和信息交流的媒介（详细的理论阐述见3.1节）。

乡村聚落地域范围指乡村聚落斑块所包括的范围，是资源、社会经济和物质空间的统一体（屠爽爽等，2019）。乡村聚落斑块内的物质属性、社会经济属性、资源禀赋分别构成了乡村聚落系统的物质空间子系统、社会经济子系统及资源环境子系统。乡村聚落内核系统综合发展水平是乡村聚落发展的内源性动力，是内核系统运行状况的直接表现（张富刚和刘彦随，2008）。外缘系统综合发展水平是乡村聚落系统的外部驱动力，表征系统的区域宏观经济与社会发展水平（冯长春等，2012）。结合已有文献，定义表征乡村聚落空间各子系统的要素变量（表7-1）。

表 7-1　乡村聚落空间各子系统变量描述

类别	结构	变量	变量描述	变量名/单位
乡村聚落内核系统	社会经济子系统	聚落地均 GDP	聚落平均 GDP/聚落面积	LGdp/(万元/km^2)
		聚落人口密度	聚落平均人口/聚落面积	LPop/(人/km^2)
		土地利用混合度	聚落 POI 加权密度	PoiD/(个/km^2)
	资源环境子系统	聚落海拔	聚落平均海拔	Altitude/m
		聚落坡度	聚落平均坡度	Slope/(°)
		聚落可耕作耕地面积	聚落周围可以耕作的耕地面积	Farmland/m^2
	物质空间子系统	聚落规模	聚落斑块面积	Size/m^2
		聚落形状指数	$LSI=\frac{聚落周长}{2\sqrt{\pi\times 聚落面积}}$	Shape
乡村聚落外缘系统	外缘系统	人均 GDP	县域 GDP/县域常住人口	Gdppc/(万元/人)
		第一产业占比	第一产业地区生产总值/GDP	FGdp/%
		第二产业占比	第二产业地区生产总值/GDP	SGdp/%
区位条件	区位优势度	到主干道路的距离	到最近的主干道路的直线距离(包括高速公路、国道、省道、城市快速路、县道)	Dis_road/km
		到地级市人民政府的距离	到最近地级市人民政府的直线距离	Dis_city/km
		到县区级人民政府的距离	到最近县区级人民政府的直线距离	Dis_count/km

为了消除变量的量纲影响，使得各变量指标之间具有可比性，对所有变量按式（7-1）进行 Z 标准化处理，其表达式为

$$X_i=\frac{x_i-\bar{x}}{s},\quad \bar{x}=\frac{1}{n}\sum_{i=1}^{n}x_i,\quad s=\sqrt{\frac{1}{n-1}\sum_{i=1}^{n}(x_i-\bar{x})^2} \tag{7-1}$$

式中，X_i为第 i 个乡村聚落变量标准化后的值；x_i为第 i 个乡村聚落变量标准化前的值；$\bar{x}$为所有样本该变量的均值；s 为所有样本该变量的标准差。在计算区位可达性指标时，将区位可达性的三个指标取负数，以此表征变量值越大，聚落的区位优势度越大。在计算乡村聚落资源环境承载力时，将坡度和海拔指标值取负数，使得表征资源环境的指标方向具有一致性。经标准化处理后，得到广东省乡村聚落各子系统要素定量化结果，数据描述性统计如表 7-2 所示。

表 7-2　广东省乡村聚落空间各子系统要素标准化结果数据描述

变量	个数	范围	最小值	最大值	平均数		标准差	偏斜度		峰度	
					统计值	标准误差		统计值	标准误差	统计值	标准误差
Size	25 050	51. 21	-0. 39	50. 82	0	0. 01	1. 00	20. 58	0. 02	694. 61	0. 03
LPop	25 050	18. 98	-0. 91	18. 07	0	0. 01	1. 00	3. 95	0. 02	28. 06	0. 03
LGdp	25 050	34. 36	-0. 56	33. 81	0	0. 01	1. 00	7. 19	0. 02	116. 27	0. 03
Shape	25 050	13. 86	-1. 08	12. 78	0	0. 01	1. 00	3. 12	0. 02	18. 06	0. 03
Farmland	25 050	6. 52	-0. 63	5. 89	0	0. 01	1. 00	2. 36	0. 02	5. 58	0. 03
Slope	25 050	13. 17	-11. 25	1. 91	0	0. 01	1. 00	-2. 12	0. 02	8. 07	0. 03
Altitude	25 050	12. 10	-11. 33	0. 77	0	0. 01	1. 00	-3. 38	0. 02	16. 68	0. 03
Dis_road	25 050	38. 13	-37. 31	0. 82	0	0. 01	1. 00	-7. 21	0. 02	181. 75	0. 03
Dis_city	25 050	6. 31	-4. 65	1. 66	0	0. 01	1. 00	-0. 98	0. 02	1. 22	0. 03
Dis_count	25 050	6. 62	-4. 89	1. 74	0	0. 01	1. 00	-0. 76	0. 02	0. 24	0. 03
PoiD	25 050	64. 59	-0. 23	64. 36	0	0. 01	1. 00	22. 73	0. 02	1120. 95	0. 03
Gdppc	25 050	11. 54	-1. 11	10. 42	0	0. 01	1. 00	4. 07	0. 02	27. 81	0. 03
FGdp	25 050	5. 39	-1. 77	3. 62	0	0. 01	1. 00	0. 63	0. 02	0. 96	0. 03
SGdp	25 050	5. 81	-3. 05	2. 76	0	0. 01	1. 00	0. 12	0. 02	-0. 22	0. 03

7. 1. 1　物质空间子系统组成要素

乡村聚落物质空间子系统是聚落景观特征的描述，同时也是乡村聚落内核系统发展的载体，体现的是一定地域范围乡村聚落内各种物质实体的要素组成（李红波等，2018）。物质空间要素包含由土地利用等要素承载的农村居民点斑块的物理特征（李红波等，2018），用聚落规模（Size）及聚落形状指数（Shape）来指代。基于已有研究，往往将乡村居民点规模作为物质空间“面要素”（刘珽，2015），选择土地利用面积来描述（王珞珈，2016），土地是社会经济发展的空间载体（Long et al.，2016），土地规模越大所能承载的社会经济活动越多。聚落形态主要指乡村聚落的形状特征，形状指数可用来反映乡村聚落斑块形状的复杂程度，形状指数越高说明斑块的形状越不规则，可能是受到地形因素的限制，也可能是快速城镇化驱动下乡村聚落在缺乏统一规划引导下的无序蔓延（刘珽，2015）。

在要素计算方法方面，首先提取广东省 2015 年 30m 分辨率土地利用/土地覆盖遥感监测数据库（CNLUCC）中的农村居民点用地，共得到 25 050 个乡村聚落斑块，并给每一个乡村聚落斑块赋上唯一属性 id 字段。在 ArcGIS 中计算每一个斑块的面积，用来表征单个乡村聚落的空间规模（Size），并根据下面公式计算斑块的形状指数：

$$\mathrm{LSI}=\frac{E}{2\sqrt{\pi A}} \tag{7-2}$$

式中，E 为聚落斑块的周长；A 为聚落斑块的面积。

7.1.2 资源环境子系统组成要素

乡村聚落资源环境子系统表征的是乡村聚落所处的自然地理环境背景（伍光和和张英，2000），以及所拥有的资源禀赋条件，是乡村聚落各项活动的基本载体，支撑物质空间和社会经济子系统的发展（程钰，2014；李扬和汤青，2018）。自然地理环境是乡村聚落形成和发展的基础，同时也制约着乡村聚落的规模，尤其海拔和坡度是影响乡村聚落分布的基础要素（郭晓东等，2012a，2012b；杨忍，2017；姜转芳等，2019）。资源禀赋是乡村聚落发展的物质保障，为乡村人口和产业发展提供所需的物质与资源（刘彦随等，2019）。

本书选择聚落所处的坡度、海拔，以及乡村聚落周围的耕地禀赋来表征资源环境子系统（马历和龙花楼，2020）。其中，海拔及坡度用以表征乡村聚落的地形条件，代表乡村聚落发展的自然环境，既是乡村聚落形成和发展的基础条件（杨忍，2017），同时也限制着聚落的空间布局。一般而言，乡村的产业发展依靠农业，因此本书用乡村聚落周围可耕作耕地面积来表示乡村聚落的资源禀赋（周扬等，2019）。在地势平坦、海拔较低、耕地资源丰富的地区，生活生产资料能够得到满足，而乡村聚落也容易集聚分布在资源环境禀赋较好的地区，从而使得聚落规模也较大。

7.1.3 社会经济子系统组成要素

乡村聚落社会经济子系统包含乡村聚落地域范围内的社会经济要素，表示乡村聚落人类社会活动和经济行为的关系，也表征着乡村聚落的社会经济发展水平（马历和龙花楼，2020）。已有研究多选择 GDP、第一产业产值、地均产值、乡村人口等指标来描述社会经济子系统（刘彦随等，2019），综合前人研究，本书选择乡村聚落斑块的地均 GDP、人口密度及土地利用混合度来表征乡村聚落的社会经济子系统发展水平。乡村聚落的地均 GDP 是乡村聚落经济发展的动力，表征乡村聚落的农业经济、工业经济、服务业及其他经济活动，经济发展水平高的聚落将增强乡村的经济实力和自我发展能力，从而增强经济集聚功能，并在乡村腹地的发展中发挥辐射和驱动作用（Long et al.，2016）。乡村聚落的人口密度可反映乡村聚落的社会发展水平，人口密度越大表示这个聚落可用于发展经济产业的劳动力越多，同时聚落所产生的市场需求也越大（范少言，2004）。乡村聚落的土地利用混合度用 POI 密度来计算，一定范围内的乡村聚落所混杂的 POI 类型越多，表征这个乡村聚落的经济活动越活跃，也象征这个乡村聚落的土地利用混合程度越高。

采用加权密度方法计算 POI 密度（党云晓等，2015），得到乡村聚落斑块的土地利用混合度指标：

$$\text{土地利用混合度} = \frac{-\sum_{K=1}^{K} p_{k,i}\ln(p_{k,i})}{\ln(K,i)} \tag{7-3}$$

式中，K 表示乡村聚落斑块 i 的 POI 类型数量，根据 POI 分布图汇总得到 14 类 POI；$p_{k,i}$表示第 k 种 POI 类型在聚落斑块 i 的占比，根据式（7-3）计算的 POI 混合度取值区间在 0 ~ 1，其大小反映了聚落斑块各种 POI 类型的混合程度，取值越大表明聚落斑块的土地功能分配越均衡，取值越小表明聚落斑块的土地利用结构越单一。

7.1.4 外缘系统组成要素

社会经济因素代表了乡村聚落所在宏观区域的经济发展基础及社会保障条件，是乡村聚落发展的外部动力（屠爽爽等，2019）。参考已有研究成果（范少言，2004；裴进堂，2020；周扬等，2019），本书选择乡村聚落所处县域的人均 GDP、第一产业占比及第二产业占比来表征乡村聚落外缘系统的经济发展水平和产业结构。选择县域发展水平代表乡村聚落外缘系统的发展水平，是因为在乡村地区，县是市场功能的中心地带，可提供市场、科学和教育、文化与卫生、消费和公共服务等条件，县对农村经济和社会发展具有重大影响（李红波等，2012）。人均 GDP 表示区域经济发展水平，是乡村聚落发展的物质保障和外部动力（袁洁等，2008；冯长春等，2012）；产业结构决定乡村聚落的生产方式，成为塑造乡村聚落空间分布态势的内在动力（郭晓东等，2012a，2012b；董光龙等，2019）。在农业占主导的县域地区，第一产业占比是区域经济发展的基础，而第二产业占比则表征了区域工业化和城镇化进程，反映出城乡交互程度。整个县域的经济发展水平越高，其对周围乡村地区的辐射作用越强（徐小东和沈宇驰，2015），尤其是县域经济对乡村的资源调配作用越明显（马少春，2013）。

7.1.5 乡村聚落区位条件

区位条件是连接乡村聚落内核系统和外缘系统的重要组成部分，外部区位条件改善直接影响乡村聚落的经济繁荣，可增加邻里之间经济关系的亲密性。已有研究表明，区位条件是地域系统发展的重要外部因素，影响着社会经济系统（范少言，2004）。发达的交通运输系统可以促进商品、文化和技术的交流，从而促进生产并增加聚落的人口（Zhou et al.，2013），同时也影响乡村聚落的规模和布局（Chen and Feng，2010），区内交通的建设和发展与农村经济社会发展有着紧密的联系（杨忍等，2016）。本书计算乡村聚落的交通可达性以表示其区位优势度（杨忍等，2016；杨忍，2017），可达性表征乡村聚落区位条件，即其与外界进行人员流动、物质交换的能力，是乡村聚落发展的支撑和物质保障（海贝贝等，2013）。同时，乡村聚落离城市、县域中心的距离不同，其受到城镇的辐射带动程度也不同（Bryant et al.，1982）。

选择乡村聚落到最近主干道路的距离以及乡村聚落到市级人民政府和县级人民政府的距离来表示乡村聚落的交通可达性（宋明洁等，2013；杨忍等，2015a，2015b）。乡村聚落到最近主干道路的距离表示乡村聚落所处位置的交通便捷程度。对于经济发展水平相对落后的乡村聚落，其各项基础设施等都较为落后，若其附近有国道、省道或者县道，可以有效促进乡村聚落资源、信息的流通及与外界的交流，从而在一定程度上促进乡村聚落的各项发展（刘静萍，2017）。乡村聚落到市级人民政府和县级人民政府的距离表示城市、县城对乡村聚落的辐射效应。越靠近城镇的乡村聚落，其与城镇进行物质、文化和技术交流的便捷程度越高。乡村聚落对外交通的发展和与城市及县城中心的距离，都直接影响着聚落的经济繁荣。

7.2 乡村聚落各子系统互馈演化的理论和模型

乡村聚落系统的发展受到多种因素影响，从系统结构划分，可以将其分为内核系统和外缘系统的驱动因素，各因素之间也存在相互影响。本书将着重探讨乡村聚落物质空间子系统和社会经济子系统的互馈机制，两者的互动关系又同时受到内核、外缘系统的影响。

7.2.1 资源环境子系统对物质空间子系统和社会经济子系统的影响

乡村聚落内核系统包含资源环境子系统、物质空间子系统和社会经济子系统，其中资源环境子系统是物质空间子系统和社会经济子系统形成与发展的基础（钟世坚，2013；周扬等，2019）。一方面，自然地理要素决定着聚落的空间分布，同时影响着聚落的规模和形态，聚落的空间要素体现出自然地理条件的限制性以及资源的趋近性。自然地理条件、资源禀赋较好的聚落，有利于开展农业生产活动，往往规模较大，而地形陡峭的地区不适宜大面积开发土地，从而限制了乡村聚落的规模（屠爽爽等，2019）。另一方面，自然地理条件以及资源禀赋为聚落人口和产业发展提供生产生活条件及经济发展所需的物质资源（周扬等，2019）。

乡村聚落的物质空间子系统和社会经济子系统存在双向作用。已有研究表明，乡村聚落空间规模受到社会经济因素的影响，社会经济发展是乡村聚落空间扩张和内部结构变化的内在动力，乡村经济的发展水平提高，会导致人口集聚，乡村居民的住房建设需求也随之增加（李君和李小建，2009；龙花楼等，2009a，2009b），土地需求增大，从而使得乡村地区的规模得到迅速扩大；乡村聚落产业结构的调整，会促使乡村聚落的土地利用类型和空间形态变化（陈玉福等，2010；周国华等，2011；Long and Li，2012）。而物质空间反过来亦会对乡村聚落的社会经济产生影响，聚落规模大小决定聚落经济基础，土地是社会经济发展的空间载体（Long et al.，2016），聚落规模越大，所能承载的经济活动越多，从而促进人口集聚、产业集中。

7.2.2 外缘系统、区位条件对物质空间子系统和社会经济子系统的影响

乡村聚落的发展离不开所在区域社会经济发展的推动，聚落物质空间要素和社会经济要素不仅会受到内部资源环境要素的影响，同时也受到外部社会经济水平、交通因素等影响。区域经济发展水平提高，城镇化和工业化会带动乡村聚落本地产业的发展，从而集聚人口和经济，进而影响聚落的物质形态（屠爽爽等，2015）。

乡村聚落系统的区位条件是联系内核系统和外缘系统的桥梁，与聚落物质空间要素和社会经济要素存在紧密的联系，直接影响着聚落的发展（范少言，2004）。区位交通是聚落社会经济发展的基础，优越的区位交通条件可通过促进区域社会经济发展推动乡村聚落规模扩张，从而影响聚落的物质形态及其扩张方向（范少言，2004）。同时，聚落与聚落之间的交流、聚落与外部环境之间的交流都离不开交通可达性，交通可达性越好的聚落，受到外部经济辐射作用越大，其与外部交流更密切，各种资源要素的交换更频繁、运输成本更低，也更容易激发聚落的市场活跃度，进而推动聚落社会经济水平的提高（Zhou et al.，2013）。

7.2.3 模型建构

SEM 是处理多要素相互影响作用机制的有效工具。但在构建模型前，我们首先需要判断样本量的大小是否适合进行 SEM 分析。SEM 作为一种先进的计量工具，需要至少 100～200 个样本量才能检查基本模型，所需样本大小在某种程度上取决于模型复杂性、所用估计方法以及观察到变量的分布特征（Kline，2015），更复杂的模型需要更大的样本才能获得统计功效，本书样本量共 25 050 个，适合构建模型。其次，构建模型还需要有充分的理论依据，本书在前文中论述了乡村聚落地域系统及各子系统之间如何进行互动（图 7-1），为本节构建 SEM 铺垫了理论基础。接下来将设定模型并绘制模型路径图，完成 SEM 分析。

1. 设定模型

（1）构建测量模型

参考本书第 3 章对 SEM 的介绍，构建测量模型公式如下：

$$\boldsymbol{X}=\Lambda x\boldsymbol{\xi}+\boldsymbol{\delta} \tag{7-4}$$

$$\boldsymbol{Y}=\Lambda y\boldsymbol{\eta}+\boldsymbol{\varepsilon} \tag{7-5}$$

式中，$\boldsymbol{\xi}$ 是外生潜变量向量；$\boldsymbol{\eta}$ 是内生潜变量向量；$\boldsymbol{X}$ 是外生观测变量向量；$\boldsymbol{Y}$ 是内生观测变量向量；Λx 是外生观测变量与外生潜变量的关系；Λy 是内生观测变量与内生潜变量的关系；$\boldsymbol{\delta}$、$\boldsymbol{\varepsilon}$ 是 $\boldsymbol{X}$、$\boldsymbol{Y}$ 测量变量的误差项向量。通过构建测量模型，可以检验每个观察变量与相对应的潜变量之间的关系是否符合我们的理论设计。

根据 7.1 节构建乡村聚落地域系统的理论，设定模型潜变量，乡村聚落社会经济发展

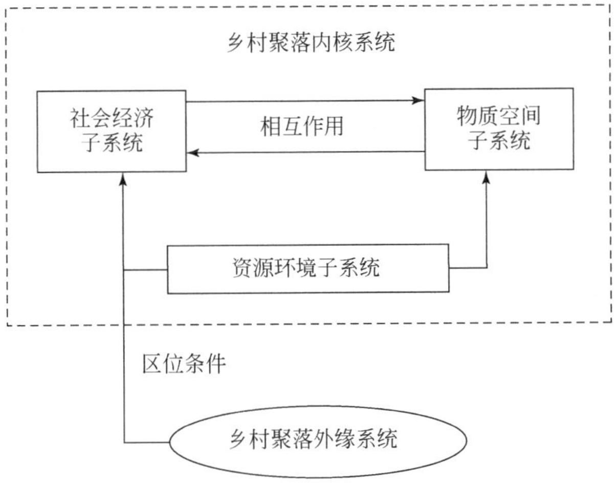

图 7-1　乡村聚落系统互馈机制

水平潜变量表征乡村聚落内核系统的社会经济子系统；乡村聚落资源环境承载力潜变量表征乡村聚落的资源环境子系统；乡村聚落外缘系统发展水平潜变量表征乡村聚落外缘系统的经济发展水平；区位优势度潜变量表征乡村聚落的区位条件。

ξ_1 是外生潜变量“乡村聚落资源环境承载力”，对应三个外生显变量，x_1 聚落海拔（Altitude）、x_2 聚落坡度（Slope）及 x_3 聚落可耕作耕地面积（Farmland），x_1、x_2 及 x_3 在 ξ_1 上的因子负荷分别是 Λx_1、Λx_2、Λx_3。

ξ_2 是外生潜变量“乡村聚落外缘系统发展水平”，对应三个外生显变量，x_4 人均 GDP（Gdppc）、x_5 第一产业占比（FGdp）及 x_6 第二产业占比（SGdp），x_4、x_5 及 x_6 在 ξ_2 上的因子负荷分别是 Λx_4、Λx_5、Λx_6。乡村聚落外缘系统会影响内核系统的发展，外缘系统的社会经济变化会使得区域交通条件等发生变化，为外生潜变量，其所包含的 3 个显变量亦是外生显变量。而对于文化、政策等要素，由于数据难以量化，本书用经济发展水平表征外缘系统的整体发展情况。

η_1 是内生潜变量“乡村聚落社会经济发展水平”，对应三个内生显变量，y_1 聚落人口密度（LPop）、y_2 聚落地均 GDP（LGdp）及 y_3 土地利用混合度（PoiD），y_1、y_2 及 y_3 在 η_1 上的因子负荷分别是 Λy_1、Λy_2、Λy_3。本书将表征社会经济发展水平的变量统一纳入潜变量中，对社会经济系统的描述更为准确并且内容更丰富。除此之外，乡村聚落的社会经济系统不仅会受到外缘系统的推动，还会受到乡村聚落的资源环境的影响，同时也会促进乡村聚落的物质空间演进。故此为内生潜变量，受到其他因素影响，它所包含的 3 个显变量亦是内生显变量。

η_2 是内生潜变量“区位优势度”，对应三个内生显变量，y_4 到主干道路的距离（Dis_road）、y_5 到县区级人民政府的距离（Dis_count）、y_6 到地级市人民政府的距离（Dis_city），y_4、y_5 及 y_6 在 η_2 上的因子负荷分别是 Λy_4、Λy_5、Λy_6。

显变量“乡村聚落规模”和“乡村聚落形状指数”，表示的是乡村聚落的物质空间属性，规模表示聚落的面积大小，而形状表示聚落的外在形态，两者所表示的内涵不同，故不宜用一个潜变量来统一归纳。乡村聚落的物质空间演化会受到内核系统其他要素的影响，也会受到外缘系统等多种因素影响，故这两个独立变量都为内生显变量。

（2）构建结构模型

参考本书第 3 章对 SEM 的介绍，构建结构模型公式如下：

$$\boldsymbol{\eta}=\boldsymbol{B\eta}+\boldsymbol{\Gamma\xi}+\boldsymbol{\zeta} \tag{7-6}$$

式中，$\boldsymbol{\eta}$ 是内生潜变量的向量，一共有 2 个，分别是“乡村聚落社会经济发展水平”和“区位优势度”；$\boldsymbol{\xi}$ 是外生潜变量向量，一共有 2 个，分别是“乡村聚落外缘系统发展水平”和“乡村聚落资源环境承载力”；$\boldsymbol{B}$ 是内生潜变量之间的回归系数矩阵，包括区位优势度与乡村聚落社会经济发展水平的关系以及物质空间子系统和社会经济子系统之间的相互关系，主要计算 $\beta_1 \sim \beta_5$；$\boldsymbol{\Gamma}$ 是外生潜变量对内生潜变量影响的回归系数矩阵，包括资源环境子系统和外缘系统对乡村聚落社会经济子系统、区位优势度的影响，主要计算 $\gamma_1 \sim \gamma_3$；$\boldsymbol{\zeta}$ 是结构方程的残差项（表 7-3）。

表 7-3　结构方程模型变量定义

变量类型		变量
潜变量	外生潜变量	乡村聚落外缘系统发展水平
		乡村聚落资源环境承载力
	内生潜变量	区位优势度
		乡村聚落社会经济发展水平
显变量	外生显变量	人均 GDP（Gdppc）
		第一产业占比（FGdp）
		第二产业占比（SGdp）
		聚落海拔（Altitude）
		聚落坡度（Slope）
		聚落可耕作耕地面积（Farmland）
显变量	内生显变量	聚落地均 GDP（LGdp）
		聚落人口密度（LPop）
		土地利用混合度（PoiD）
		到主干道路的距离（Dis_road）
		到地级市人民政府的距离（Dis_city）
		到县区级人民政府的距离（Dis_count）
		聚落规模（Size）
		聚落形状指数（Shape）

2. 模型路径图

根据前文构建的理论模型，运用 AMOS 软件，画出乡村聚落各系统、要素之间的关系路径图。在 AMOS 中，用椭圆符号或圆形符号制作潜变量，用方框符号制作显变量，单向箭头表示两个要素的因果关系，根据理论构建模型路径图如图 7-2 所示。

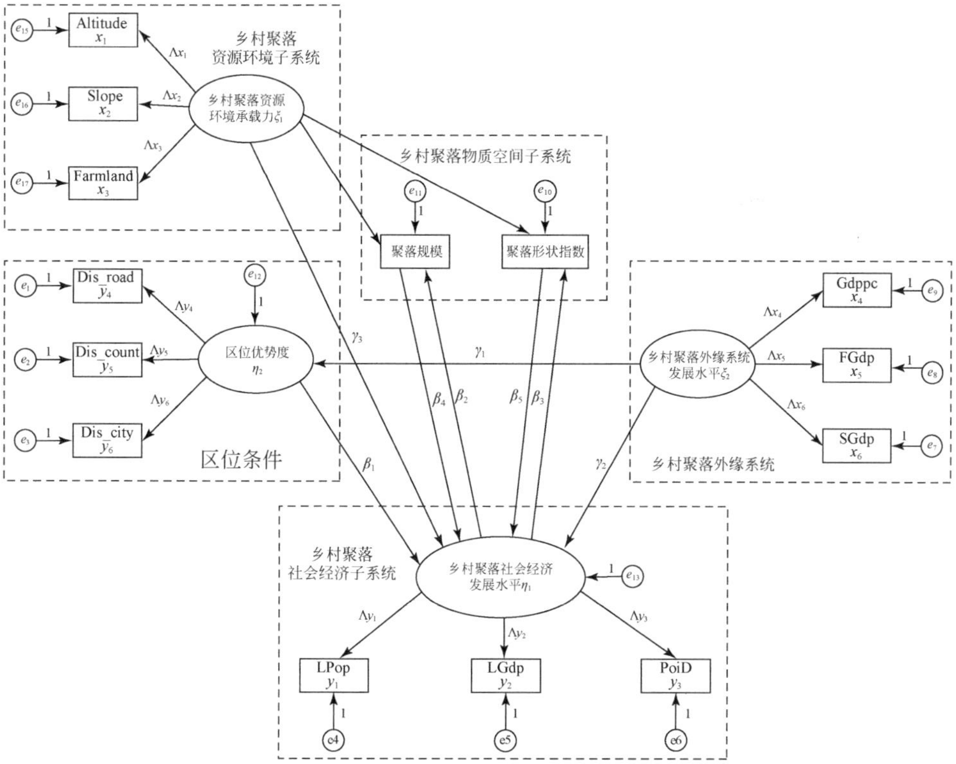

图 7-2 乡村聚落各子系统演化互馈结构方程模型路径图

图 7-2 中，Λx、Λy 表示测量变量对潜变量的因子负荷，区位优势度与乡村聚落社会经济发展水平的关系系数为 β_1，乡村聚落社会经济发展水平与聚落规模、聚落形状指数的关系系数分别为 β_2、β_3，而反向作用的关系系数为 β_4、β_5，乡村聚落外缘系统发展水平与区位优势度、乡村聚落社会经济发展水平的关系系数分别为 γ_1、γ_2，乡村聚落资源环境承载力与乡村聚落社会经济发展水平的关系系数为 γ_3，e 为残差项。

3. 结构方程模型适配度检验

在 AMOS 进行结构方程的运算时，选用最大似然估计（maximum likelihood estimation，MLE）法进行检验。根据模型识别评定原则（Bollen，1989），模型首先必须能够被识别。本书中，有 6 个外生测量变量，14 个内生测量变量，计算得到共变数 210 个，根据构建的路径图，模型所需要估计的参数共有 40 个，所以模型是可估计的。

结构方程提供了多项指标检验模型的适配度，本书总结如表 7-4 所示，通过对比模型拟合值与标准值来进行适配度的评价，当各指标实际值满足标准值时，说明模型与数据拟合较好（侯杰泰，2004）。

表 7-4 常用拟合指数

类别	拟合指标	建议值	实际值
增值适配指数	NFI	>0.9	0.912
	CFI	>0.9	0.912
	IFI	>0.9	0.912
绝对适配指数	RMSEA	<0.08	0.077
	GFI	>0.9	0.946
	AGFI	>0.9	0.913
简约适配指数	PNFI	>0.5	0.651
	PCFI	>0.5	0.652

注：NFI 指规范拟合指数，CFI 指比较拟合指数，IFI 指递增拟合指数，RMSEA 指近似误差的均方根，GFI 指拟合优度指数，AGFI 指调整的拟合优度指数，PNFI 和 PCFI 均属于节俭调整指数。

从模型整体结果来看，绝对适配指数中，模型的近似误差均方根 RMSEA 为 0.077，小于 0.08；拟合优度指数 GFI 和调整后的拟合优度指数 AGFI 均大于参考值 0.9；增值适配指数中，NFI、CFI、IFI 均大于 0.9；简约适配指数也均满足标准，表明模型的整体适配度良好。

模型路径系数结果如表 7-5 所示，各要素之间的路径关系影响系数均显著。

表 7-5 模型路径系数结果

要素	关系	要素	估计值	标准误差	CR 值	*P* 值	标准回归系数值
区位优势度	←	乡村聚落外缘系统发展水平	0.113	0.008	14.914	***	0.57
乡村聚落社会经济发展水平	←	区位优势度	1.313	0.134	9.771	***	0.157
乡村聚落社会经济发展水平	←	乡村聚落外缘系统发展水平	0.762	0.018	41.484	***	0.459
Size	←	乡村聚落资源环境承载力	0.061	0.013	4.911	***	0.047
Shape	←	乡村聚落资源环境承载力	-0.128	0.014	-9.381	***	-0.097
乡村聚落社会经济发展水平	←	乡村聚落资源环境承载力	0.206	0.015	13.968	***	0.17
Dis_city	←	区位优势度	7.485	0.492	15.209	***	0.848
Dis_count	←	区位优势度	3.912	0.249	15.69	***	0.433
Gdppc	←	乡村聚落外缘系统发展水平	1				0.56
FGdp	←	乡村聚落外缘系统发展水平	-1.623	0.018	-89.603	***	-0.911
SGdp	←	乡村聚落外缘系统发展水平	1.361	0.015	88.792	***	0.754
Dis_road	←	区位优势度	1				0.11
PoiD	←	乡村聚落社会经济发展水平	0.196	0.007	28.184	***	0.181
LGdp	←	乡村聚落社会经济发展水平	0.871	0.007	122.509	***	0.809

续表

要素	关系	要素	估计值	标准误差	CR 值	*P* 值	标准回归系数值
Lpop	←	乡村聚落社会经济发展水平	1				0.937
Farmland	←	乡村聚落资源环境承载力	0.429	0.014	31.075	***	0.326
Slope	←	乡村聚落资源环境承载力	0.613	0.014	45.206	***	0.464
Altitude	←	乡村聚落资源环境承载力	1				0.757
Size	←	乡村聚落社会经济发展水平	0.153	0.014	10.844	***	0.141
乡村聚落社会经济发展水平	←	Shape	-0.184	0.012	-15.105	***	-0.2
Shape	←	乡村聚落社会经济发展水平	0.356	0.014	24.681	***	0.327
乡村聚落社会经济发展水平	←	Size	0.087	0.012	7.567	***	0.095

*** 表示回归参数在 0.01 显著性水平下显著。

7.3 乡村聚落子系统互馈机制的实证检验

利用广东省 2015 年乡村聚落斑块各项数据，根据结构方程模型建模步骤，通过调整参数，得到模型结果图如图 7-3 所示。通过探讨乡村聚落内核系统各要素的互动机制，以及内核与外缘系统的互动，为乡村聚落系统优化提供政策建议。

7.3.1 物质空间子系统与社会经济子系统的互馈机制

从模型结果来看，乡村聚落物质空间子系统与社会经济子系统存在互馈机制。如图 7-3 所示，乡村聚落社会经济发展水平直接影响物质空间要素，而物质空间要素又会进一步影响乡村聚落社会经济发展水平。表 7-6 给出两者之间的关系估计值，既包括直接效应估计值，也包括间接效应估计值，两者之和等于总效应估计值。直接效应表示直接影响，而间接效应指的是两个变量之间还通过一个或多个中介变量产生影响。乡村聚落系统物质空间要素与社会经济要素之间的直接效应的绝对值约等于两者之间总效应的绝对值，因此，我们主要解释直接效应的影响。

表 7-6　内核系统社会经济子系统与物质空间子系统直接效应

标准化直接效应	乡村聚落社会经济发展水平	聚落形状指数	聚落规模
乡村聚落社会经济发展水平	0	-0.2	0.095
聚落形状指数	0.33	0	0
聚落规模	0.14	0	0

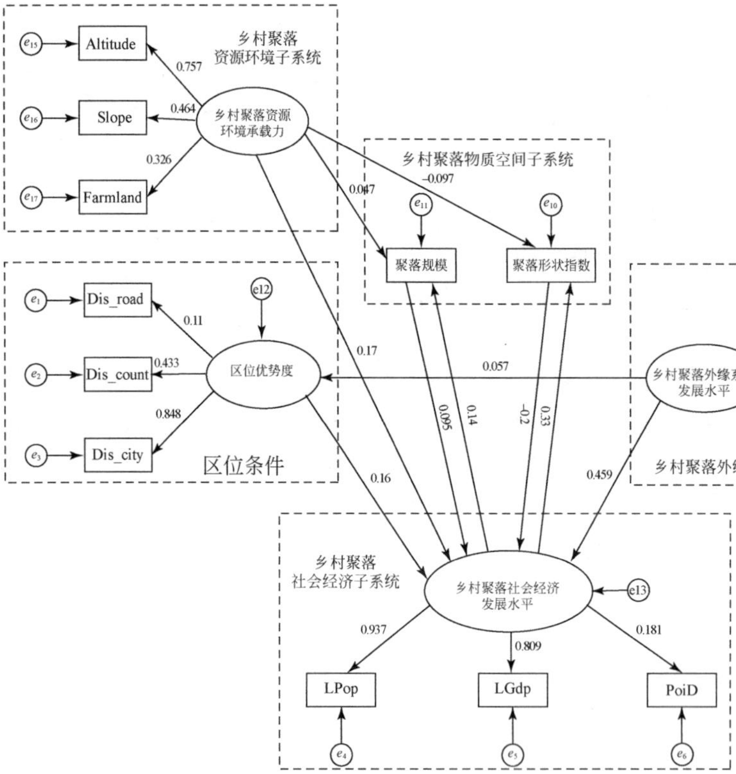

图 7-3　广东省乡村聚落子系统互馈结构方程模型结果图

首先，分析乡村聚落社会经济发展水平潜变量与其包含的各显变量之间的关系，从表 7-5 可以看出，聚落地均 GDP、聚落人口密度和土地利用混合度对乡村聚落社会经济发展水平的因子载荷分别是 0.809、0.937 和 0.181，三个显变量与乡村聚落系统的社会经济发展水平均有正相关关系，且显著。这意味着当乡村聚落社会经济发展水平每上升 1 个标准差时，聚落地均 GDP 上升 0.809 个标准差，而聚落人口密度和土地利用混合度分别上升 0.937 个标准差和 0.181 个标准差。这表明，聚落地均 GDP 和聚落人口密度是乡村聚落社会经济发展水平的主要表现形式，一个乡村聚落地均 GDP 和人口密度越高，说明这个乡村聚落社会经济发展的动力越强。

其次，模型结果证实了乡村聚落社会经济要素对物质空间要素的影响。乡村聚落社会经济发展水平对聚落规模的直接效应作用是 0.14。正的直接效应表明，乡村聚落社会经济发展水平越好，乡村聚落规模越大，这是因为乡村聚落良好的经济发展基础会使得资本投入促进对土地开发的需求，同时经济发展水平高也为乡村居民房屋建设提供了经济基础。另外，经济发达地区的人口集中度增加，将增大乡村居民的住房需求，以及提供劳动力来发展乡村企业，乡村聚落会聚集成更大的定居点（Liu et al.，2014）。从第 6 章的分析来看，对于广东省乡村聚落，在珠三角地区乡村聚落平均规模最大，这与模型结果相符，珠三角地区经济发展水平最高，以“城中村”“城边村”为代表的乡村聚落在珠三角地区大量存在，由于优越的区位和“能人”力量的带动等作用，乡村聚落规模较大（张京祥等，

2014)。由于珠三角地区城市群建设，经济飞速发展，带来珠三角地区各市土地、房屋价值大幅度上升，村民希望通过规模扩张、房屋建设实现资产增值，由此带来的自下而上的乡村聚落规模扩张动力较强。

同时，乡村聚落社会经济发展水平同样会影响乡村聚落空间形态，根据模型结果，乡村聚落社会经济发展水平对聚落形状指数的直接效应是 0. 33，这意味着社会经济发展程度较高的乡村聚落其边界较不规整。可能是因为经济发展水平越高的乡村聚落，其经济活力越强，导致乡村聚落自由发展。人口规模变化是乡村聚落形态变化的内在因素，乡村产业变化直接影响居民就业规模与生产方式，人口增长的差异导致各地区形成不同的人口规模及密度，而这种人口差异又在一定程度上影响着乡村聚落空间形态的演变。乡村聚落工业的发展会促使其他产业发展，从而导致人口集聚和土地需求增大，但是这种自下而上的工业化会存在一定问题（陈玉福等，2010），生产要素大规模集聚在乡村聚落，而乡镇企业往往生产规模小、布局分散，建设用地无序蔓延，使得边界形状不规整（李红波等，2014；王勇和李广斌，2011）。

在细致分析了物质空间对社会经济系统的影响之后，本书进一步发现了乡村聚落的物质空间同样会反作用于乡村聚落的社会经济系统。聚落规模对乡村聚落社会经济发展水平的直接效应是 0. 095。正的直接效应表明，乡村聚落规模越大，越有可能优先发展，从而带动聚落的社会经济发展，因为大量土地可以用于建设学校和医院等公共设施，将有利于改善医疗体系和社会经济发展，也会使得聚落的土地利用混杂程度提高。同时，土地供给充足也有利于开展工业生产，从而吸引劳动力来发展乡村聚落。就聚落形状指数而言，聚落形状指数对乡村聚落社会经济发展水平的直接效应是-0. 2。负的直接效应表明，聚落形状指数越大，其聚落边界越不规则，空间发展越无序，就会抑制乡村聚落的社会经济发展，因为土地利用的空间格局越不规则，越不利于乡村聚落的经济要素集聚，从而阻碍了社会经济更快速全面发展。

根据表 7-6，发现乡村聚落社会经济要素对物质空间要素的绝对直接效应大于物质空间要素对社会经济要素的绝对直接效应，两个效应的相互抵消可以得出结论，社会经济发展的正向影响作用是广东省乡村聚落物质空间发展的主要驱动力。一般而言，社会经济变化是乡村聚落土地发展的主要动力，而土地利用的变化也反映了人类社会经济发展的过程，乡村聚落社会经济发展将不可避免地改变土地这一空间载体的利用和分配方式(Long，2014)。同时，两者之间的相互作用也对乡村聚落土地利用规划有一定的借鉴意义。由于乡村聚落社会经济发展会促使乡镇企业在聚落集聚，乡村聚落的社会经济发展水平越高，不管是村集体还是村民个人都想通过拓展空间规模来实现对快速社会经济发展水平的响应，但是这种自下而上的动力势必存在缺乏规划和缺乏引导的问题，从而导致乡村聚落形状不规整。但是从模型结果发现，形状不规整会抑制经济发展。在对村庄发展进行治理和规划决策时，要注意平衡自下而上的动力和自上而下的管治，对于自下而上的动力不能压制，但是如果任由自下而上的动力发展导致规模进一步增大，实际上会抑制经济发展。所以在具体实施管理时，需要注意既不影响乡村聚落这种自下而上的动力，又要通过规划引导推进聚落社会经济良性发展，让社会经济持续增长、聚落边界有序化。所以，需要加强发展规划应有的引导和控制作用，避免乡村聚落建设陷入“盲目、无序、混杂”境地，促进乡村聚落发展做到“有规可依，有规必依”（马少春，2013）。这也体现出结构方程模型的优势，能够探索两者之间的互动机制，传统的回归分析只能发现社会经济发展会使得聚落边界变得复杂而忽视了其内在机理，当了解内在机制时，就可以通过人为干预聚落边界变化和空间形态演化，促进乡村聚落的经济发展。

7.3.2 资源环境子系统对物质空间子系统与社会经济子系统的影响

在构建结构方程的理论结构时，我们假设乡村聚落的资源环境子系统会对内核系统的其他子系统产生影响，但不会被影响。首先，分析乡村聚落资源环境承载力潜变量与其包含的各显变量之间的关系，如表7-5所示，聚落海拔、聚落坡度和聚落可耕作耕地面积对乡村聚落资源环境承载力的因子载荷分别是0.757、0.464和0.326，三个显变量与乡村聚落资源环境承载力均有显著的正相关关系。这里要注意的是，我们对海拔和坡度指标取了负数值。模型结果意味着当乡村聚落资源环境承载力每上升1个标准差时，聚落海拔、聚落坡度和聚落可耕作耕地面积分别上升0.757个标准差、0.464个标准差和0.326个标准差。这表明，聚落海拔是乡村聚落资源环境承载力的主要表现形式，一个乡村聚落海拔越低、地形越平坦，说明这个乡村聚落可承载的人口规模越大。另外，聚落可耕作耕地面积越大，表示乡村聚落的生产能力越强，可承载的乡村聚落规模也越大。

本书也证实了乡村聚落的自然条件、资源禀赋会影响乡村聚落的空间形态。首先，我们探究乡村聚落资源环境承载力对乡村聚落的物质空间要素和社会经济要素的直接效应作用。根据表7-7，乡村聚落资源环境承载力对聚落规模的直接效应为0.047，也就是说，乡村聚落资源环境承载力越高，聚落规模越大。这可能是因为承载力越高其地形越平坦、海拔越低且资源禀赋越丰富，越有利于开展农业生产活动，从而导致乡村聚落人口集聚、聚落规模较大；地形陡峭的地区，不适宜大面积地开发土地，也不适宜开展生产、生活活动，从而限制了聚落规模，聚落规模小且分布分散（屠爽爽等，2019）。乡村聚落资源环境承载力对聚落形状指数的直接效应是-0.097，表明乡村聚落资源环境承载力越高，乡村聚落边界形状越规整。因为在海拔低、坡度小的平原地区，乡村聚落会集聚发展，同时耕地资源越丰富的地区，聚落会靠近耕地集聚发展，聚落的形状就会越规整。在平原地区，乡村聚落形态呈现出团块状，而在山间盆地到山地，聚落形态逐渐松散、不规则（孙招谦和周游，2019）。

表7-7 资源环境承载力对社会经济子系统与物质空间子系统的影响

标准化直接效应	乡村聚落 资源环境承载力	标准化间接效应	乡村聚落 资源环境承载力
乡村聚落社会经济发展水平	0.17	乡村聚落社会经济发展水平	0.014
聚落形状指数	-0.097	聚落形状指数	0.06
聚落规模	0.047	聚落规模	0.026

乡村聚落的自然条件、资源禀赋同样也会影响乡村聚落社会经济发展水平。根据 SEM 模型结果，资源环境承载力对社会经济发展水平的直接效应为 0.17。乡村聚落资源环境承载力越高，其生产条件越好，越有利于乡村聚落的社会经济发展。承载力高的乡村聚落往往位于平原地区，易进行大规模机械生产，珠三角地区、粤东地区和粤西地区地势平坦，乡村聚落规模较大，而粤北地区由于地势起伏较大，聚落规模较小。同时自然条件好，耕地资源丰富，吸引乡村人口定居，能带动乡村产业发展，使得土地利用更多样化，进而有利于乡村聚落社会经济的发展。

模型也发现了乡村聚落资源环境承载力对乡村聚落物质空间要素和社会经济要素有间接效应。乡村聚落资源环境承载力对聚落规模的间接效应为 0.026，对乡村聚落形状指数的间接效应为 0.06，这表明乡村聚落资源环境承载力通过影响聚落的社会经济发展，从而影响聚落的物质空间演化。同样地，乡村聚落资源环境承载力通过影响聚落的物质空间要素，从而对乡村聚落社会经济发展水平产生间接效应，影响系数为 0.014。因为地形因素不仅决定农业生产活动的耕作半径，也影响一定地域空间所能承载的人口数量，进而产生团状、带状、串珠状等不同的聚落空间形态和影响聚落规模。

7.3.3 外缘系统对物质空间子系统与社会经济子系统的影响

乡村聚落的外缘系统会对乡村聚落内核系统产生影响，同时外缘系统也会影响乡村聚落所在区域的交通条件。如表 7-5 所示，乡村聚落所在县级行政单位人均 GDP、第一产业占比和第二产业占比可以用来表征乡村聚落外缘系统的发展水平，结果也证实了人均 GDP 和第二产业占比对乡村聚落外缘系统发展水平有显著的正向表征含义，因子载荷分别是 0.56 和 0.754；第一产业占比对乡村聚落外缘系统发展水平有显著的负向表征含义，因子载荷是−0.911。模型结果意味着当乡村聚落外缘系统发展水平每上升 1 个标准差时，人均 GDP 和第二产业占比分别上升 0.56 个标准差和 0.754 个标准差；同时第一产业占比下降 0.911 个标准差。这些数据表明，具有较高 GDP 水平和第二产业占比的县域，将由于工业化和城镇化而提高自我发展能力，而与此同时第一产业占比则会较低。

本书也证实了乡村聚落外缘系统发展水平会影响乡村聚落的社会经济发展。首先，我们探究乡村聚落外缘系统发展水平对乡村聚落社会经济要素的直接效应。根据表 7-8，乡村聚落外缘系统发展水平对乡村聚落社会经济发展水平的直接效应为 0.459。也就是说，乡村聚落所在县域的经济发展水平越高，非农化程度越高，对乡村聚落自身社会经济发展的驱动作用越强。县域的辐射带动作用越强，会促使工业企业在乡村聚落产生，从而集聚人口和经济，促进乡村聚落建设教育、医疗、休闲娱乐等基础设施，保障乡村聚落的经济活动有序进行（屠爽爽等，2015）。

此外，乡村聚落外缘系统发展水平对乡村聚落社会经济发展水平的间接效应为 0.062，表明外缘系统的发展通过提升区位可达性，从而影响乡村聚落的社会经济发展。这是因为乡村聚落所在县域拥有更多的资金来建设区域高速公路、国道、省道等道路，更容易改善区域交通网络，因此乡村聚落更可能位于道路附近。外部交通条件的发展会直接影响乡村聚落的经济繁荣，增加乡村聚落与邻近地级市、县域之间经济关系的紧密性。交通网络连接县域和各个乡村聚落，能够促进城乡之间要素的流通，进而提升乡村聚落的社会经济实力。

表 7-8 外缘系统对社会经济子系统与物质空间子系统的影响

标准化直接效应	乡村聚落外缘系统发展水平	标准化间接效应	乡村聚落外缘系统发展水平
乡村聚落社会经济发展水平	0.459	乡村聚落社会经济发展水平	0.062
聚落形状指数	0	聚落形状指数	0.171
聚落规模	0	聚落规模	0.073

同样，我们的研究发现乡村聚落外缘系统发展水平对乡村聚落的物质空间要素有间接影响，乡村聚落外缘系统发展水平对聚落规模和聚落形状指数的间接效应分别为 0.073 和 0.171。结果表明，较高水平的乡村聚落外缘系统倾向于通过加快乡村聚落的社会经济发展来促进乡村聚落的土地发展变化。城市用地扩张、城乡人口流动、基础设施建设等成为乡村形态演进的新动力因素（孙招谦和周游，2019）。已有研究证明，非农业产业发达的地区会集聚人口，且农户对土地依赖性较低，思想观念比较开放，对建房需求更大，从而导致乡村聚落集聚成规模更大的聚落（Yang et al.，2016）。

7.3.4 区位条件对物质空间子系统与社会经济子系统的影响

区位条件会对乡村聚落内核系统产生影响，乡村聚落到主干道路的距离、到地级市人民政府的距离和到县区级人民政府的距离可以用来表征乡村聚落的区位优势度。SEM 结果也证实了乡村聚落到主干道路的距离、到地级市人民政府的距离和到县区级人民政府的距离对乡村聚落区位优势度有显著的正向表征含义，如表 7-5 所示，三个显变量的因子载荷分别是 0.11、0.848 和 0.433。由于我们对区位优势度显变量指标取了负值，模型结果意味着乡村聚落的区位优势越高，越便于乡村聚落与外界的交流。乡村聚落到主干道路的距离决定了乡村聚落与外缘系统进行沟通、物质交换的能力，对于乡村聚落经济发展和空间演化具有引导作用。离道路平均距离越近，对当地农村发展的积极作用越强，道路邻近性对带动地方经济发展和促进信息技术传播具有明显的积极作用（杨忍等，2016）。结果显示，与到县区级人民政府的距离相比，到地市级人民政府的距离对乡村聚落的区位优势度路径系数更大。这可能是由于广东省城镇化水平高，经济发展水平较高，各级道路交通设施较为完善，由于城市的辐射作用更大，乡村聚落围绕市级中心分布，因此地级市内的公路发展在改善乡村聚落交通可达性方面起着更重要的作用（林金萍等，2020）。

本书证实了乡村聚落的区位条件会影响乡村聚落社会经济发展。根据表 7-9，乡村聚落的区位优势度对乡村聚落社会经济发展水平的直接效应为 0.157。也就是说，乡村聚落的区位优势度越高，乡村聚落社会经济发展水平就会越高。这与传统的区位理论相一致，乡村聚落如果越接近一个地区的区域中心、道路中心和邻里中心，意味着乡村聚落社会经济发展的可能性越高。道路是乡村聚落之间物质和信息转移的主要渠道，同时也连接着乡村聚落与外缘系统之间的沟通，如乡村聚落之间、乡村聚落与城市和县域之间的资金、劳动力、技术和其他要素的流动会增加乡村聚落的自我发展能力。同时，更靠近城市和县域的乡村聚落会有更好的发展机会（姜广辉等，2007），因为靠近行政中心的乡村聚落，其基础设施建设会更加完善，更多的人愿意在这里生活，加快这个地区的经济流通。

另外，区位优势度通过促进乡村聚落的社会经济发展而间接影响乡村聚落物质空间要素的变化，乡村聚落的区位优势度对乡村聚落规模和聚落形状指数的间接效应分别为 0.021 和 0.049。这表明，道路优势更明显的乡村聚落其可达性越高，乡村人口的生产生活便利，经济活动也比较活跃，从而对外交流密切，导致乡村聚落规模较大。研究已表明，地理位置优越的乡村聚落极有可能发展成为城乡过渡性聚落，土地利用类型受到城镇化影响（Li and Liu，2019）。与道路的远近会直接影响乡村聚落的形态，由于缺乏有效的规划和管理，乡村聚落会形成“马路经济效应”，在一定条件下，交通越便利，乡村聚落用地价值越高。但又会导致乡村聚落沿公路扩张，聚落空间形态拉伸，影响土地集约化发展，而远离道路的聚落则会衰退（Chen and Feng，2010；马少春，2013）。

表 7-9　区位条件对社会经济子系统与物质空间子系统的影响

标准化直接效应	区位优势度	标准化间接效应	区位优势度
乡村聚落社会经济发展水平	0.157	乡村聚落社会经济发展水平	−0.008
聚落形状指数	0	聚落形状指数	0.049
聚落规模	0	聚落规模	0.021

通过模型结果，我们可以得到结论：乡村聚落所在区域的交通发展会直接影响乡村聚落的经济繁荣，增加聚落相邻近地区之间经济关系的紧密性。发达的交通运输系统可以促进商品、文化和技术的交流，从而加速经济生产并增加集中人口的比例（Zhou et al.，2013；李玉恒等，2020）。

7.4　基于内外系统协调的乡村聚落规划策略

广东省乡村聚落在空间分布上呈现出明显的集聚特征，且大规模乡村聚落集聚分布特征显著。但就局部而言，广东省乡村聚落分布存在明显的空间差异。粤北乡村聚落分布最稀疏，大部分的乡村聚落零星分散特征明显；粤东和粤西乡村聚落分布最密集，在空间上呈现出以揭阳市和茂名市为核心的两大集聚区，并向外围密度依次降低的阶梯式格局；珠三角平原地区形成了多个次级密度核心地区，该区域聚落总规模和聚落平均规模均为最大。从广东省乡村聚落自然环境和人文环境分析聚落规模，乡村聚落所处区域地势越平坦、社会经济发展水平越高、区位通达度越好，其聚落的平均规模越大，且集中分布于珠三角等经济发展水平高的地区。

乡村聚落系统发展内源性动力来自于乡村聚落物质空间、社会经济子系统的互馈作用，离不开资源环境的本底支撑。乡村聚落内核系统分为物质空间子系统、社会经济子系统和资源环境子系统，而物质空间子系统和社会经济子系统之间存在互馈机制。乡村聚落社会经济发展会促进聚落物质空间要素的演变，对聚落规模、聚落形状指数均为正向促进作用，这种自下而上的社会经济发展驱动力，会导致乡村聚落规模较大。而物质空间反作用于社会经济体现为两方面的差异：一是规模较大的乡村聚落有利于社会经济的发展；二是乡村聚落形状边界的无序化会抑制乡村聚落社会经济的发展。在对乡村聚落系统进行优化时，要注意平衡自下而上的动力和自上而下的管治，既要保持乡村聚落自发的经济活力，又要强化政府对乡村规划建设的引导作用。乡村聚落资源环境子系统用乡村聚落资源环境承载力表征系统发展水平，乡村聚落资源环境承载力对乡村聚落物质空间子系统与社会经济子系统均有影响，资源环境承载力越高，其规模越大、边界形状越规整，社会经济发展水平越高。

乡村聚落系统发展外缘驱动力来自于区域经济发展水平以及区位交通通达度。乡村聚落系统发展仅仅依靠聚落内核经济动力等的促进是远远不够的，来自区域的牵引已成为拉动乡村聚落系统发展的巨大动力。乡村聚落外缘系统对内核的社会经济发展有直接的正向促进作用，对乡村聚落的物质空间要素有间接的正向促进作用。同时，乡村聚落外缘系统通过影响区位条件从而影响乡村聚落的社会经济和物质空间要素。随着乡村聚落外缘系统发展水平的提高，聚落与外部区域进行物质交换、技术交流，促进乡村聚落系统发展能力增强。在对乡村聚落系统优化时，要站在区域发展的角度，强化县域经济对乡村聚落的辐射带动作用，通过强大的产业带动、先进的技术支持、有力的资金支撑来促进乡村聚落的发展。同时，通过不断提升乡村聚落基础设施水平与交通通达性充分挖掘乡村聚落自身优势条件。

通过对广东省乡村聚落系统发展动力机制的分析，可以从乡村聚落系统内生动力及外缘驱动力两方面对乡村聚落系统提出以下政策建议。

一方面，基于乡村聚落系统内源性动力机制，培育乡村聚落自我发展能力。在保持乡村聚落自下而上的经济活力时，强化自上而下的政策管理对乡村聚落的规划引导。

乡村聚落自我发展能力是乡村聚落系统发展的内源性动力，加强聚落自我发展能力是乡村建设的基础。乡村聚落内部经济驱动力的增强会导致乡村聚落规模较大且边界无序化，这种无序会进一步抑制乡村聚落的经济发展。在对乡村聚落进行规划指导时，要保持居民经济建设的活力，同时加强村镇治理体系建设，强化政府对乡村规划的引导作用。在村镇治理体系建设时，引导农民、企业、社会团体积极参与建设规划，建设乡村多元主体管理制度（王国刚和刘彦随，2017）。通过政策保障加强村民自治组织体系建设，提升乡村凝聚力，促进乡村经济活化。通过探索行政体系“自上而下”纵向均等化资源分配与“自下而上”乡村主动发展相结合的乡村建设模式（刘彦随，2020），有序集聚经济和人口，将乡镇企业逐渐向工业园区集中引导，居民点向社区集中，优化聚落内部产业、居民点布局（屠爽爽等，2015）。

另一方面，基于乡村聚落系统外缘驱动机制，从区域角度统筹城乡发展，分类指导乡村聚落系统多样化发展。

珠三角地区在区域工业化和城镇化的强力正向驱动下，乡村聚落系统外缘驱动力与内生动力两者合力推进乡村聚落系统的发展，使得乡村聚落社会经济快速发展，乡村发展水平较高，从而促进了产业集聚、人口居住集中，新聚落规模扩大。然而在区域城镇化进程中，城市用地扩张的同时会合并规模较小的乡村聚落（Ruda，1998），使得留下来的乡村聚落在外缘社会经济驱动下持续扩张，乡村聚落系统处于快速上升发展的最优状态。基于此，位于珠三角地区的乡村聚落，其非农产业较为发达，对外开放程度高，区域经济联动和城乡联系较为密切。适宜采取城镇化引领发展模式，面向国内外市场，鼓励城乡各方主体开展多种形式的联合和合作，实现城乡经济的要素优势互补，不断增强城镇对乡村的带动作用和乡村对城镇的促进作用，形成以要素促进产业融合、以产业融合带动要素流动的互动机制（李裕瑞等，2010；林琳，2018）。在珠三角地区有些乡村聚落规模较大，是因为大面积的就地工业化，在激发乡村聚落内生经济活力时，也要保持乡村聚落的本土文化。

而对于广东省两翼、北部山区而言，由于区域经济发展水平稍微滞后，外缘驱动力较弱，乡村聚落系统发展处于中下水平，系统自身发展能力较弱，工业化、城镇化对乡村地域的辐射带动作用有限（刘彦随等，2019）。对于这些城镇化进程较缓慢的地区，乡村聚落地理位置偏远、聚落规模较小，聚落发展需要依靠外部力量推动（曲衍波，2020）。另外，也要防止在乡村聚落外部城镇化、工业化的刺激下无序扩张，对分散的村庄采取小村并大村的中心村整合模式，实现土地集约利用（陈玉福等，2010）。同时，加强交通基础设施的建设，增强城乡要素、信息的流动，激发乡村聚落的内部活力，并规划引导乡村聚落经济良性发展。

第8章　广东省乡村聚落时空演化机制

本章以中国科学院地理科学与资源研究所、中国科学院资源环境科学与数据中心提供的全国30m×30m遥感影像解译数据中的农村居民点斑块为基本研究单元，并获取1980年、1995年、2005年、2015年四期广东省乡村聚落空间分布数据，以乡村聚落斑块为研究单元，从基期聚落面积、自然因素、可达性和社会经济因素四个方面构建乡村聚落时空演化影响因素指标体系，使用GTWR模型，揭示乡村聚落规模演变动力的时空差异性，总结乡村聚落规模演变的阶段性规律。

8.1　影响因素指标体系构建

本章以乡村聚落斑块作为研究单元，与已有的多基于行政区划范围（李裕瑞等，2010；冯长春等，2012；李红波等，2012；杨忍等，2015a，2015b；师满江等，2016）或网格（郑文升等，2015）划分特定地域作为研究单元开展的研究相比，研究尺度更细，可以更加直观地验证影响乡村聚落空间演变的因素和作用机制，充分体现各乡村聚落的异质性，研究成果可以更加直接地作为乡村聚落规划和空间治理实践的理论指导。

本书中因变量为各期乡村聚落斑块面积变化值。在因变量计算过程中，首先需要实现多期乡村聚落空间分布数据的空间匹配。乡村聚落存在无统一名称、无明确固定边界的特点，难以实现聚落斑块在多期数据中的匹配，是以乡村聚落斑块为研究单元开展乡村聚落空间演化研究的难点之一。本章以“实际建设连接”作为判断乡村聚落边界的方法，遥感解译数据中直接相连的、用地类型为“农村居民点”的像元构成一个独立的“乡村聚落”斑块，得到1980年、1995年、2005年、2015年四期广东省乡村聚落空间分布数据并进行空间叠加，对属于不同时期但在空间上重合或部分重合的乡村聚落斑块，认为是同一个乡村聚落不同的发展阶段，通过寻找不同时期相交聚落斑块的最大边界，构建“乡村聚落研究单元”，并赋予唯一标识符（整型数字），完成多时期乡村聚落的空间匹配，从而确定各乡村聚落斑块随着时间发生的空间演变。基于ArcGIS叠加分析及多次消除处理，结合目视判断，共提取出在研究期内规模发生变化的乡村聚落共4890个作为本章的研究样本，每个研究样本均对应三期（1980～1995年、1995～2005年、2005～2015年）规模变化值。

通过2.2节中对于已有关于乡村聚落空间格局研究成果的梳理，发现地形、水源、耕地等自然要素，到城镇的距离、到道路的距离等区位条件以及政策因素、人口、经济发展水平、产业结构等社会经济因素是影响乡村聚落空间演化的主要因素。综合考虑数据可获取性以及本书研究目标，从基期聚落面积、自然因素、可达性以及社会经济因素四个方面构建乡村聚落时空演化的驱动因素体系，共19个自变量，变量计算方法与所使用的数据如表8-1所示。

表 8-1 乡村聚落时空演化影响因素体系

	指标		计算方法	数据类别
因变量	各乡村聚落面积变化量/m^2		分别计算 1980 ~ 1995 年、1995 ~ 2005 年、2005 ~ 2015 年各乡村聚落面积变化量	土地利用数据
自变量	基期聚落面积/m^2		分别计算 1980 年、1995 年、2005 年聚落面积	土地利用数据
	自然因素	高程/m	运用分区统计工具计算聚落范围内高程平均值	数字高程数据（DEM）
		坡度/(°)	运用分区统计工具计算聚落范围内坡度平均值	数字高程数据（DEM）
		年降水量/mm	运用分区统计工具计算聚落范围内各年降水量平均值	年降水量空间分布数据
		年均气温/℃	运用分区统计工具计算聚落范围内各年气温平均值	年均气温空间分布数据
		到主干河流或海洋的距离/m	基于近邻分析工具计算到最近的海洋或者主干河流的直线距离	河流空间分布矢量数据、海洋空间分布矢量数据
		可耕作耕地面积/m^2	基于乡村聚落（点）进行泰森多边形的分割，运用空间叠加和统计分析计算每个村落的可耕作耕地面积	土地利用数据
		耕地破碎度	基于乡村聚落（点）进行泰森多边形的分割，运用空间叠加和统计分析计算每个村落的可耕作耕地面积和耕地斑块个数，耕地破碎度=耕地面积/耕地斑块个数	土地利用数据
	可达性	到主干道路的距离/m	基于近邻分析工具计算到最近的主干道路的直线距离（包括高速公路、国道、省道、城市快速路、县道）	道路空间分布矢量数据
		区域路网密度/(m/m^2)	基于叠加分析和统计分析计算聚落所在区域范围内各年的路网密度，路网密度=道路总长度/面积（其中道路总长度计算包括高速公路、国道、省道、城市快速路、县道、乡镇公路；为保证区域划分一致性，统一采用 2015 年乡镇级行政区范围）	道路空间分布矢量数据、乡镇级行政区划范围矢量数据
		到火车站的距离/m	基于近邻分析工具计算到最近的火车站的直线距离	火车站点空间分布矢量数据
		到乡镇级人民政府的距离/m	基于近邻分析工具计算到最近乡镇级人民政府的直线距离	乡镇级人民政府所在地空间分布矢量数据
		到县区级人民政府的距离/m	基于近邻分析工具计算到最近县区级人民政府的直线距离	县区级人民政府所在地空间分布矢量数据
		到地级市级人民政府的距离/m	基于近邻分析工具计算到最近地级市级人民政府的直线距离	地市级人民政府所在地空间分布矢量数据
	社会经济因素	所属行政区划类型 1	基于叠加分析得到聚落所属县区级行政区划类型（县级市/县/市区），建立虚拟变量，是否为市区	县区级行政区划范围矢量数据
		所属行政区划类型 2	基于叠加分析得到聚落所属县区级行政区划类型（县级市/县/市区），建立虚拟变量，是否为县	县区级行政区划范围矢量数据
		县域人口密度/(人/km^2)	基于叠加分析得到聚落所属县区级行政区划单元，人口密度=县域人口总数/县域面积	社会经济统计数据
		县域人均 GDP/(元/人)	基于叠加分析得到聚落所属县区级行政区划单元，人均 GDP=国内生产总值/常住人口总量	社会经济统计数据
		县域第一产业占比/%	基于叠加分析得到聚落所属县区级行政区划单元，第一产业占比=第一产业增加值/国内生产总值	社会经济统计数据

自然因素是乡村聚落形成和发展的基础（屠爽爽等，2019），可以分为地形要素、水热条件以及耕地资源禀赋三个部分，用高程和坡度表征乡村聚落所在地地形条件（娄帆等，2017），用到最近主干河流的距离、年降水量、年均气温表征水热条件（郭晓东等，2012a，2012b；陈永林和谢炳庚，2016），用可耕作耕地面积、耕地破碎度表征耕地资源禀赋优劣（潘竟虎等，2011）。可达性表征乡村聚落区位条件，即其与外界进行人员流动、物质交换的能力，是乡村聚落发展的支撑和物质保障（海贝贝等，2013），其中交通可达性用到主干道路的距离、区域路网密度、到火车站的距离表示，同时用到地级市人民政府、县区级人民政府、乡镇级人民政府的距离刻画乡村聚落到各级行政中心的可达性（宋明洁等，2013；杨忍等，2015a，2015b）。社会经济因素表征某个时间段内乡村聚落所在区域的经济发展基础、社会保障条件，是乡村聚落发展的动力和保障，在聚落空间演变中发挥着引领和主导作用（屠爽爽等，2019）。用乡村聚落所在县域人口密度、人均 GDP、第一产业占比刻画区域社会经济发展状态，其中人口密度是乡村聚落扩张的内在动力，建设的本质目的是满足居住需求，同时区域人口密度也表征了人口吸附能力和人口流入的潜力，成为乡村聚落扩张的外在动力（杨勇等，2019）；经济发展水平是乡村聚落发展的物质保障和外部动力（袁洁等，2008；冯长春等，2012）；产业结构决定乡村聚落的生产方

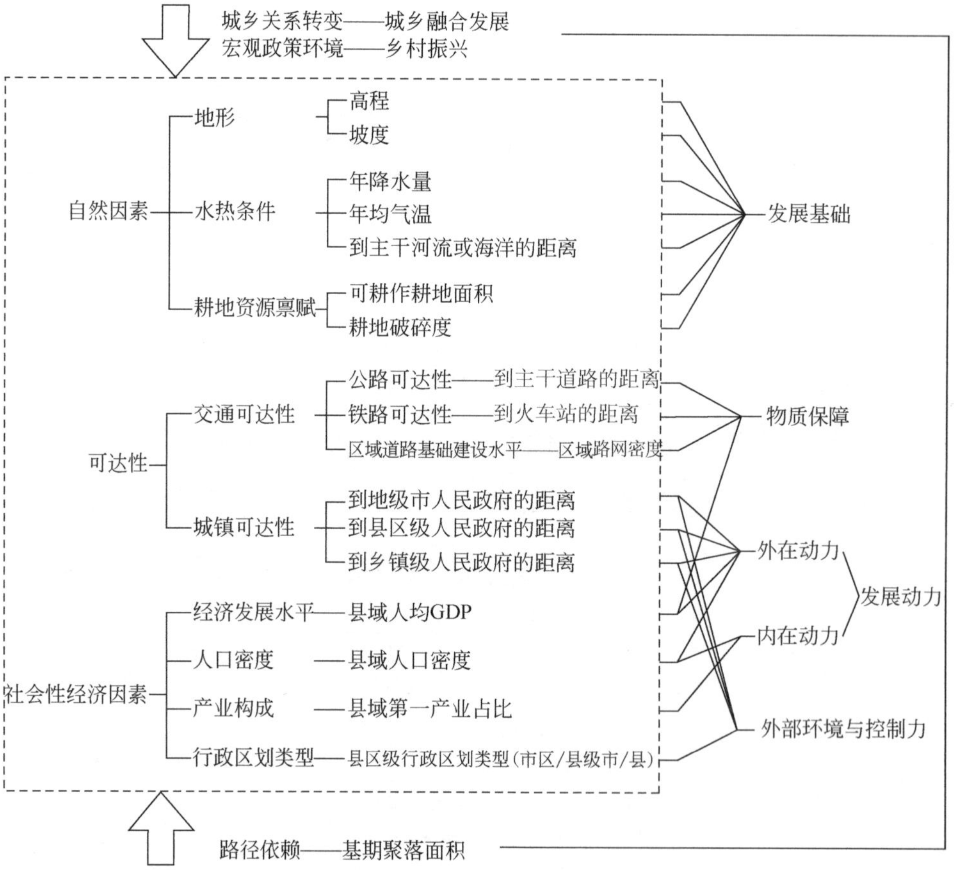

图 8-1　乡村聚落时空演化影响因素分析

式，成为塑造乡村聚落空间分布态势的内在动力（郭晓东等，2012a，2012b；董光龙等，2019）。引入乡村聚落所在县区级行政区划类型虚拟变量以探究不同的行政管理模式对乡村聚落发展的影响，行政区划类型以及各级行政中心的辐射影响同时也表征了乡村聚落发展的外部环境和控制力（海贝贝等，2013）。除此之外，乡村聚落时空演化存在路径依赖，即基期的乡村聚落面积可能会影响其扩张或收缩的态势，而宏观政策环境以及城乡关系的转变也会直接或间接地作用于乡村聚落发展（图 8-1）。

为消除量纲影响，使得各变量参数估计结果可比，以便于提取各时期不同区域影响乡村聚落空间扩张的主导因素，对面板数据进行 Z 标准化，其表达式见式（7-1）。

8.2　面板数据回归分析

本书以定量方法探究广东省乡村聚落时空演化的影响因素，以不同时间段内乡村聚落规模变化为因变量，以三期截面数据构成面板数据。为了探究研究期内各因素对乡村聚落时空演化影响的总体特征，本节采用面板数据回归模型进行分析。

通过时间序列和截面数据的混合，面板数据能够提供更加丰富的信息，提高模型自由度，减小共线性对模型结果的影响，提高估计效率。同时，面板数据回归通过对重复截面数据的研究，能够反映出纯粹使用截面数据或时间序列数据无法呈现的影响机制，适用于动态变化的研究。本书对所有样本具有相同的观测次数，即面板数据为平衡面板，且截面样本个数远大于时期数，为典型的短面板数据。

本书采用的面板数据回归模型为混合最小二乘模型，不区分每个观测对象在不同时间的观测值之间的差别，其表达式为

$$C_{it}=\beta_0+\beta_1 x_{1it}+\beta_2 x_{2it}+\beta_3 x_{3it}+u_{it} \tag{8-1}$$

式中，C_{it}为观测值；β_0 为回归常数；β_k 为第 k 个变量的回归系数；x_{kit}为 t 期自变量 x_k 在 i 点的值；u_{it}为随机误差项。

不考虑个体固定效应或随机效应，本书的样本为乡村聚落斑块，其内部特异性体现在区域差异而不是个体差异，故本书将在第 6 章的基础上进一步采用 GTWR 方法探讨广东省乡村聚落空间演化影响机制的时空异质性。本研究面板数据回归通过 Stata 平台实现，对模型进行拟合优度（R^2）检验、模型总体显著性检验（F 检验）、回归系数显著性检验（t 检验）、变量多重共线性检验。

面板数据回归结果如表 8-2 所示，模型整体拟合优度（R^2）为 0.18，在 0.0001 的置信水平下通过 F 检验，说明模型有效。运用方差膨胀因子（VIF）进行多重共线性检验，一般认为 VIF>10，则变量具有高度共线性（Kleinbaum et al.，1998）。本书所有变量 VIF 均在 3.5 以下，平均 VIF（Mean VIF）为 1.82，变量多重共线性很弱，不会影响模型结果的估计。

表 8-2　面板数据回归结果

变量	字段名称	系数	标准化系数	P 值	标准差	VIF
常数	Constant	256 608.3		0.223	210 518.9	
基期聚落面积	Area	−0.374	−0.402	0	0.040	1.02

续表

变量		字段名称	系数	标准化系数	P值	标准差	VIF
自然因素	高程	Altitude	−403.402	−0.023	0.001	123.077	2.55
	坡度	Slope	−4 068.871	−0.011	0.007	1 505.094	1.41
	年降水量	Preci	−31.155	−0.005	0.373	34.972	1.27
	年均气温	Temp	7 313.999	0.006	0.347	7 773.509	1.97
	到主干河流或海洋的距离	Dis_RS	−1.958	−0.012	0.021	0.846	1.16
	可耕作耕地面积	Area_farm	0.026	0.061	0	0.007	1.52
	耕地破碎度	CI_farm	0.013	0.011	0.423	0.016	1.54
可达性	到主干道路的距离	Dis_road	−25.497	−0.026	0	4.864	1.12
	区域路网密度	Den_road	−122.084	−0.071	0	25.881	2.54
	到火车站的距离	Dis_train	0.288	0.008	0.357	0.313	1.65
	到地级市级人民政府的距离	Dis_city	−0.934	−0.021	0.004	0.325	2.11
	到县区级人民政府的距离	Dis_county	3.022	0.026	0.002	0.959	1.30
	到乡镇级人民政府的距离	Dis_town	−5.816	−0.016	0.010	2.258	1.11
社会经济因素	所属行政区划类型虚拟变量1是否属市区	Admin1	−101 507.9	−0.091	0.001	30 470.4	2.49
	所属行政区划类型虚拟变量2是否属于县	Admin3	66 604.07	0.060	0	18 821.19	2.11
	县域人口密度	Den_pop	26.568	0.021	0	7.039	1.45
	县域人均GDP	Per_gdp	−1.240	−0.034	0.014	0.506	2.87
	县域第一产业占比	Pro_1st	−351 378.2	−0.061	0	60 401.84	3.34
		R^2	0.18				
		F（sig.）	0				
		Mean VIF	1.82				

（1）基期聚落面积对乡村聚落时空演化具有显著影响

基于面板数据回归结果，基期聚落面积与因变量乡村聚落面积变化量呈显著负相关，即总体来看，规模越大的乡村聚落其建设用地扩张越小。同时通过标准化回归系数对比来看，基期聚落面积是乡村聚落规模变化最主要的影响因素。

（2）地形条件、水热条件、耕地资源对乡村聚落时空演化具有显著影响

自然因素对聚落的影响是长期作用的结果，是一个相对稳定、漫长的演变过程。一方面体现在由于自然本底较差，不适宜开展农业生产或人类居住活动而带来的限制性作用；另一方面体现在区域内存在明显差异，通过长时间作用于乡村聚落空间格局的形成和发展，从而形成乡村聚落空间格局的差异性表现。自然因素进一步分为地形因素、水热条件、耕地资源禀赋三部分。

通过面板数据回归发现，地形因素即高程、坡度与乡村聚落规模扩张具有显著负相关，即高程越高、坡度越陡乡村聚落规模扩张越小。

用年降水量、年均气温以及到主干河流或海洋的距离来刻画乡村聚落所在区域水热条件。水资源充足是乡村聚落形成和发展的基础条件之一，到主干河流或海洋的距离与乡村聚落规模扩张呈现显著负相关，即距离主干河流或海洋越近，乡村聚落规模扩张越明显。年均气温与年降水量对乡村聚落规模变化的影响并不显著，广东省纬度低，大部分属于亚热带季风气候，雷州半岛属于热带季风气候，年均气温普遍较高，且降水充足，属于湿润地区，适宜生产生活需要，气温和降水条件对乡村聚落发展不存在限制性作用，且广东省内部差异较小，对聚落规模发展异质性的影响不显著。此外，降水与气温条件对乡村聚落的影响更多体现在长期作用下对聚落空间分布格局的塑造，乡村聚落偏向于分布在气温与降水条件最适宜的地区，而乡村聚落一旦形成，则该地区的气温、降水条件适宜生产生活需求，此后对于乡村聚落的发展、规模变化没有明显影响。

可耕作耕地面积与乡村聚落扩张呈显著正相关，即可耕作耕地面积越大，聚落扩张越大。此外，已有研究认为耕地斑块较大，村民经营耕地地块间的距离较远，会降低耕作半径，从而引导村庄趋向分散，依耕地而建设新的村落适宜耕作需要，进而导致已有的乡村聚落规模扩张较小（唐丽静等，2014）。但在本书中，耕地破碎度对乡村聚落规模变化的影响并不显著，耕地的空间分布具有长时间的稳定性，其对于乡村聚落发展的影响体现在由于耕地的形态、农作物类型等影响耕作半径进而作用于乡村聚落的空间分布，形成乡村聚落与耕地资源相匹配的空间分布格局，这是一个长时间作用的结果，而此种平衡状态一旦形成，并不会因此对乡村聚落规模的扩张或收缩带来显著影响。

（3）公路交通可达性、城市可达性对乡村聚落时空演化具有显著影响

可达性可以进一步分为交通便捷度以及城市可达性两部分。长期以来，交通便捷始终是村民选址的重要依据，需要满足村民对工作、求学、探亲、购物、游憩等个人工作、生活中的对外联系需求，也要满足村庄与外界进行商品交换、从事经济活动的对外联系需求，降低物流成本。交通便捷既会提高乡村聚落的宜居程度，同时也会促进经济繁荣发展，从而实现人口集聚，乡村聚落规模扩张。本书用到主干道路的距离、到火车站的距离、区域路网密度三个指标刻画乡村聚落的交通便捷度，分别用来诊断公路、铁路的便捷程度以及乡村聚落所在区域道路基础设施建设水平对乡村聚落规模变化的影响。模型结果显示，到主干道路的距离、区域路网密度与乡村聚落规模变化呈显著负相关。到火车站的距离对乡村聚落规模变化的影响并不显著，说明广东省乡村聚落发展过程中主要依赖公路交通，而铁路给乡村聚落发展带来的利好并不显著。这是因为铁路建设密度较低，且从线路及站点的分布来看，铁路的建设仍然以服务城镇为主，其辐射范围有限，而乡村聚落分布分散，很难被铁路服务区覆盖，村民乘坐火车必然需要通过公路才能接驳，并不适应于村民的日常出行需求。

城与乡是不可割裂的整体，城市的辐射作用是乡村聚落空间格局变化的主要原因之一。按照我国的行政体系设置，分别探究地市级行政中心、县区级行政中心、乡镇级行政中心对乡村聚落规模演化的影响。从模型结果来看，到地级市、县区、乡镇三级政府的距离对乡村聚落规模扩张均具有显著影响，但三者影响效果有明显差异，到地级市人民政府、乡镇级人民政府距离越近乡村聚落规模增长越显著，而到县区级人民政府的距离越近乡村聚落规模增长幅度越小。

(4) 行政区划类型、产业结构、人口及经济发展水平对乡村聚落时空演化具有显著影响

本书采用所属县区级行政区划类型、县域产业结构、人口以及经济发展水平来刻画乡村聚落所在区域的社会经济特征，探究其对乡村聚落规模变化的影响。

依据我国国情，政府力量是引导和调控乡村聚落发展的主要因素之一。行政区划是国家管理和统治的一种手段，不同的行政区划类型对应不同的管理模式、不同的发展路径，对其内部聚落的发展会带来不同的影响。县区级是我国中层行政区划，也是分异最为显著的一层，分为地级市市辖区、县级市、县（自治县）、旗（自治旗）、特区、林区多种类型。基于广东省行政区划现状以及不同行政区划类型的差异，可以将县区级行政区划分为市辖区、县级市、县三类。

从模型结果来看，乡村聚落属于市辖区的虚拟变量与因变量呈显著的负向影响，而乡村聚落属于县的虚拟变量与因变量呈显著正相关，即与对照组（所在行政区划类型为县级市）相比，地级市市辖区内的乡村聚落规模扩张较小甚至是缩小态势，而县域内的乡村聚落规模扩张较大。行政区划类型为县最有利于乡村聚落的规模扩张，其次为县级市，市辖区对乡村聚落规模扩张的限制作用最为明显。

此外，模型证明县域的人口密度以及社会经济发展水平对乡村聚落规模演化具有显著影响，人口密度越高乡村聚落规模扩张越显著，而人均 GDP 越高乡村聚落规模扩张幅度越小。产业结构也是影响乡村聚落发展的主要原因之一，从模型结果来看，第一产业占比与乡村聚落规模变化呈显著负相关，即第一产业占比越高乡村聚落规模扩张越小。

面板数据回归结果显示，基期聚落面积对广东省乡村聚落时空演化具有显著影响。自然因素中高程、坡度、到主干河流或海洋的距离、可耕作耕地面积对乡村聚落规模变化有显著影响，且其显示出的总体影响特征与已有研究基本保持一致，即海拔越低、地势越平缓、到主干河流或海洋的距离越近、可耕作耕地面积越大乡村聚落规模扩张越显著；但年降水量、年均气温以及耕地破碎度对广东省乡村聚落规模变化的影响不显著。可达性中到主干道路的距离、区域路网密度均对广东省乡村聚落时空演化具有显著影响，到火车站的距离影响不显著，说明广东省乡村聚落发展过程中主要依赖公路交通，而铁路给乡村聚落发展带来的利好并不显著；其中较为特殊的是区域路网密度与乡村聚落规模变化呈显著负相关，即区域路网密度越高，乡村聚落规模扩张越小，这与已有实证研究结果有差异，需要在 8.4 节的研究中对其影响机制进一步探究；此外，到各级人民政府的距离对乡村聚落规模变化均具有显著影响，但三者影响效果有明显差异，到地级市人民政府、乡镇级人民政府的距离越近，乡村聚落规模增长越显著，而到县区级人民政府的距离越近，乡村聚落规模增长幅度越小。社会经济因素中所属行政区划类型、县域人口密度、县域人均 GDP、县域第一产业占比均为对广东省乡村聚落规模演化有显著影响的因素，所属行政区划类型对乡村聚落扩张的影响机制在已有实证研究中探讨较少，面板数据回归结果显示，广东省内行政区划类型为县最有利于乡村聚落规模扩张，其次为县级市，地级市市辖区对乡村聚落规模扩张的限制作用最为明显；此外模型结果显示，经济发展水平对乡村聚落规模扩张有显著负向影响，这与已有实证研究结论有差异，需要在8.4节的研究中对其影响机制进行进一步探究。

8.3 广东省乡村聚落时空演化影响机制的时空异质性

通过上述研究发现，广东省内自然条件、社会经济条件具有显著时空差异，会对乡村聚落规模演化造成差异化的影响。8.2节已经通过面板数据回归找到了对于广东省乡村聚落时空演化具有显著影响的因素，在此基础上，本节进一步采用GTWR模型以定量探究这些影响因素对于乡村聚落规模变化影响的时空异质性，提炼乡村聚落时空演化影响机制的阶段性特征。在掌握乡村聚落空间演化影响机制时空异质性的基础上，有助于基于乡村聚落所处于的不同发展阶段和发展趋势给予针对性的干预与引导，分类推进乡村聚落发展，提高政策和管理有效性。

地理关系的研究需要同时考虑时间与空间异质性，对于空间异质性的表达已经较为成熟，其中GWR模型为最经典、最常用的方法（Brunsdon et al.，1998），而时间作为地理过程的固有维度，如何将其与空间联系起来，同时刻画时间与空间的异质性是近年来国内外学者们探索的焦点（Wu et al.，2014；Fotheringham et al.，2015；Du et al.，2018）。其中，2010年黄波教授提出了GTWR模型，将时间非平稳性纳入了原有GWR模型的改进中（Huang et al.，2010）。

时空核函数的构建是GTWR的关键，黄波等从理论上证明了GTWR模型的时空核函数等于空间核函数与时间核函数的乘积，并基于加拿大卡尔加里的房屋特征价格数据，实证了GTWR显著优于普通多元线性回归以及GWR（Huang et al.，2010；Wang et al.，2012；Wu et al.，2014；Chu et al.，2015）。GTWR成为地理学关系中同时考虑时间非平稳性与空间非平稳性关系的主要建模方法，获得了广泛的应用。王海军等（2018）耦合了重心转移模型以及GTWR模型，构建了重心-GTWR模型，对京津冀地区城镇扩展进行城镇用地扩张强度、城镇用地扩张差异、分形维数、土地城镇化率等多个维度的驱动力分析。周禹佳等（2019）将GTWR模型应用于交通需求预测。李恩康等（2019）基于2005～2016年中国317个市域单元的货物出口格局演化数据，运用GTWR探讨财政投入、工业水平、通信技术对于地区货物出口的影响。从已有实证研究来看，GTWR对涉及回归系数时空非平稳性的复杂地理学问题的解释效果优于普通多元线性回归或GWR。

本书涉及1980～2015年广东省乡村聚落时空演化规律，时间跨度长，空间跨度广。通过对广东省自然本底及社会经济发展状况的分析发现，从空间上来看，广东省内部地形条件复杂多样、社会经济发展水平差距大，导致乡村聚落发展路径、现状发展水平存在显著差异，不同区位、不同自然条件以及社会经济条件下，乡村聚落的空间演变机理各不相同，且不同影响因素相互作用，带来乡村聚落空间演变影响机制的空间非平稳性；从时间上来看，1980～2015 年广东省社会经济发展状况、城镇化发展水平、城乡关系发生了巨大变化，不同时期、不同背景下乡村聚落空间演化内在机理可能存在显著差异，即广东省乡村聚落空间演变影响机制存在明显的时间非平稳性。因此本书引入 GTWR 模型，以期深入探究乡村聚落时空演化影响机制的时空异质性这一复杂地理命题，有关 GTWR 的方法介绍请参见 3.3 节。

构建模型时，GTWR 模型因变量设置与面板数据回归保持一致，以面板数据回归中发现的对于乡村聚落规模变化具有显著影响的因素作为 GTWR 模型的自变量，自变量与因变量计算方法、标准化处理方法与面板数据回归相同。

本书 GTWR 模型基于香港中文大学黄波教授等制作的时空地理加权回归 ArcGIS 10.2 插件完成（杨毅，2016；吴森森，2018）。GTWR 模型 R^2 为 0.4，远超面板数据回归结果，说明 GTWR 可以更好地揭示广东省乡村聚落时空演变的影响机制。依据自变量设计框架，分为基期聚落面积、自然因素、可达性以及社会经济因素四个部分，分别对 GTWR 结果进行分析，揭示各变量对乡村聚落规模演化影响机制的时空分异特征。

8.3.1 基期聚落面积影响机制的时空异质性

基期聚落面积对广东省乡村聚落演变的影响系数如图 8-2 所示，经历了“从正到负”的转变，1980～1995 年以“正向相关”为主，基期聚落规模越大，扩张越明显；与之相反，2005～2015 年呈现出“负向相关”为主，基期聚落规模越小，扩张越明显；而 1995～2005 年则两种情况并存。这种时间上的演变趋势显示出基期聚落面积对乡村聚落规模演化的影响效果可能呈现一个“倒 U 形”的关系，即广东省乡村聚落的发展历程可以分为“大规模乡村聚落扩张—小规模乡村聚落成长同时大规模乡村聚落城镇化”两个发展阶段。

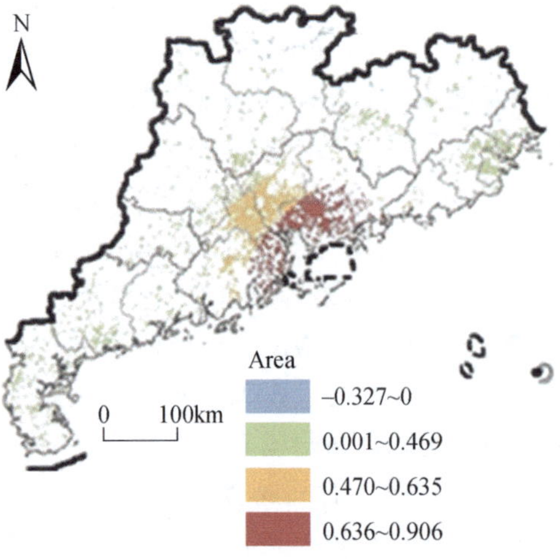

(a) 1980~1995年

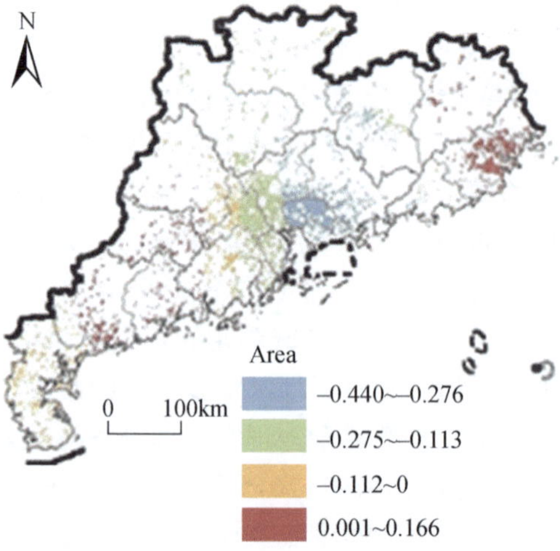

(b) 1995~2005年

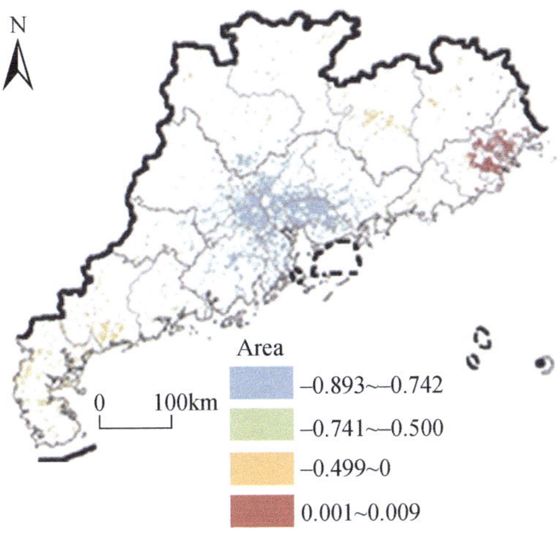

(c) 2005~2015年

图 8-2 基期聚落面积影响系数时空分异

改革开放初期，为港澳外商直接投资引导下的大规模乡村聚落扩张阶段。1980～1995年为乡村聚落总规模增长阶段，规模较大的乡村聚落更容易发生扩张。根据图 8-2（a），基期聚落面积对聚落扩张的正向效应在珠三角南部靠近港澳的地区表现最为显著，并以此为中心向外影响效果逐渐减弱，这种空间分布格局与外商投资在空间上呈现出的“港澳导向效应”完全吻合。20 世纪 80 年代以来，世界经济、政治、文化等各方面开始迈向全球化（Castells，2008），中国自 1978 年改革开放后，成功吸引大量外资，而随后 1979 年国家批准设立深圳、珠海经济特区，使得珠三角成为中国引进外资最早、数量最多和最成功的地区，其中港澳地区是外商投资主要来源，导致外商投资在空间上呈现明显的“港澳导向效应”，环珠江口沿岸的市、县、村镇，即最靠近港澳的、水陆交通便捷的一个狭窄的“倒 U 形”地带便成为“外向型企业”投资的首选地。这个地带也是珠三角的核心地区，1993 年的统计数据显示，这一地区虽然只占珠三角土地面积的 27.5%，却集中了珠三角 53.6% 的人口和 76.8% 的 GDP。1980 年，这一地区实际利用外资占整个珠三角的 96.3%，到 1993 年仍占有 82.8% 的绝对比例。根据香港工业总会的调查，在珠三角投资的香港企业家中 96.7% 的人把地理邻近作为其投资的决定性因素。邻近港澳的地理位置之所以重要，主要是因为珠三角外资偏向出口型加工工业的投入。因此它们必须考虑与香港在港口运输、技术与管理方面的密切配合，在空间上会形成一定的“距离衰减”效应（薛凤旋和杨春，1997）。该时期，本身规模较大的乡村聚落因其具备充足的劳动力及土地供给充足，利于开展工业生产，成为港澳外资进入内地投资办厂的首选。而建设厂房等举措会使得建设用地增加，同时通过吸引一批外来务工人员，增加居住需求，导致乡村聚落的进一步扩张，这种效应在靠近港澳的地区最为显著。

以珠三角地区为首，广东省逐渐步入大规模乡村聚落城镇化同时伴随着小规模乡村聚落成长的阶段。随着珠三角地区乡村聚落发展率先达到饱和，在城镇化背景下，人口集聚规模较大的乡村聚落率先发生城镇化。1995～2005 年，乡村聚落城镇化表现最为突出的为珠江口东岸的深莞惠三地，其次为珠江口西岸的广州、佛山、中山、珠海及粤西地区的湛江，珠三角的中山、肇庆以及粤北的清远、韶关、河源再次之，这与统计得到的该时期内乡村聚落城镇化的“幅度”相一致。而2005～2015年是广东省乡村聚落总规模大幅度减小的阶段，从基期聚落面积影响系数的空间分布来看，除粤东的汕头、潮州、揭阳区域外，其他地域均呈现负相关，即原始聚落规模越大，乡村聚落扩张越小，且以珠三角地区的表现最为显著，呈现出“中心-外围”的空间格局。而粤东的汕头、潮州、揭阳区域始终显示出基期聚落面积与乡村规模变化的正相关关系，还没有步入大规模乡村聚落城镇化发展阶段。

2005～2015年回归结果显示，广东省大部分区域已经步入乡村聚落城镇化发展阶段，即总体来看乡村聚落的发展已经达到顶峰，此时较大规模的乡村聚落比较容易发生城镇化。而与此同时，据土地利用数据统计分析，2005～2015年仍有1787个乡村规模发生了规模扩张，珠三角、粤西、粤北、粤东地区均有分布，其中有1460个乡村聚落原始面积在0.5km^2之下，0.5～2km^2为258个，2km^2以上为69个，即在大规模乡村聚落发生城镇化的同时，也伴随着小规模乡村聚落的成长。

8.3.2 自然因素影响机制的时空异质性

（1）地形因素影响

图8-3的（a1）、（b1）、（c1）展示了高程对乡村聚落规模变化影响系数的时空分布，（a2）、（b2）、（c2）展示了坡度对乡村聚落规模变化影响系数的时空分布。总体来看，验证了面板数据回归的结果，高程、坡度与乡村聚落规模扩张呈显著负相关，即高程越高、坡度越陡，乡村聚落规模增长越小。

总体来看，地形对于乡村聚落规模扩张具有限制作用。海拔过高、坡度较大的山地不适宜开展生产、生活活动，同时也会在空间上限制乡村聚落的扩张，难以形成大规模居民点；另外，乡村聚落建设所使用的工程技术较为落后，这也决定了乡村聚落建设对于地形的依赖程度较高。此外，海拔高、坡度陡的丘陵或山地地貌会缩短居民的耕作半径，迫使乡村聚落依耕地分散分布，限制乡村聚落大规模扩张。

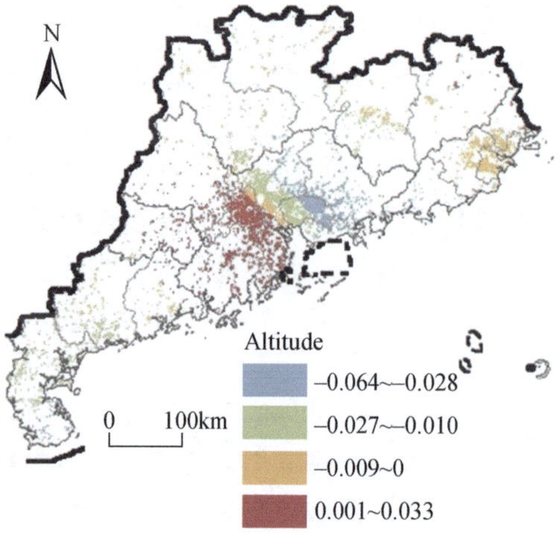

(a1)1980~1995年高程

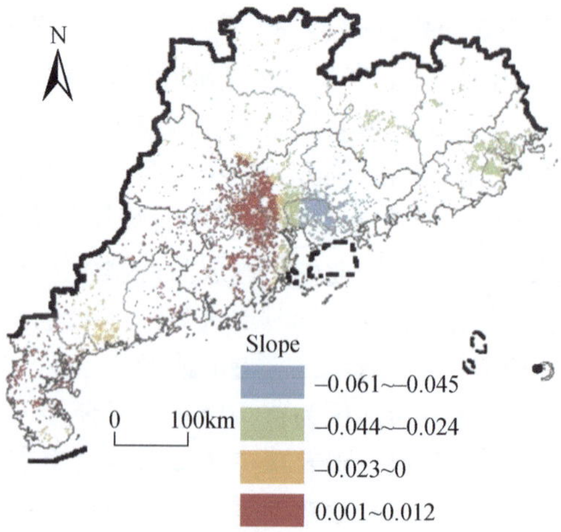

(a2)1980~1995年坡度

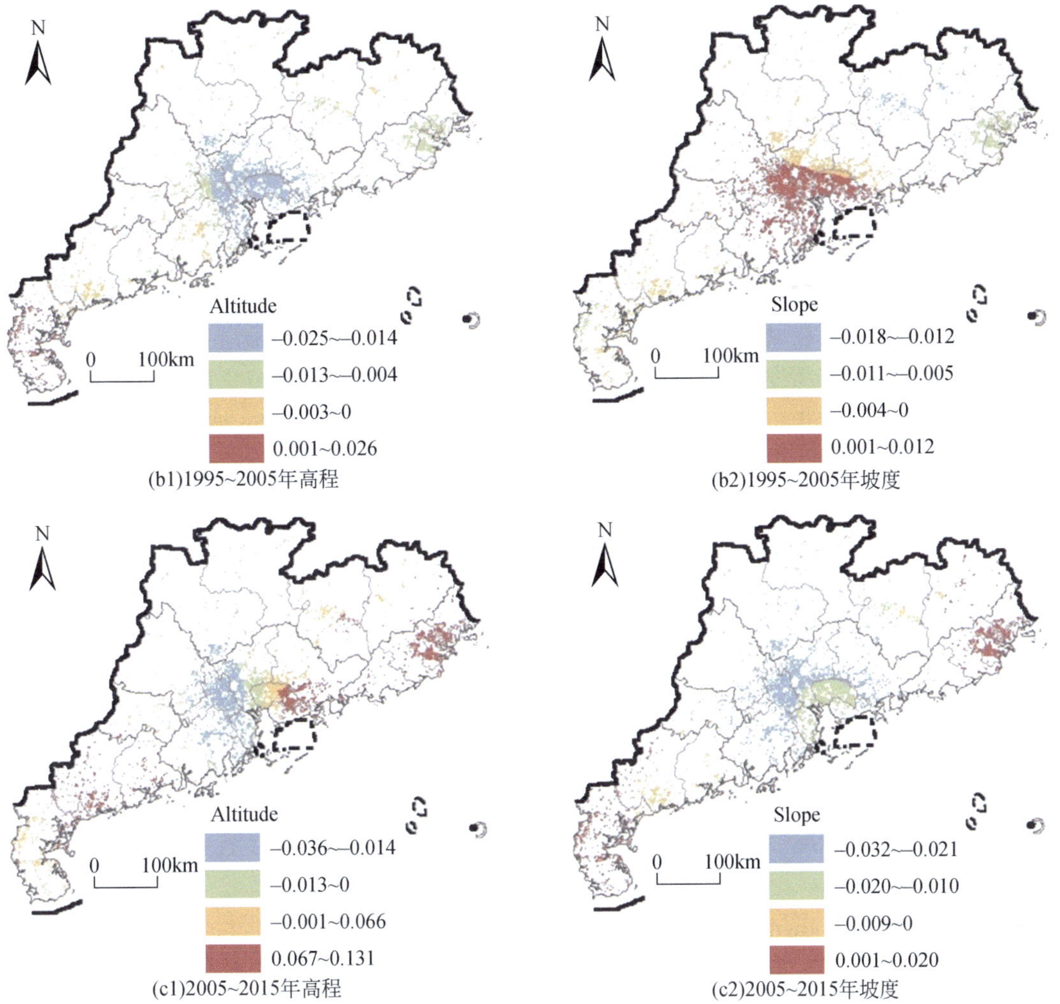

(b1)1995~2005年高程　(b2)1995~2005年坡度

(c1)2005~2015年高程　(c2)2005~2015年坡度

图 8-3　地形因素影响系数时空分异

为了更加深入地刻画地形条件对于乡村聚落形成和发展的影响，以 2015 年为例，通过分组统计观察不同高程以及坡度范围内乡村聚落分布变化，探究地形因素对乡村聚落空间格局的影响。结合自然断点法以及人为判断，将广东省高程分为≤50m、50 ~ 150m、150 ~ 300m、>300m 四个高程带，将坡度分为≤5°、5° ~ 10°、10° ~ 15°、>15°四个坡度范围，分别统计不同高程范围及坡度范围内乡村聚落的个数及面积。广东省乡村聚落分布有明显的低海拔集聚特征，随着高程增加，乡村聚落逐渐减少。超过 75% 的乡村聚落分布在≤50m 高程范围内，超过 95% 的乡村聚落分布在高程 150m 以下，分布在海拔 300m 以上地域的乡村聚落占比不到 1%，说明高程对乡村聚落的分布具有显著的限制作用。坡度同样呈现明显的偏峰分布，随着坡度升高乡村聚落的个数、面积逐渐减少。坡度小于 10°的地区是广东省乡村聚落分布的主导地域，超过 90% 的乡村聚落分布在此坡度范围内，地势过于陡峭对于乡村聚落分布具有显著的限制作用，坡度超过 15°地域内乡村聚落面积占比不足 1%。

在乡村聚落快速城镇化带来城乡空间格局剧烈变化的背景下，地形对乡村聚落发展的限制作用逐渐减弱，甚至出现地形条件越好越容易发生城镇化带来乡村聚落规模减小的影响效果。通过 GTWR 分析可以发现，高程与坡度对乡村聚落影响均存在局部正相关，即海拔越高、坡度越陡乡村聚落规模扩张越显著，主要体现在早期的珠三角地区、后期的粤东潮汕平原地区以及粤西雷州半岛地区，这与三个地区开始出现乡村城镇化的时期相吻合。

乡村城镇化对于珠三角地区乡村聚落规模的影响显著。1980～1995 年、1995～2005 年，出现了大面积的高程、坡度与乡村聚落规模变化呈正相关，说明地形因素在珠三角地区早期的乡村聚落城镇化过程中发挥了显著作用。改革开放以来，珠三角地区城镇建设用地持续快速扩张，而在城镇化早期，城市会选择高程、坡度最低的地域进行建设，这些区域内的乡村聚落更容易发生城镇化（卜心国等，2008）。而随着城镇化加深，城市逐渐扩张，后备土地资源紧张，建设范围开始向丘陵、低山等具有较高高程、坡度的地方扩张，并且随着工程建设技术的发展，高程、坡度对城市建设的影响缩小，地形因素不再是影响乡村城镇化的主导因素，因此到 2005～2015 年，乡村与城市空间分布达到相对平衡，地形对乡村聚落的影响不再是利于乡村城镇化，而是地形条件优越利于乡村聚落本身的规模扩张。

而在另外两个乡村聚落集聚区——粤西湛江-茂名平原（台地）以及粤东潮汕平原，地形因素对乡村聚落的影响呈现出“先负后正”的演变趋势，即早期地形条件优越更利于乡村聚落规模扩张，而后期呈现出地形条件优越对乡村聚落规模扩张的抑制效果。基于对粤东、粤西地区乡村聚落规模变化模式的统计分析可知，1980～1995 年，两地乡村城镇化规模极小，地形对乡村聚落的影响体现在方便生产生活，利于乡村聚落扩张等方面，而 1995 年后，随着两地乡村聚落城镇化进程加速，地形条件优越区域率先发生城镇化，乡村聚落规模减小，呈现出与改革开放初期珠三角地区相同的影响特征。

从珠三角与粤西、粤东地区的对比来看，地形对于乡村聚落规模变化的影响可能存在明显的阶段性差异。在早期没有发生乡村城镇化阶段，地形通过影响生产生活的便利性以及限制建设用地空间扩张，高程较低、坡度较和缓的区域乡村聚落规模扩张显著；乡村城镇化早期，地形较为优越的地区乡村聚落更容易发生城镇化带来乡村聚落规模下降；乡村城镇化后期，城市为了获取更多发展空间，开始向海拔较高、坡度较高的地区扩张，且随着工程技术发展，地形不再是城市建设的限制因素，地形较为优越的乡村聚落不再是城镇化的主要对象，因此地形对乡村聚落的影响回归到最初通过影响生产生活便利性的方式限制乡村聚落的扩张。

（2）水源影响

根据面板数据回归结果，到主干河流或海洋的距离与聚落规模变化呈显著负相关，即到主干河流或海洋的距离越近，乡村聚落扩张越显著。GTWR 结果与面板数据回归结果基本保持一致，但在 1980～1995 年的珠三角地区以及 1995～2005 年、2005～2015 年的粤东潮汕平原地区出现相反特征（图 8-4）。

总体来看，邻近河流与海洋对乡村聚落规模扩张具有促进作用。水资源不仅是生活资源也是生产资源，居民日常生活饮食、农业灌溉、交通运输均对水资源有强依赖性，特别是广东省作为邻海省份，水网密集，围绕水网形成冲积平原，形成了典型的农业流域文明，距离主干河流、海洋近的村庄不仅生活便利、方便利用水资源开展农业、渔业等生产

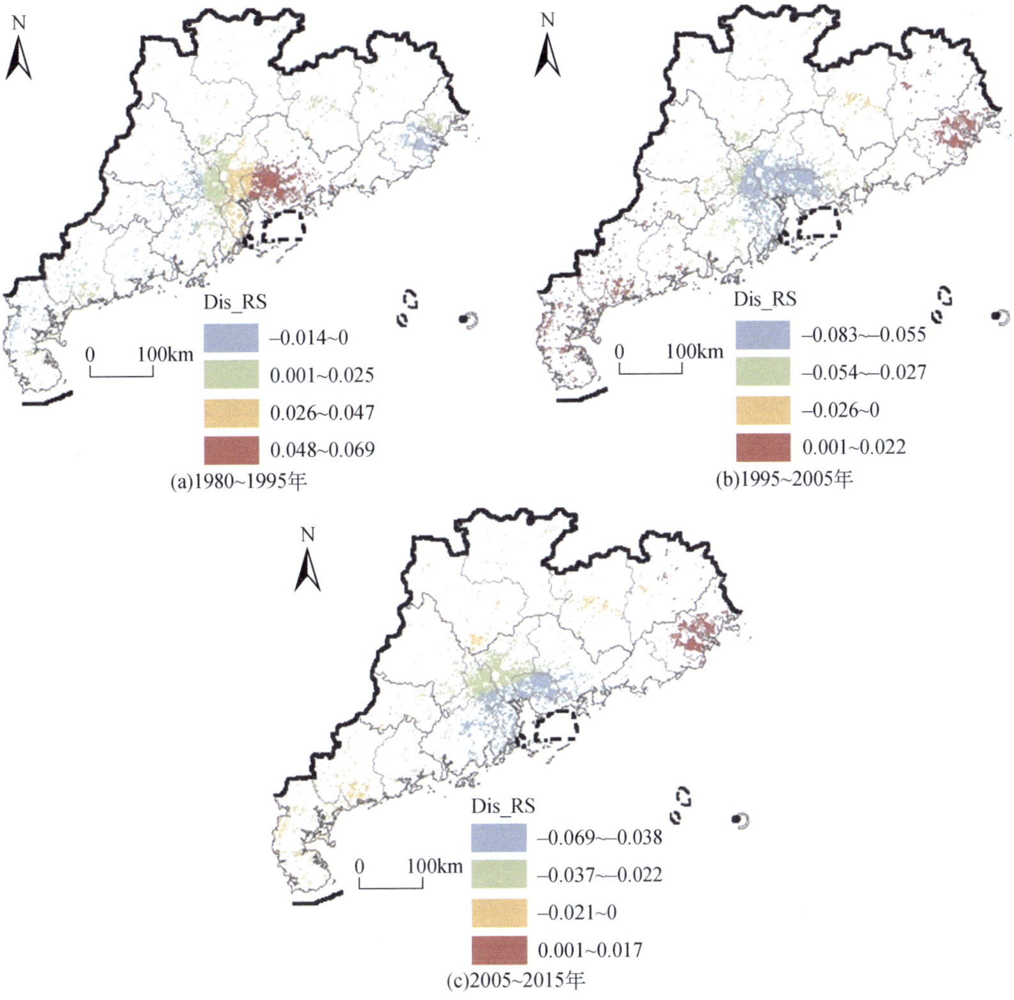

图 8-4 到主干河流或海洋的距离影响系数时空分异

活动，同时也大大加强了对外交通运输能力，提高了区域可达性，利于其他生产活动开展，从而吸引人口集聚，壮大乡村聚落（潘竟虎等，2011；屠爽爽等，2019）。

为了更加深入地刻画水源对于乡村聚落形成和发展的影响，以 2015 年为例，以广东省 1∶100 万主干河流矢量数据为基础，基于 ArcGIS 平台近邻分析工具，分别计算主干河流及海洋不同距离缓冲区范围内乡村聚落的分布状况。结合自然断点法以及人为判断，将到主干河流或海洋的距离分为≤3km、3～8km、8～15km、>15km 四个近邻区间，分别统计不同近邻区间内乡村聚落的个数和面积，广东省乡村聚落空间分布呈现出随着到主干河流或海洋的距离增加而逐渐减少的态势。主干河流或海洋 3km 缓冲区范围内，分布着约 45% 的乡村聚落，3～8km 范围内分布着超过 30% 的乡村聚落，仅有不到 5% 的乡村聚落到主干河流或海洋的距离超过 15km，说明广东省乡村聚落空间分布具备明显的亲水性，水源是影响广东省乡村聚落空间格局的主导因素之一。

乡村聚落城镇化初期，邻近河流或海洋引导乡村聚落城镇化带来乡村聚落规模下降。

从 GTWR 结果来看，在早期的珠三角地区以及后期的粤东潮汕平原地区出现了与面板数据回归显示出的总体影响效果相反的情况，即到主干河流或海洋的距离越近，乡村聚落规模扩张越小。1980～1995 年，珠三角地区乡村聚落的大规模扩张主要来自于乡村工业化的发展，且主要是由于港澳外商投资带动的乡村工业化，外资选择投资建厂主要考虑土地及交通运输成本，由于二者在当时的珠三角基本均质化，加上华侨与内地的亲情关系，外企投资广泛分布于珠三角地区，乡镇企业在空间上呈现出“村村点火、户户冒烟”的分散式发展格局（宁越敏，1998；魏成和赖寿华，2006），邻近河流或海洋，生产生活便利带来的对于乡村聚落规模扩张的促进作用被削弱甚至掩盖。与此同时，宽松的投资政策有利于吸引外资在珠三角地区扩展产品市场、开展城市建设，迎来经济的快速发展。该时期是珠三角地区乡村聚落大规模扩张的阶段，同时也是城市大规模建设、城市空间格局初步形成的阶段，由于该时期为外资引导下的外向型城镇化，邻海或邻近主干河流地区成为首先发生城镇化的地区，从而抑制了乡村聚落的扩张，甚至发生乡村聚落的城镇化带来规模下降的现象。经过土地利用数据的叠加分析发现，图 8-4（a）显示出 1980～1995 年到主干河流越近乡村聚落规模扩张越小的地区，同时也是乡村聚落城镇化发生的主要地区，这也印证了邻近河流或海洋引导乡村聚落发生城镇化带来乡村聚落规模下降这一猜测。

粤东潮汕平原在 1995 年之后邻近主干河流或海洋对于乡村聚落空间扩张出现抑制作用，这与粤东地区发生乡村聚落城镇化的时间相一致，同时也是潮汕平原地区工业全面赶超农业占领经济主体地位的时期（卓晓岚，2015）。虽然潮汕地区的城镇化机制与 20 世纪 80 年代珠三角地区外商直接投资导致的乡村城镇化有所差别，但邻近海洋带来了对外沟通联系的便利，同样使得邻海、邻河区域首先发生乡村城镇化，导致乡村聚落规模下降。

乡村聚落城镇化后期，水源分布对乡村聚落规模演化的影响再次转变为邻近河流或海洋带来的促进作用，但这种影响效果在道路等基础设施普惠的影响下趋弱。1995～2005 年与 2005～2015 年，珠三角地区再次显示出到主干河流或海洋的距离越近，乡村聚落规模扩张越显著的影响特征，但就两期影响系数对比可以发现，到主干河流或海洋的距离对乡村聚落规模变化的影响明显减弱。21 世纪我国加入世界贸易组织之后，原有的外商直接投资给珠三角地区城镇空间演变带来的驱动作用开始弱化；相反，政府通过对于机场、港口、铁路等交通设施以及以重大项目为依托的重点发展区域进行集约化的基础设施投资，引导各项生产要素在空间上的重新分配，成为城镇空间演变新的动力来源（许学强和李郇，2009），到主干河流或海洋的距离对乡村城镇化的影响减弱。而此时，城市主体建设完成，城市与乡村形成相对平衡稳定的空间格局，对于仍然存在的城中村、城郊村、城边村或原始村落来说，到主干河流或海洋的距离越近，农业灌溉、生活用水、对外交通越便捷，驱动乡村聚落规模扩张。

（3）耕地资源禀赋

耕地资源禀赋始终是乡村聚落形成和发展的重要基础。GTWR 结果与面板数据回归具有良好一致性，可耕作耕地面积对乡村聚落扩张具有显著正向影响，即可耕作耕地面积越大，乡村聚落扩张越大。对于传统乡村聚落，农业生产是其最主要的生产方式，耕地资源丰富是村庄繁荣、壮大的决定性因素，即使在当今乡村生产方式趋向多样化的情况下，耕地资源对乡村聚落的作用仍然十分显著（图 8-5）。

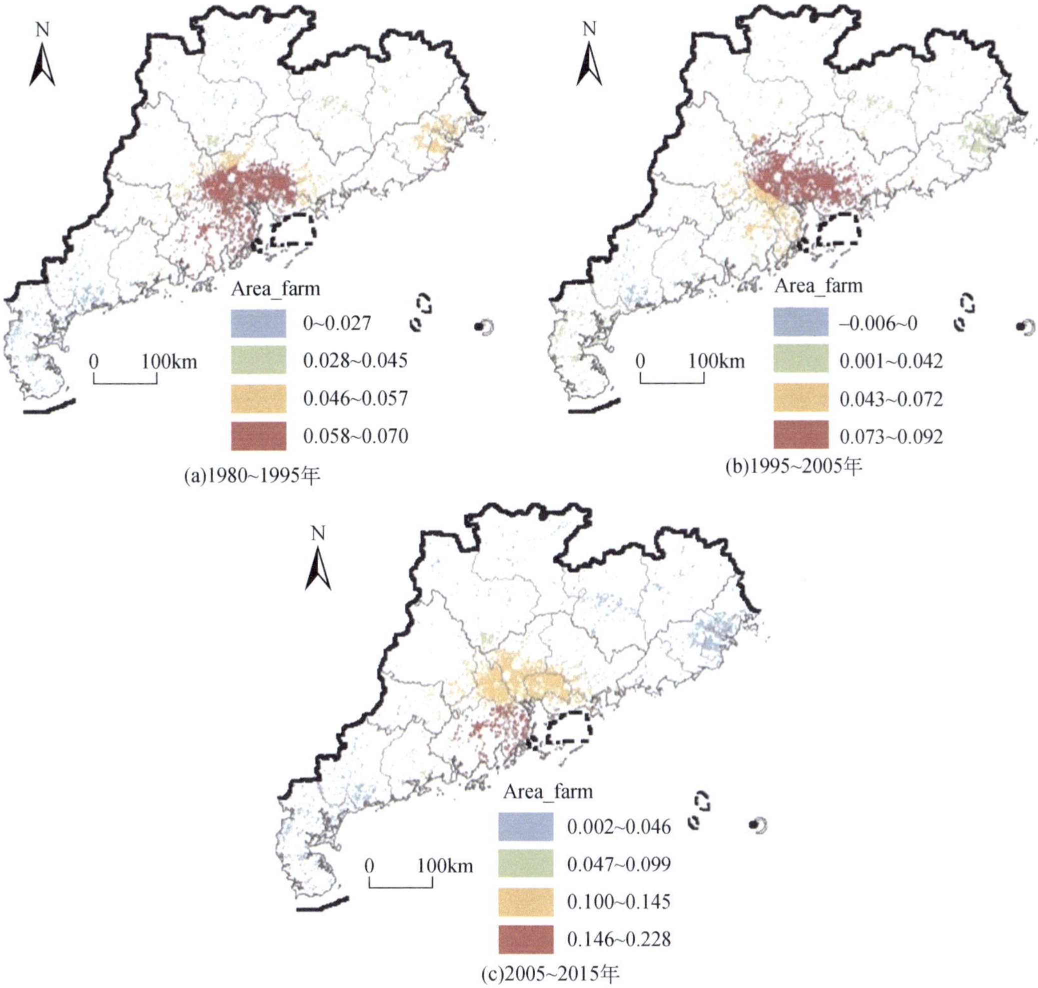

图 8-5　可耕作耕地面积影响系数时空分异

耕地资源禀赋对乡村聚落规模扩张的影响逐渐增强。GTWR 结果反映出耕地资源的影响随着时间逐渐增强；而在空间上，珠三角地区乡村聚落规模演化受耕地资源的影响最为显著。对传统村落来说，农业是最主要的生产方式，耕地是最重要的生产资源，因此在 1980 ~ 1995 年乡村聚落快速扩张的阶段，耕地资源越充足，村庄可以养活的人口越多，就会吸引越多的人口集聚，从而实现规模扩张；此外，村庄周边的耕地往往是村庄建设用地扩张的主要来源，对于以农业生产为主的村落来说，在耕地资源紧张的情况下，村民侵占耕地以扩大村落的可能性更小。而在 1995 ~ 2015 年乡村聚落城镇化过程中，耕地资源越丰富乡村聚落扩张越大，一方面是与 1980 ~ 1995 年相同，对传统乡村聚落来说，耕地是主要的生产资源和生存空间，保障聚落的扩张；另一方面在城镇化的背景下，聚落周边耕地面积越少，说明该聚落对农业生产的依赖性越小，其内部生产方式、居民收入来源趋向多元化，从城市与乡村的差异性特征来说，生产方式不再以第一产业为主，大部分居民不再从事农业生产，聚落“乡村性”弱，更容易发生城镇化，从而带来乡村聚落规模的减小。而城镇化最为剧烈、开始最早的即为珠三角地区，这也是珠三角地区可耕作耕地面积对乡村聚落规模影响最为显著的原因。

8.3.3 可达性影响机制的时空异质性

（1）交通可达性

到主干道路的距离对乡村聚落发展的引导作用逐渐增强。图 8-6 展示了到主干道路的距离对乡村聚落规模演化影响系数的时空分布，可以发现 GTWR 结果与面板数据回归结果具有良好一致性，即到主干道路的距离越近，乡村聚落规模扩张越明显。1995～2005 年出现了局部的异常，显示出正向影响。到主干道路的距离决定了乡村居民点与外界沟通、进行人员流通、物质交换的可能性，对于乡村聚落的形成和发展具有引导作用，特别是广东省农业商品化①、

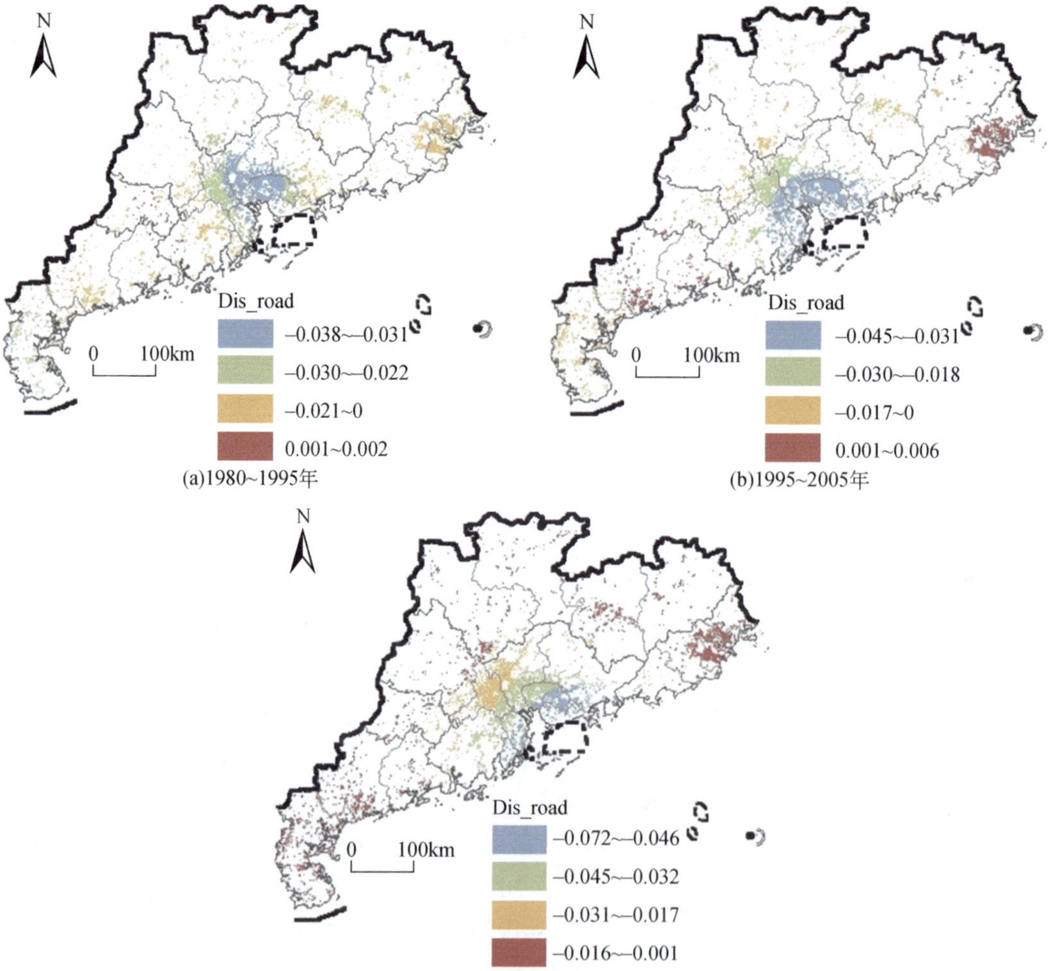

图 8-6 到主干道路的距离影响系数时空分异

① 1978～1990 年，广东省农业商品率从 43.7% 提高到 67%，其中珠三角提高到 80% 以上（许学强和李郇，2009）。

乡村工业化[①]显著的情况下，交通可达性对于乡村聚落的发展具有决定性作用（阎小培和刘筱，1998；许学强和李郇，2009）。到主干道路的影响效果在空间上呈现出以珠三角为中心向外递减的分布态势，即随着社会经济发展水平的升高，乡村聚落发展对交通可达性的依赖性越来越强。同时，随着时间发展，主干道路可达性对乡村聚落扩张的影响逐渐加强。

区域路网密度对乡村聚落规模演化的影响呈现出“促进乡村聚落扩张—引导乡村聚落城镇化”的“倒 U 形”趋势。图 8-7 展示了乡村聚落所在的区域路网密度对乡村聚落规模变化影响的时空分布，1980 ~ 1995 年以正向影响为主，而 1995 ~ 2005 年、2005 ~ 2015 年以负向影响为主，这种影响系数随时间的转变显示出区域路网密度对乡村聚落规模变化的影响呈现出“倒 U 形”的趋势，正向表现为区域路网密度提高，区域可达性提高，促进乡村聚落的扩张，但是当交通基础设施建设发展到一定阶段，已经可以满足乡村聚落扩张需求，此后区域路网密度提高的主要影响体现在引导乡村聚落发生城镇化。

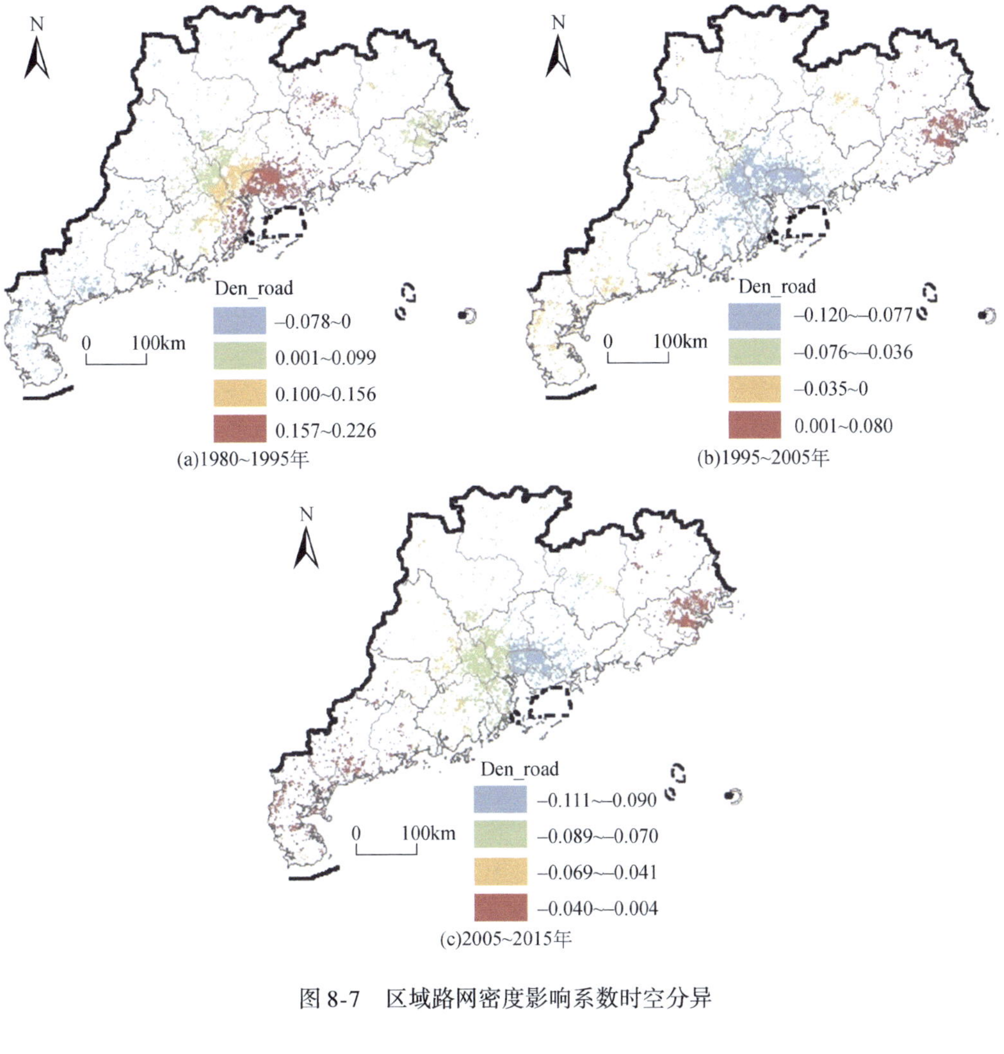

图 8-7　区域路网密度影响系数时空分异

① 1994 年，珠三角乡村地区工业化水平已经达到了 50%（阎小培和刘筱，1998）。

粤西大部分区域路网密度始终为负向影响，即区域路网密度建设早已满足乡村建设的需求，其影响差异主要体现在：路网密度高的地域乡村聚落城镇化更明显，但该地域城镇化进程慢、幅度小，因此虽然较早呈现负向影响，但影响较小。珠三角地区 1980 ~ 1995 年路网密度呈现正向影响，即改革开放初期珠三角地区的公路基础设施建设还没有完全满足该区域乡村聚落的发展需求，路网密度越高，可达性越高，村民生产、生活、对外联系更加便利，乡村聚落扩张越明显；而 1995 年之后珠三角地区路网密度与乡村聚落规模变化开始呈现负相关，此时路网建设密度已经满足了乡村聚落发展的需要，开始转入城市道路建设标准，引导乡村聚落发生城镇化；而粤东潮汕平原地区路网密度建设进入城镇化引导时间更晚，2005 ~ 2015 年开始呈现负向影响。

总体来看，2015 年广东省道路基础设施建设已经全面达到了乡村聚落扩张、发展对于路网密度的需求，广东省继续完善道路基础建设的主要作用为满足城镇化需求。

（2）各级政府可达性

图 8-8 中展示了 GTWR 得到的到最近的地市级人民政府、县区级人民政府、乡镇级人民政府的距离对乡村聚落空间扩张影响的时空分异。总体来看，GTWR 的结果与面板数据回归具有良好的一致性，到地级市人民政府、乡镇级人民政府的距离越近，乡村聚落扩张越明显，到县区级人民政府的距离越近，乡村聚落扩张越小。

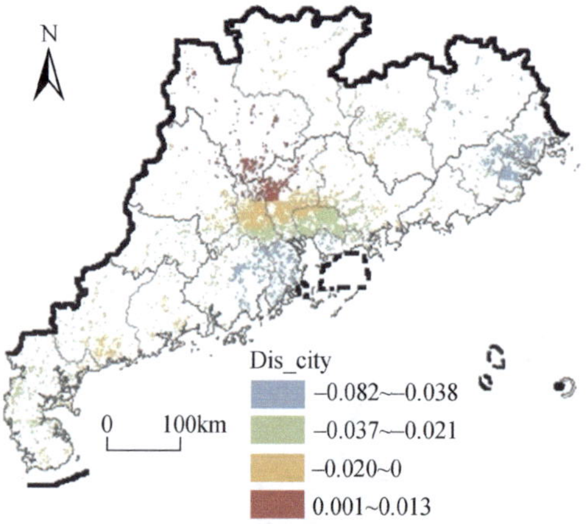

(a1)1980~1995年

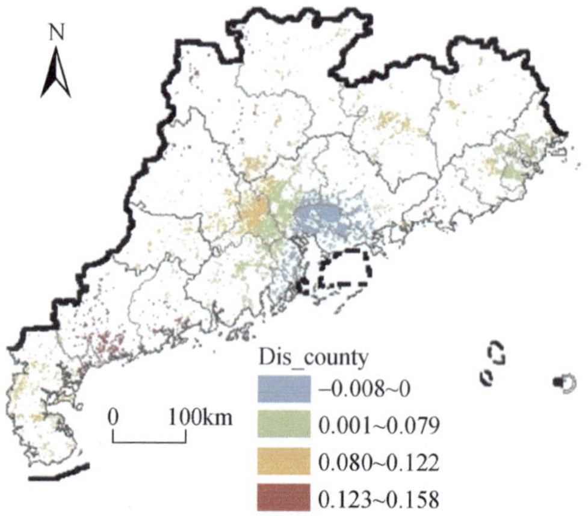

(a2)1980~1995年

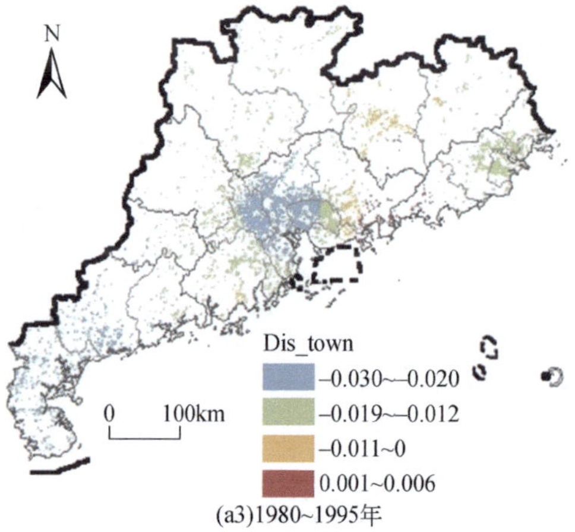

(a3)1980~1995年

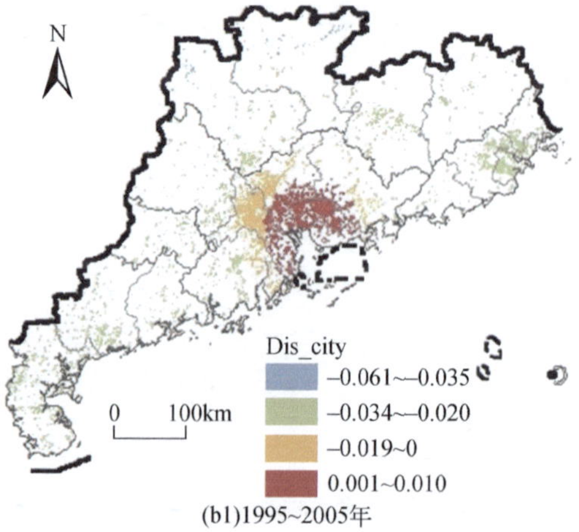

(b1)1995~2005年

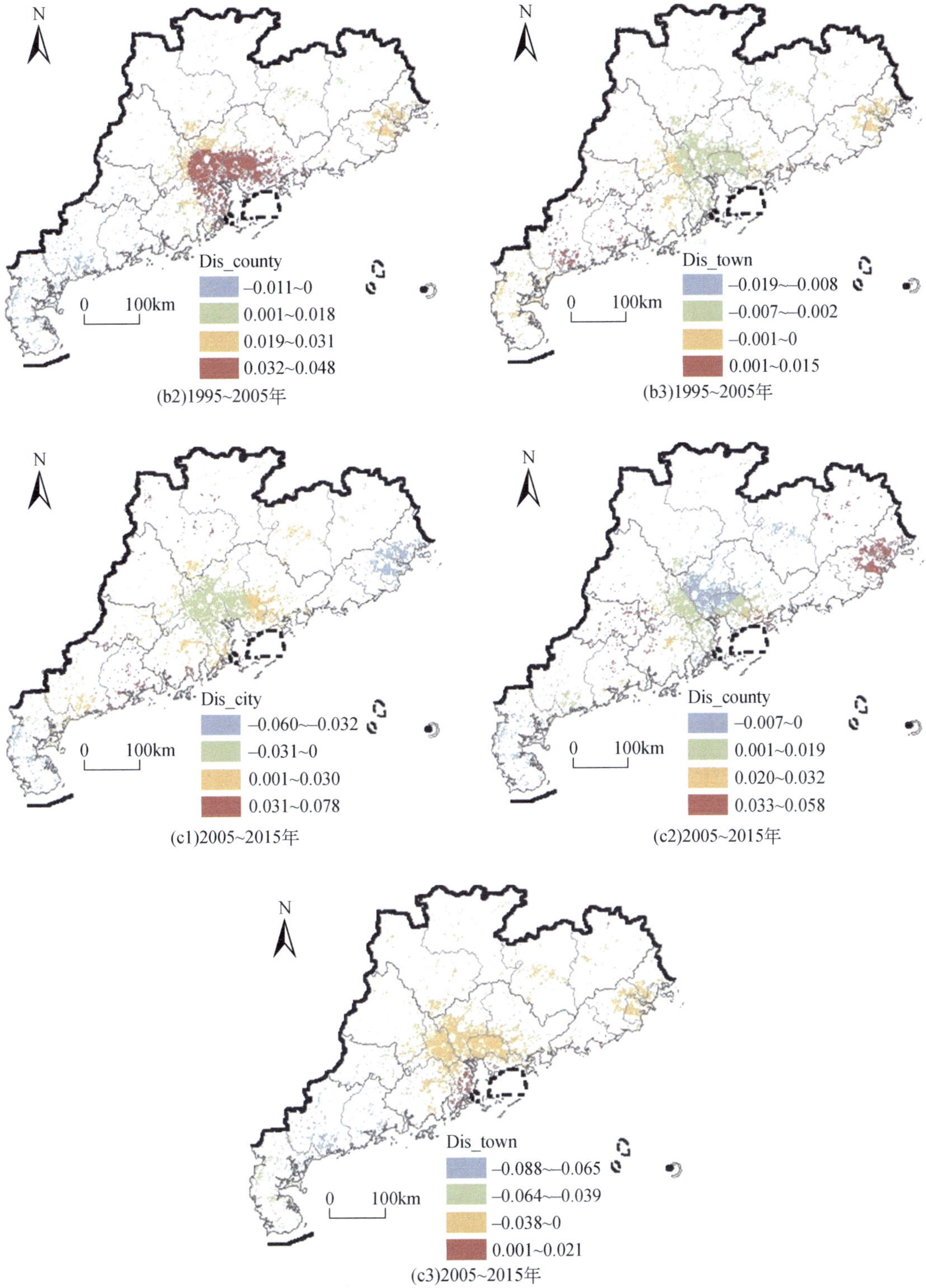

图 8-8　各级政府可达性影响系数时空分异

城市对乡村聚落面积扩张的影响可以分为“带动”和“限制”两个方面，总体来看，地级市人民政府、乡镇级人民政府的作用表现为“带动>限制”，而县区级人民政府的作用表现为“带动<限制”。城市是各类要素资源以及社会经济活动的集中地，对乡村地域的社会经济发展具有辐射带动作用，在城市的带动作用下，乡村聚落具备“自上而下”的发展、扩张的动力和需求，理论上讲，带动效果的排名应为“地级市人民政府>县区级人民政府>乡镇级人民政府”。与此同时，为了实现土地的集约节约利用，为城市发展提供更加充足的空间，城市会对乡村聚落的空间扩张进行限制，甚至将距离城市较近的乡村聚落融入城市中，引导乡村聚落发生城镇化，理论上来讲，这种对乡村聚落规模扩张的“抑制”效果越明显，这种“自上而下”的土地利用扩张限制效果排序同样为“地级市人民政府>县区级人民政府>乡镇级人民政府”。根据面板数据回归以及 GTWR 结果，地级市人民政府、乡镇级人民政府对于乡村聚落发展的作用均为“带动>限制”，而县区级人民政府的作用表现为“带动<限制”。其中珠三角地区到地市级人民政府的距离、到县区级人民政府的距离影响在全省中表现最为显著，而到乡镇级人民政府的距离影响并没有形成珠三角地区影响最为显著的分布特征，可以认为乡镇级政府的影响在空间上的表现较为平均。

县区级人民政府是引导珠三角地区乡村聚落城镇化的主导力量。珠三角地区各级行政中心的影响符合总体规律，通过统计数据可知，1980～2015 年，珠三角地区发生了大规模“自下而上”的乡村城镇化，且结合改革开放初期，大规模外商直接投资引导乡村工业化带来珠江口沿岸乡村用地剧烈减少并向广东省其他地方逐渐扩展的发展背景，以及珠三角乡村城镇化空间分布图，可以发现，县区级人民政府影响最为显著的地区，正是珠三角乡村城镇化最剧烈区域，结合主导行政中心类型分析结果可以判断，县区级人民政府是引导珠三角地区乡村城镇化的主要动力。

粤西地区乡村聚落规模变化主要受地市级、乡镇级人民政府影响，县区级人民政府影响较弱。1980～1995 年以及 2005～2015 年，粤西雷州半岛区域到地市级人民政府、乡镇级人民政府的距离对乡村聚落规模演化具有负向影响，到县区级人民政府的距离表现为正向影响，而通过空间分析可以知道该区域到 2015 年还没有发生明显的乡村城镇化，因此县区级人民政府对乡村聚落的影响体现在对其无序扩张的限制上。而 1995～2005 年，三级行政中心的影响均表现为负，即靠近任何一级行政中心均会给乡村聚落带来扩张动力，且其中表现最为显著的为乡镇级人民政府。通过主导行政中心类型分析，对于粤西地区乡村聚落空间演化影响较为显著的是地级市人民政府以及乡镇级人民政府，县区级人民政府作用力较弱。

乡镇级人民政府及县区级人民政府共同作用于粤东地区乡村聚落城镇化。粤东潮汕平原地区基本始终符合总体规律，比较特殊的是 1995～2005 年，到乡镇级人民政府的距离与乡村聚落规模变化呈正相关，即靠近乡镇级人民政府给乡村聚落规模扩张带来了抑制作用，而恰好该时期为粤东地区乡村聚落城镇化最为显著的时期，可以认为，1995～2005 年，乡镇级人民政府在引导粤东地区乡村城镇化过程中有显著影响，但其影响作用较县区级人民政府弱。

分别提取三个时期内不同地域对乡村聚落影响最为显著的行政中心类型如图 8-9 所示，从全域来看，县区级人民政府的影响在逐渐减弱，地市级人民政府、乡镇级人民政府的影响逐渐凸显，珠三角地区影响乡村聚落空间演变的主导行政中心从县区级人民政府转向地市级人民政府。

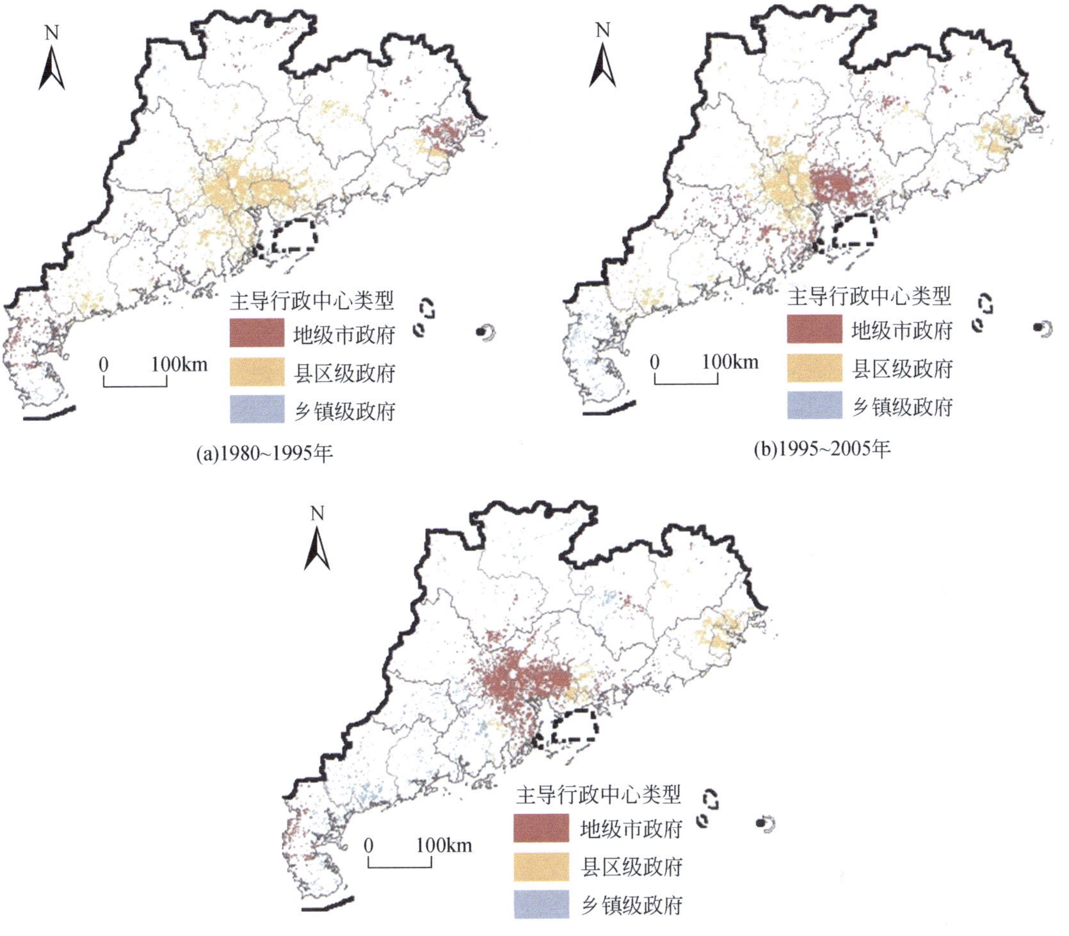

(a)1980~1995年

(b)1995~2005年

(c)2005~2015年

图 8-9　1980～2015 年主导行政中心类型空间分布

在珠三角地区，乡镇级人民政府影响始终非常薄弱。早期县区级人民政府带动乡村聚落城镇化作用显著。20 世纪 80 年代之后，中央政府将自筹资金、投资决策权等部分经济决策权逐步下放，以发挥地方政府发展当地经济的积极性，基层政府将资金投入到开发区或者基础设建设上，通过基础设施建设创造良好投资环境来吸引国内外资金（宁越敏，1998）。这一时期内，珠三角地区城镇化为外资带动的外向型城镇化，与其他发展中国家吸引外资的“大城市倾向”或集中在主要经济核心不同，珠三角地区外资利用呈现出小城市和县的倾向①（Fuchs and Pernia，1987）。外资在珠三角投资办厂主要是小规模、劳动密

① 1980～1993 年，小城市和县累计实际利用外资达 69.7 亿美元，占整个珠三角地区的 34.7%。小城市和县实际利用外资的增长速度最快，1980～1993 年年递增率 45.1%；大城市深圳和中等城市（包括珠海、佛山、江门、惠州、肇庆）实际利用外资的年递增率则分别为 35.8% 和 35.6%。小城市和县实际利用外资占珠三角地区的份额由 1980 年的 23.6% 上升到 1993 年的 46.5%，而特大城市广州的份额则由 28.1% 下降到 13.2%。同期大城市和中等城市的份额略微下降，分别由 26.3% 下降到 22.3% 和由 22.0% 下降到 18.1%。

集型的制造业，不符合中心城市吸引外资的政策，而与之相比，县可以为之提供更低廉的土地、充足的劳动力以及灵活的优惠措施，且为了提高经济发展水平，小城市和县的工业化以市场为导向，倾向于选择具有出口市场或销售渠道及适应市场需求、可在短期内产出的产品，同时在环保、投资金额、签约条件等方面不如中心城市严格，因此珠三角地区的小城市和县成为20世纪80年代香港地区、台湾地区和其他新型工业化地区外迁的最佳迁移地点之一，而靠近县级行政中心地区基础设施建设更加完善，投资环境优越，成为珠三角地区乡村聚落发生“自下而上”的外向型城镇化的主要区域（薛凤旋和杨春，1997）。后期，珠三角城镇化的外部环境在全球化、市场化推进过程中发生了显著变化，劳动力成本上升、土地资源紧张、人民币升值，乡村工业的生存空间被极大压缩。与此同时，珠三角城镇化转向政府主导下以城市扩张为主的全面集中型城镇化阶段，区域一体化程度加强，中心城市成为区域空间体系的主导因素，通过整合外围地区形成新的城市功能实体，同时也成为影响乡村聚落空间演化的主要因素（肖红娟，2013）。

8.3.4 社会经济因素影响机制的时空异质性

（1）行政区划类型

市辖区对乡村聚落规模扩张的限制作用趋弱甚至转变为带动作用。图8-10（a1）、（b1）、（c1）展示了行政区划类型为市辖区对乡村聚落规模影响系数的时空分布，总体来看，市辖区与乡村聚落规模扩张呈负相关，与面板数据回归结果相吻合，但是2005～2015年，市辖区对乡村聚落规模扩张转变为正相关，即与县级市相比，市辖区更利于珠三角地区乡村聚落规模扩张。市辖区政府作为地级市政府的派出机构，其职能以城市建设、城市管理为重心，重视工业以及职工的发展，且市辖区为典型的城市发展区域，会限制内部乡村聚落的扩张，且在“城市”地域范围内，乡村聚落更容易发生城镇化而带来乡村聚落规模的减小。从空间上来看，市辖区对乡村聚落规模扩张的限制表现最为显著的是珠三角地区。但总体来看，这种由“城市”带来的对于乡村聚落扩张的抑制效果在逐渐减弱，甚至有转变成正向影响的趋势。这是因为“城市”在给乡村聚落带来抑制、调控的同时，也会带来由于中心城市先进的经济发展、完备的基础设施建设带动乡村聚落发展。例如，以“城中村”“城边村”为代表的市辖区内的乡村聚落在珠三角地区内大量存在，由于珠三角地区城市群建设，经济飞速发展，带来珠三角地区各市土地、房屋价值大幅度上升，村民希望通过规模扩张、房屋建设实现资产增值。由此带来的“自下而上”的乡村聚落规模扩长动力是县级市不具备的，因此2005～2015年，珠三角地区市辖区对乡村聚落扩张的带动作用超过了县级市，回归系数转变为“正”。

行政区划类型为县最利于乡村聚落规模扩张，但其正向带动作用趋弱。图8-10（a2）、（b2）、（c2）展示了行政区划类型为县对乡村聚落规模影响的时空分布，行政区划类型为县的虚拟变量与乡村聚落规模变化总体呈显著正相关，与面板数据回归结果一致。在我国，县是以农业发展为主的行政单元，其职能侧重于农业、农民和农村的发展，政府工作的重心在于如何提高农业、农村发展水平，与县级市、市辖区相比更利于农村、农业的发展。从时间维度上看，所属为县的影响系数逐年下降，即相比于县级市，县给乡村聚落发

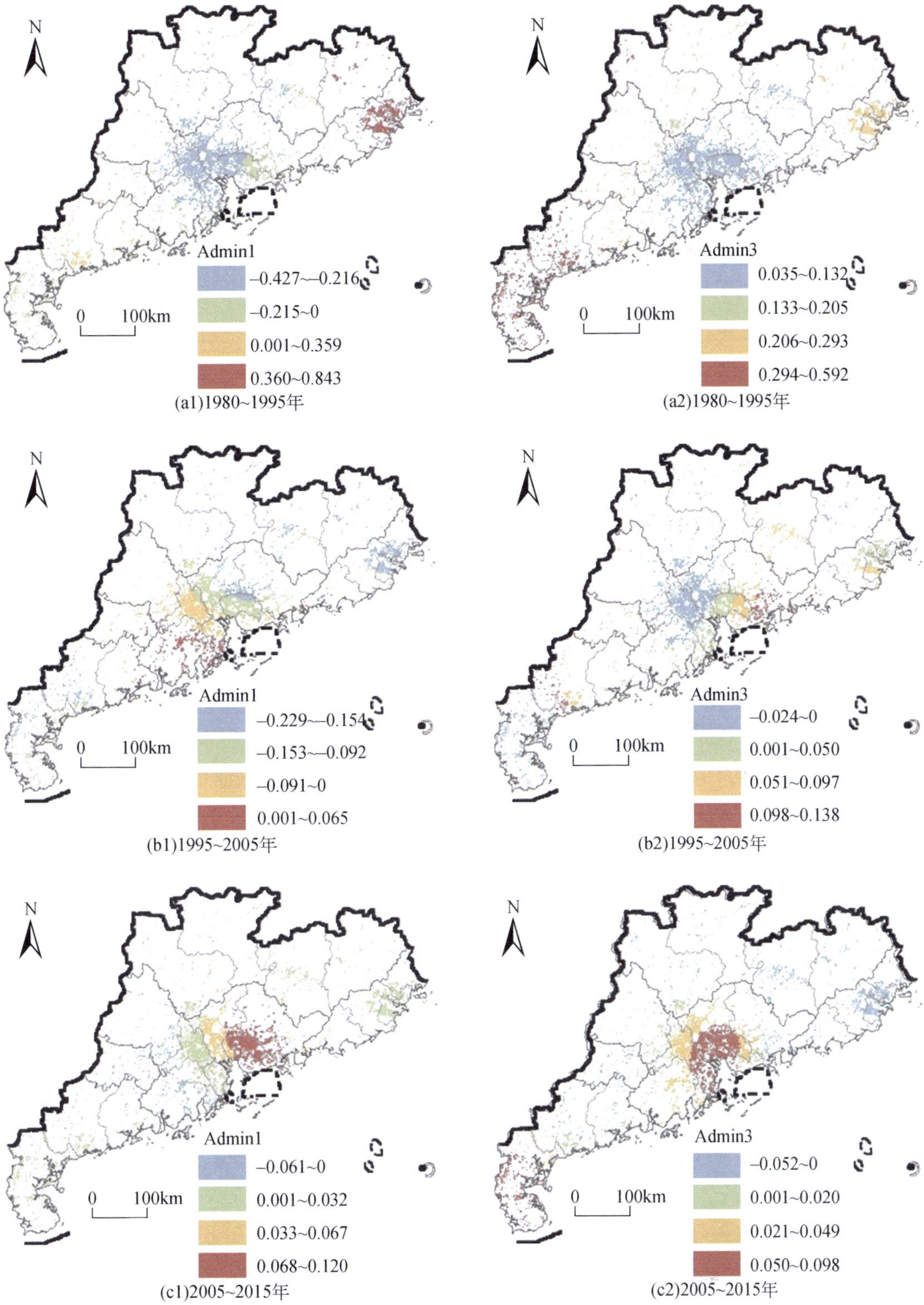

图 8-10 行政区划类型影响系数时空分异

展带来的发展利好有所减弱。随着城镇化进程不断加深，虽然县级行政单元仍然是我国农业农村管理的主要行政单元，但其经济发展模式也在趋向多元化，工业、服务业也逐渐在县域经济体系中占有更加重要的位置，因此县政府的职能也开始趋向多元，甚至县内部也会进行城市建设，县的城市性在逐渐增强，其职能逐渐与县级市趋同，从而导致二者对乡村聚落空间演变的影响也更加相近。从空间分布上看，珠三角地区由县行政区划类型带来的正向影响机制表现最为显著。

县级市属于县与市辖区的中间状态，其职能必须同时兼顾城区及乡村的管理，协调城乡关系，因此其对于乡村聚落发展的影响处于市辖区与县之间。比较特殊的是 2005 ~ 2015 年，珠三角地区两个行政区划类型的虚拟变量影响系数均表现为正，即珠三角地区快速城镇化的过程中，县级市的行政区划类型最不利于乡村聚落的扩张；与之相反的是 2005 ~ 2015 年，粤东潮汕平原地区两个行政区划类型虚拟变量表现均为负，说明在此期间，县级市的行政区划类型最利于乡村聚落的扩张。

（2）经济发展水平

面板数据回归结果表明，人均 GDP 与乡村聚落规模变化呈显著负相关，但从 GTWR 结果来看，人均 GDP 对乡村聚落空间演化的影响具有明显的时间异质性和空间异质性，早期经济发展水平越高，乡村聚落扩张越明显，后期经济发展水平越高，越容易发生城镇化，导致乡村聚落规模减小，这种影响效果在时间上的转变反映出人均 GDP 对乡村聚落规模变化的影响呈现出“倒 U 形”演化特征（图 8-11）。

1980 ~ 1995 年县域人均 GDP 与乡村聚落规模扩张的关系以正相关为主，到 1995 ~ 2005 年转变为大面积的负相关态势，而 2005 ~ 2015 年珠三角地区与外围地区产生两极分化，珠三角地区人均 GDP 与乡村聚落规模变化呈正相关，经济发展水平越高乡村聚落规模扩张越明显，而其他地域恰好相反。1980 ~ 1995 年是乡村聚落快速扩张时期，改革开放落实土地联产承包责任制几年后，农民开始有积蓄（卓晓岚，2015），经济发展水平越高，越有能力开展建设，进行规模扩张。1995 ~ 2005 年、2005 ~ 2015 年乡村聚落城镇化全面加速，经济发展水平越高的县区，乡村聚落越容易发生城镇化，导致乡村聚落规模减小（肖红娟，2013）。

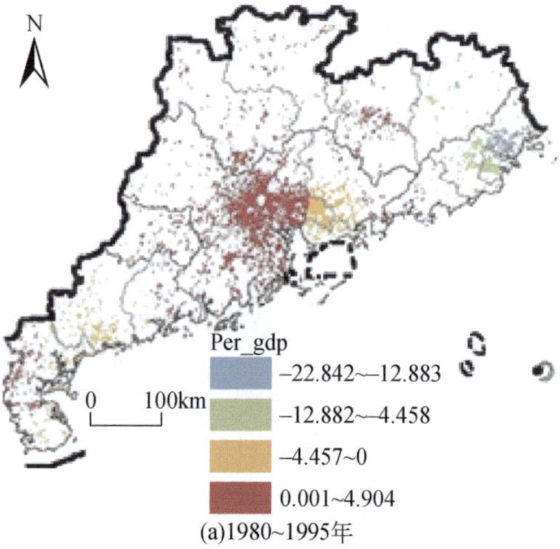

(a)1980~1995年

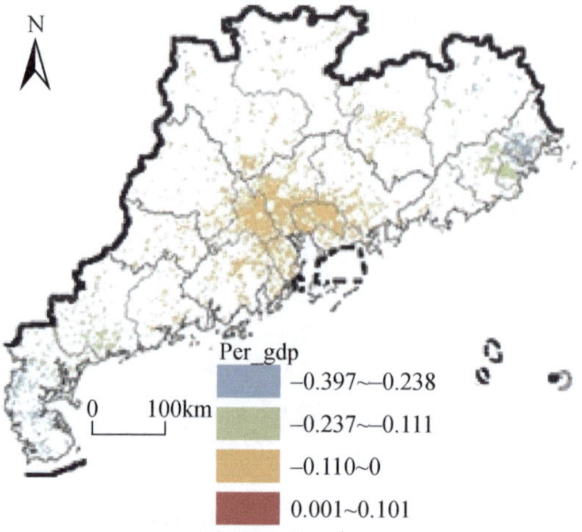

(b)1995~2005年

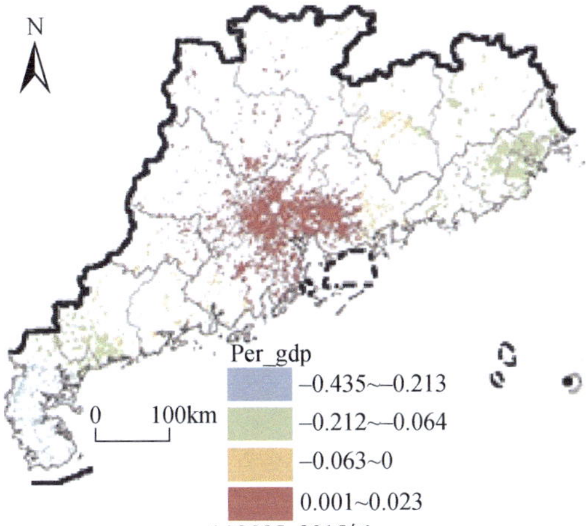

(c)2005~2015年

图 8-11 经济发展水平影响系数时空分异

2005~2015 年，城中村的存在导致珠三角地区经济发展水平越高乡村聚落规模扩张越大。这一时期珠三角地区经济发展水平对乡村聚落扩张的影响与同期其他地域完全相反，也与人均 GDP 对乡村聚落规模演化影响机制的总体演化趋势相悖，这是由珠三角地区特殊的“自下而上”的城中村发展模式造成的。珠三角地区快速城镇化带来的城市蔓延和郊区化进程中，为了节约成本只占用耕地而绕开了农村居民点，出现“农村包围城市”的特殊城乡二元景观（仝德等，2011）。虽然处于城市之中，但城中村的土地仍然为农村集体土地，村集体具有自主开发权，城中村的村民依托优越的地理区位和丰厚的征地补偿发展并积累了巨额的集体经济财富，形成了依靠出租屋和集体物业的出租经济，以及依赖租金和集体分红的村民（魏立华和阎小培，2005），这种收益远高于被城市征收所得，所以村民排斥政府征用土地，反而由于利润与出租房的面积高度正相关，具备扩张建设、开发的动力，且经济发展水平越高，房地产价值越高，这种扩张的动力越明显，出现了珠三角地区人均 GDP 越高的地区乡村聚落规模扩张越明显现象。

(3) 人口密度

面板数据回归结果显示人口密度与乡村聚落规模扩张呈正相关，GTWR 结果显示人口密度对乡村聚落规模演化的影响具有明显的时间异质性和空间异质性，前期人口密度越高，乡村聚落扩张越明显，后期人口密度越高，越容易发生城镇化，这种影响效果在时间上的转变反映出人口密度对乡村聚落规模变化的影响呈现出“倒 U 形”演化特征。早期人口密度越高，住房需求量越大，乡村聚落规模扩大的动力越强；后期人口密度高说明该地区社会发展水平较高，形成了较大规模的人口集聚，更容易发生乡村聚落城镇化；另外，人口密度越高，说明劳动力集聚越明显，利于开展第二、第三产业的生产活动，从而引导乡村发生城镇化，粤东潮汕平原地区乡村聚落的时空演化验证了这一特征（图 8-12）。

珠三角地区人口密度对乡村聚落规模演化的影响呈现出特异性。1980~1995 年，在珠三角靠近港澳地区出现人口密度与乡村聚落规模扩张的负相关，1995~2005 年及 2005~2015 年均表现为正相关，产生这种特异性的原因主要如下。

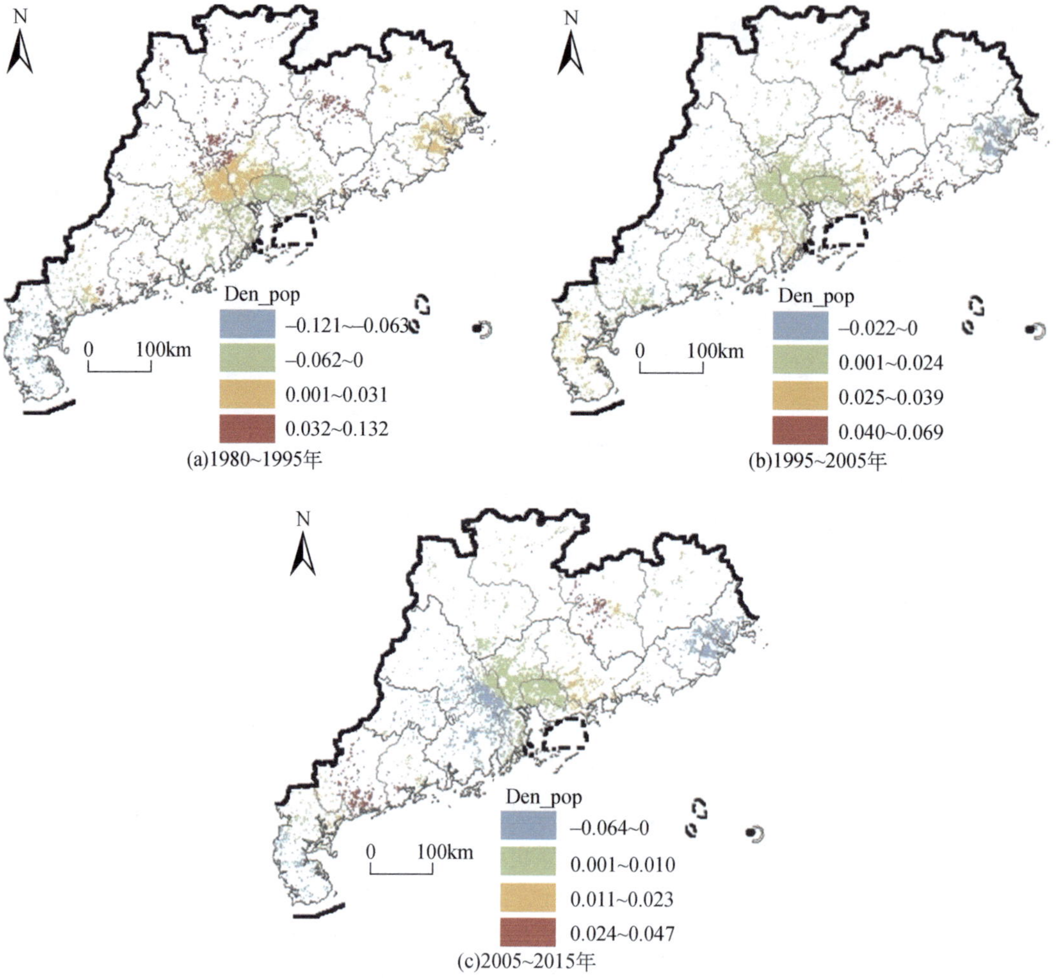

图 8-12　人口密度影响系数时空分异

1980～1995 年，在外商直接投资引导下，珠江口沿岸人口密度越低，乡村聚落规模扩张越大。珠江口沿岸靠近港澳地区为珠三角首先发生外资驱动下“自下而上”的乡村工业化的地区，外资为了节约成本，没有选择人口集中的城市地区，反而选择了人口密度较低的乡村地区进行投资办厂，能够避免在大城市地区的一些规模不经济（许学强和李郇，2009），这导致靠近港澳的珠江口沿岸出现人口密度较低的地区乡村工业化更为剧烈，带来乡村聚落规模的上升。与此同时，珠三角北部地区乡村聚落的发展也受到外商投资的带动开始发展乡村工业化，但与南部地区外商直接投资不同，北部地区人口密度越高，劳动力资源越丰富，越能够刺激乡村工业化发展，乡村聚落得到扩张。

2005～2015 年，城中村的存在导致珠三角地区人口密度越高，乡村聚落规模扩张越大。在此阶段，大批外来人口涌入珠三角地区，带来了大量的住房需求，而珠三角地区大量存在的城中村成为外来人口住房的主要供给来源之一，特别是对于可支付性住房的供给十分重要。加之城中村体量大，城镇化难度高，各市逐渐放宽了对城中村的限制，允许城中村的存在。特别在珠三角人口稠密区，人口密度越高，对居住用地、住房的需求越高，越能刺激城中村的扩张，导致珠三角地区也出现人口密度越高，乡村聚落扩张越剧烈的现象。

（4）产业结构

总体来看，GTWR 结果与面板数据回归结果具有良好的一致性，即第一产业占比与乡村聚落规模的扩张呈显著的负相关，第一产业占比越高，乡村聚落规模扩张越小，但这种影响效果逐渐减弱（图 8-13）。

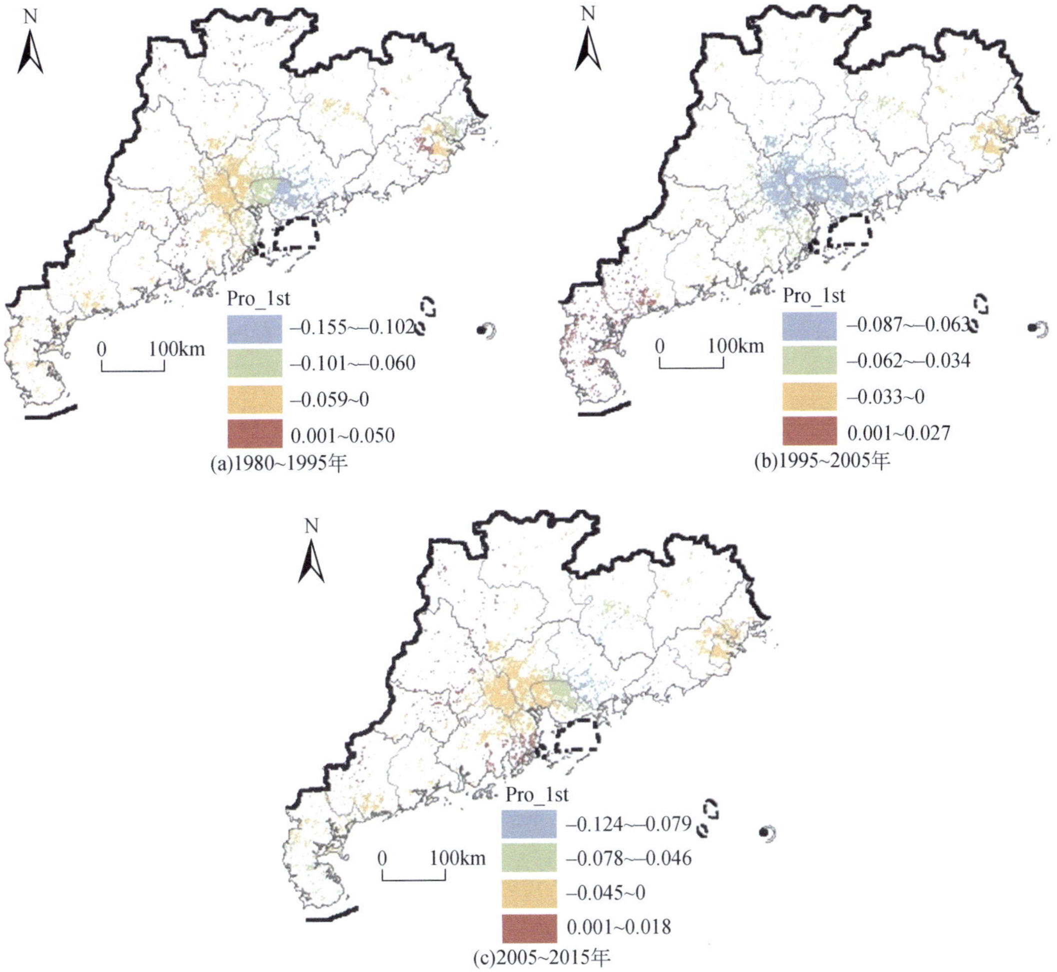

图 8-13　第一产业占比影响系数时空分异

传统农业受耕作半径限制，驱使村庄尽量向耕地靠拢，以提高耕作效率，从而引起乡村聚落的空间分散，不利于单个乡村聚落的大规模扩张和人口集中。同时，单纯由村民居住需求引起的用地规模扩张有限，与之相比，第二、第三产业空间集聚特征显著，容易引起人口的空间集聚，且发展第二、第三产业对建设用地的需求量较大，必然引起乡村聚落规模的快速扩张（郭晓东等，2012a，2012b；董光龙等，2019）。同时也注意到，在局部地区，主要是 1980～1995 年的清远北部、韶关北部、江门西部以及揭阳部分区域，1995～2005 年湛江以及茂名南部区域、2005～2015 年清远北部、肇庆西北部、云浮北部、茂名北部部分区域，出现了第一产业占比与乡村聚落规模扩张的正相关。这些区域大多为第一产业占比较高的主要农业区。基于我国耕地保护的基本国策，在一些主要的农业区，农业发展在区域经济体系中占有重要地位的情况下，第一产业占比越高意味着农业越发达，从事农业生产的人口数量越多，必然带来乡村聚落扩张更加剧烈。从时间上来看，产业结构对乡村聚落规模变化的影响有所减弱。

8.4 广东省乡村聚落时空演化影响机制的规律

通过对 GTWR 结果中显示出的广东省乡村聚落时空演化影响机制的时空异质性分析，可以发现各因素对乡村聚落规模演化的作用机制并非始终如一，往往呈现出明显的阶段性差异，如基期聚落面积、区域路网密度、人口密度、社会经济发展水平呈现出的“倒 U 形”演变趋势，地形因素、水源分布展现出的不同阶段差异性的影响特征等。对乡村聚落时空演化影响机制阶段性特征的总结和提炼，一方面可以丰富乡村聚落地理的研究内容；另一方面可以更加有针对性地为处于不同发展阶段的乡村聚落的规划和管理提供理论指导。

结合 GTWR 模型分析结果，乡村聚落发展分为城乡分割、城乡对冲和城乡融合三个发展阶段，分别提取不同时期乡村聚落时空演化的影响机制阶段性特征。

（1）传统发展的城乡分割阶段

此阶段乡村聚落发展高度依赖自然环境本底，存在明显的路径依赖，各影响因素通过提高宜居性、促进经济发展、吸引人口集聚作用于乡村聚落的规模扩张。具体来看：

此阶段乡村聚落发展存在明显的路径依赖，规模越大乡村聚落越容易吸引人口、资金等各类要素进一步集聚，从而实现规模扩张。

自然条件较优越地区，乡村聚落规模扩张更加显著。例如，海拔较低、坡度较和缓地区利于村民进行建设，便于开展各项生产活动且宜居性较高，乡村聚落规模扩张显著；距离主干河流、海洋近的村庄不仅生活便利，方便利用水资源开展农业、渔业等生产活动，同时也大大加强了对外交通运输能力，提高了区域可达性，利于开展其他生产活动，从而吸引人口集聚，壮大乡村聚落；农业生产是传统乡村聚落最主要的生产方式，耕地资源丰富是村庄繁荣、壮大的物质保障。

交通可达性越好，乡村聚落规模扩张越明显。交通可达性决定了乡村居民点与外界沟通、进行人员流通、物质交换的可能性和成本，对于乡村聚落的形成和发展具有引导作用；邻近乡镇政府对乡村聚落发展的带动作用更为凸显。

社会经济发展水平越高，乡村聚落规模扩张越显著。经济发展水平越高、人口密度越高，村民通过建设改善居住环境的动力越足，同时经济水平较高是乡村聚落进行扩张建设的保障。

从广东省实证分析来看，此阶段最典型区域为 1980～1995 年除珠三角以外的广东省所有地区。

（2）快速城镇化时期的城乡对冲阶段

此阶段乡村聚落受到“自下而上”的城镇化冲击，城乡空间剧烈重塑，各因素通过影响乡村聚落城镇化而改变乡村聚落规模。具体来说，一些乡村聚落远离城市，但优越的区位条件、自然条件等多种因素为其带来人口、资金等生产要素的集聚，规模不断扩大，城市性增强而乡村性减弱，发生了“自下而上”的城镇化。例如，优越的地形条件减小了城市建设中的施工成本，引导城市向外扩张过程中首先将地形条件优越的乡村聚落转变为城市；靠近主干河流或海洋、邻近港澳、邻近县区级政府等因素带来外商投资的集中分布，率先积累大量资本，发展工业生产实现乡村聚落城镇化等。

在“双轨乡村聚落城镇化”共同作用下，规模较大、社会经济发展水平较高、自然条件优越、交通基础设施建设完备的地区，乡村聚落更容易发生城镇化，从而带来乡村聚落规模的下降，呈现出与传统乡村聚落发展阶段截然相反的影响机制。

从广东省实证分析来看，此阶段最典型区域是 1995 ~ 2005 年的珠三角和 2005 ~ 2015 年的粤东地区。

（3）城镇化稳定时期的城乡融合阶段

经过快速城镇化时期城乡空间格局剧烈变化的城乡对冲阶段，乡村聚落与城市聚落在空间上形成了一种相对平衡的稳定状态。乡村聚落与城市聚落呈现出“城乡互补”的关系。乡村聚落城镇化速度放缓，用地不再是城市空间扩张的主要来源，反之，乡村聚落与城市聚落呈现“协同发展、共同繁荣”发展态势。自然条件优越、社会经济发展水平越高、交通基础设施建设完备、邻近中心城市行政中心的地区，城市聚落发展较好，但乡村聚落同样发展较好。自然因素、社会经济发展水平等因素对乡村聚落规模演化的影响机制与传统乡村聚落发展阶段趋同，但此时交通可达性、社会经济发展水平对乡村聚落规模扩张的影响作用凸显，在道路基础设施普惠的条件下，自然条件的影响会逐渐减弱。

从广东省实证分析来看，此阶段最典型区域是 2005 ~ 2015 年的珠三角核心地区。

总体来看，从 1980 ~ 2015 年的 35 年间，广东省经历了城乡分割、城乡对冲和城乡融合三个发展阶段，各阶段乡村聚落规模演变的动力呈现出显著差别。在城乡分割阶段，聚落发展存在明显的路径依赖，规模大、自然条件优越、可达性好、社会经济发达的乡村聚落更易扩张；而在城乡对冲阶段，社会经济发展水平高、自然条件优越、交通基础设施建设完备的聚落更易发生城市化；在城乡融合阶段，自然环境本底、区位可达性等因素对乡村聚落规模演变的影响与传统发展阶段趋同，但自然环境本底的影响逐渐减弱，而区位可达性的重要性逐渐凸显。

在实施乡村振兴战略的新时代背景下，乡村规划管理应该因地制宜，针对不同发展阶段分类施策。自然环境本底是传统乡村发展的基础，应顺势完善道路等基础设施建设，推进小城镇周边乡村聚落的集聚发展；在快速城市化区域，应对原址扩张类和社区转型类乡村实施差异化管理措施，妥善处置城乡对冲关系，避免广东省各地普遍存在的城中村问题扩散；对于城市化稳定阶段的乡村聚落，要通过社会经济政策协调和基本公共服务均等化来推动城乡融合。

第9章 广东省乡村聚落耦合协调发展水平测度、分类与引导

乡村聚落的演化与乡村振兴目标的达成密不可分，乡村振兴的研究既是当今乡村聚落发展的首要问题，也是乡村聚落研究的当代命题延伸，本章从广东省乡村振兴的耦合协调发展视角进一步看待乡村聚落物质空间子系统与社会经济子系统的发展关系，首先基于乡村振兴国标体系和省标体系，构建广东省乡村振兴的五维目标评价体系，分析广东省乡村振兴五维目标发展水平及其耦合协调发展的时空分异特征，基于此对乡村振兴着力点进行分类并提出规划引导策略。

9.1 广东省乡村振兴发展水平分析

作为改革开放的前沿阵地，广东省在经济发展取得重大成就的同时，也面临着乡村发展不平衡不充分、城乡差异过大等问题，成为我国乡村发展的一个缩影和试验田。广东省未来想要持续走在全国发展前列，最艰巨最繁重的任务在乡村，最大潜力和后劲也在乡村，因此对该区域乡村系统进行研究极具紧迫性和现实意义。

2013年，国家启动“美丽乡村”创建活动和“精准扶贫”工作，加大对乡村发展投入力度。广东省积极响应国家号召，在2013年先后颁布了《广东省人民政府关于修改〈广东省农村集体经济组织管理规定修正案〉的决定》《关于开展美丽宜居小镇、美丽宜居村庄示范工作的通知》等重要文件，同时加大对乡村的投资以实现乡村快速发展。

基于前文构建的乡村振兴水平综合评价指标体系和乡村振兴多维发展指数（见3.4.2节），进行广东省乡村振兴发展水平分析。

整体而言，近6年来广东省乡村振兴发展趋势良好，五维综合发展指数各市均值从2013年的0.09到2016年的0.12再到2019年的0.18，表现出较为明显的加快增长态势。同时，各目标维度发展指数也稳步提高，其中生态宜居发展最为迅速，从2013年的0.29上升到2019年的0.60，6年间翻了一番，而乡风文明和生活富裕指数也皆增幅近60%，但治理有效发展较为缓慢，6年间仅增长约15%，这反映出各市美丽乡村建设和乡村振兴工作中主要将生态环境整治作为主要抓手，而对乡村治理关注不足。到2019年底，各市乡村振兴五维综合发展指数处于中等发展水平。但从各目标维度来看，发展指数从高到低依次为生态宜居（0.60）>生活富裕（0.51）>治理有效（0.42）>乡风文明（0.34）>产业兴旺（0.19），各目标维度间发展差距较大。由此可见广东省乡村振兴仍处于起步阶段，相对全面振兴目标而言仍存在较大差距。

对于单个城市而言（图 9-1），广东省各市乡村振兴综合发展水平差异较大。2019 年底，仅东莞和中山表现出较高的综合发展水平，呈现出显著的“双核领跑”特征，广州、珠海、汕头、佛山和江门 5 个城市处于中等发展水平，其余城市均处于较低水平，整体呈现出以珠三角为核心的中心外围结构。对各目标维度而言，各市产业兴旺普遍处于较低水平而生态宜居水平普遍较高，市际之间发展差异较小，但乡风文明和治理有效各市发展水平差距较大，呈等级规模特征。从空间分布上可以看出（图 9-2），在各系统中珠三角仍作为省内乡村振兴各目标维度发展水平的高值中心，由其向外辐射形成核带关系，其中，产业兴旺和生态宜居呈南北纵向高水平发展带，治理有效和生活富裕呈沿海东西横向高水平发展带，而乡风文明呈两条发展带交叠的“十”形结构。

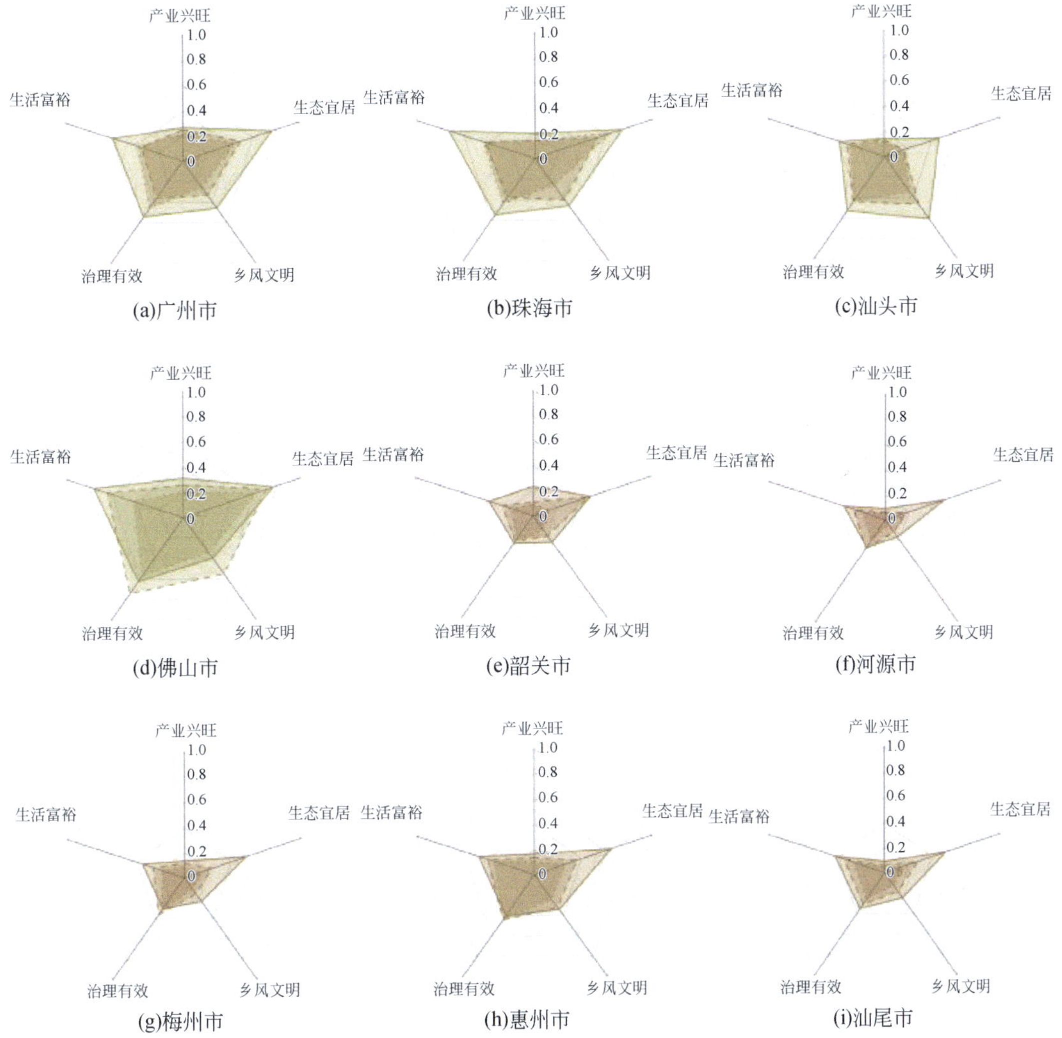

(a)广州市 (b)珠海市 (c)汕头市

(d)佛山市 (e)韶关市 (f)河源市

(g)梅州市 (h)惠州市 (i)汕尾市

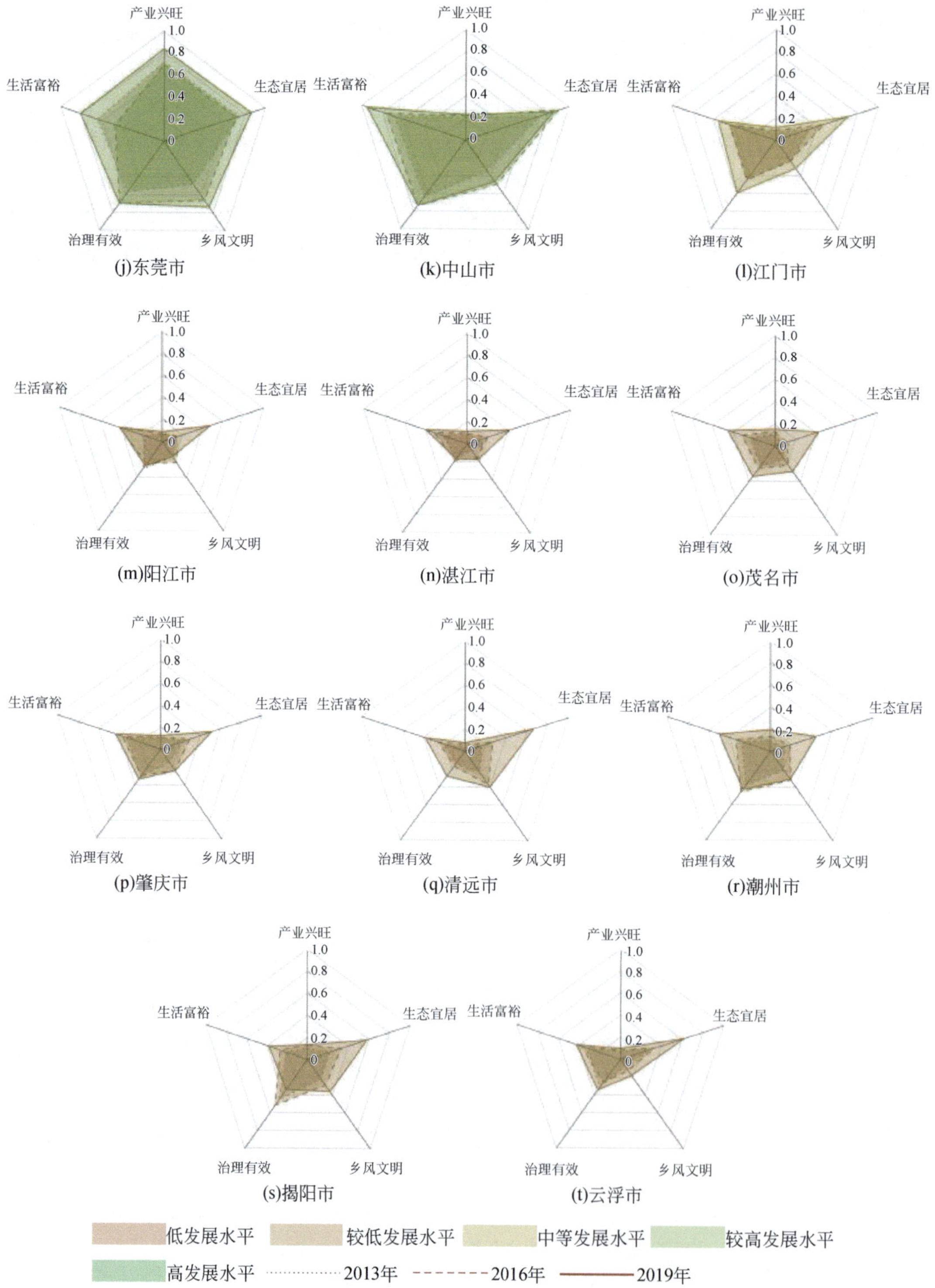

图 9-1　2013～2019 年广东省乡村振兴发展水平

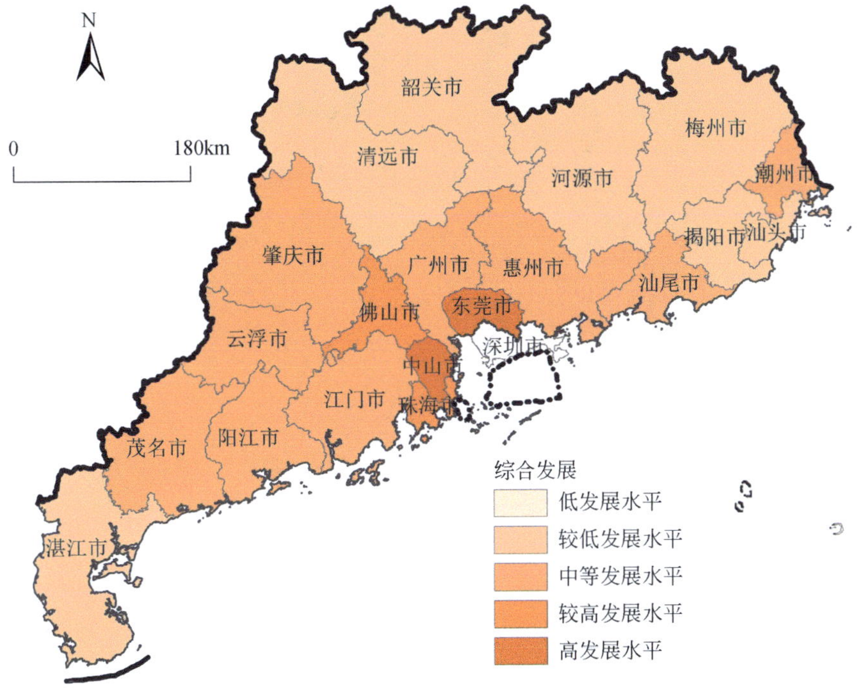
N
0
180km
韶关市
清远市
梅州市
河源市
潮州市
揭阳市
汕头市
肇庆市
广州市
惠州市
汕尾市
佛山市
东莞市
云浮市
深圳市
中山市
江门市
珠海市
茂名市
阳江市
湛江市
综合发展
低发展水平
较低发展水平
中等发展水平
较高发展水平
高发展水平

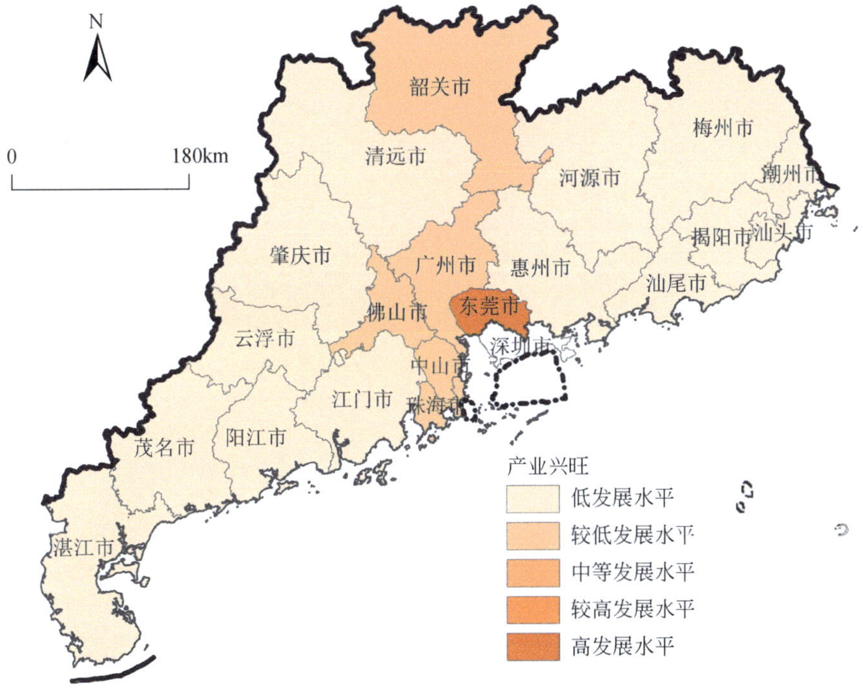
N
0
180km
韶关市
清远市
梅州市
河源市
潮州市
揭阳市
汕头市
肇庆市
广州市
惠州市
汕尾市
佛山市
东莞市
云浮市
深圳市
中山市
江门市
珠海市
茂名市
阳江市
湛江市
产业兴旺
低发展水平
较低发展水平
中等发展水平
较高发展水平
高发展水平

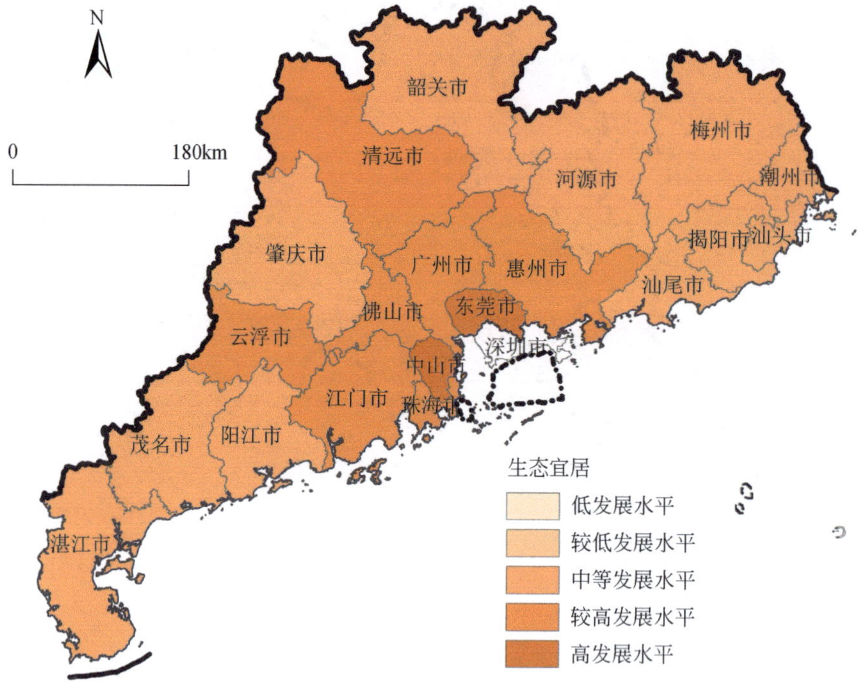
N
0
180km
韶关市
梅州市
清远市
河源市
潮州市
肇庆市
揭阳市
汕头市
广州市
惠州市
汕尾市
佛山市
东莞市
云浮市
深圳市
中山市
江门市
珠海市
茂名市
阳江市
湛江市
生态宜居
低发展水平
较低发展水平
中等发展水平
较高发展水平
高发展水平

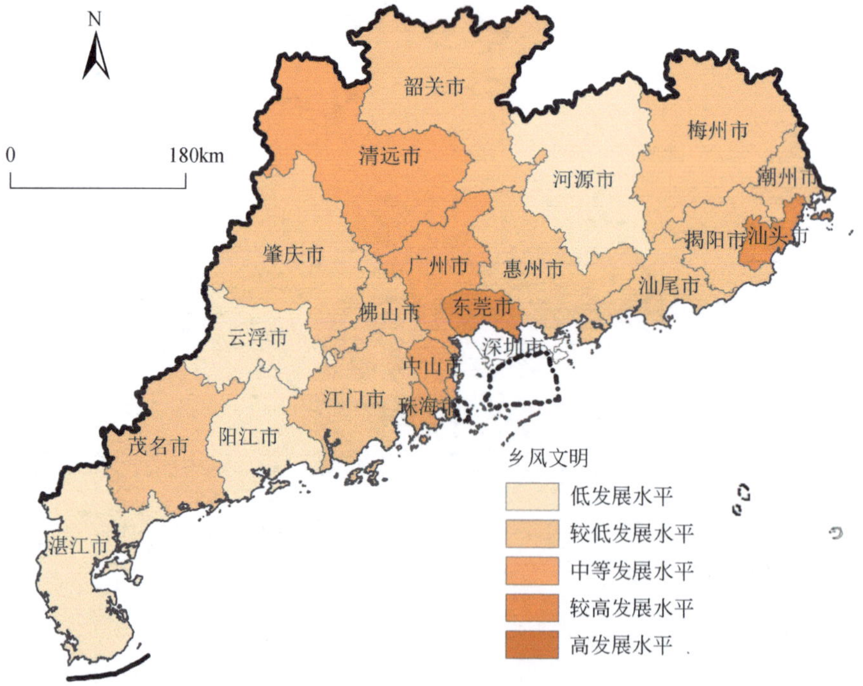
N
0
180km
韶关市
梅州市
清远市
河源市
潮州市
肇庆市
揭阳市
汕头市
广州市
惠州市
汕尾市
佛山市
东莞市
云浮市
深圳市
中山市
江门市
珠海市
茂名市
阳江市
湛江市
乡风文明
低发展水平
较低发展水平
中等发展水平
较高发展水平
高发展水平

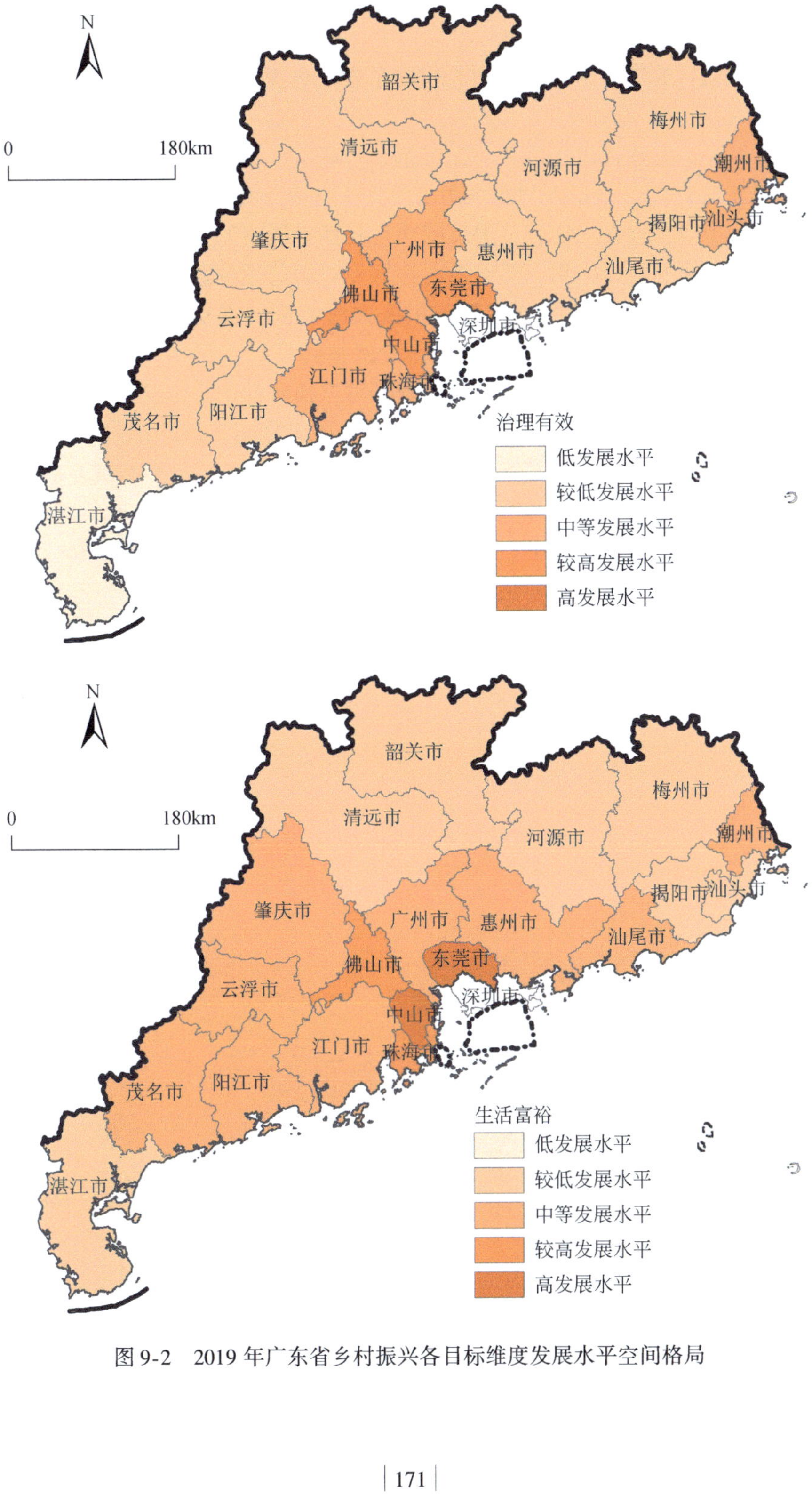

图 9-2　2019 年广东省乡村振兴各目标维度发展水平空间格局

9.2 广东省乡村振兴耦合协调发展分析

基于前文优化后的耦合协调度模型进行广东省乡村振兴耦合协调发展分析（见3.4.3节），结果如下。

在时间维度上，全省各市平均乡村振兴耦合协调度由2013年的0.29逐步上升至2019年的0.39，从濒临失调阶段步入初级协调阶段，并且可以看出乡村振兴阶段比美丽乡村建设阶段发展更为迅速，这在一定程度上反映出乡村振兴战略的提出相较于美丽乡村建设更加注重乡村地域系统的整体振兴，随着乡村振兴工作的持续推进，广东省乡村地域各目标维度之间的发展开始走向良性互动，朝着积极方向演进（图9-3）。对于单个城市而言，东莞作为2013年唯一的中级协调水平城市，发展基础最好，同时6年间也一直保持领先优势，成为首个进入高级协调阶段的城市。处于第二梯队的中山、佛山、珠海和广州也从初级协调阶段步入中级协调阶段，其中广州和珠海在乡村振兴战略提出后发展提速明显，具有较为乐观的发展势头。其余各市也保持类似的发展速度，稳步推进乡村全面振兴工作，但值得关注的是河源和湛江两市，由于起点较低，2019年底仍处于濒临失调水平。从图9-4可以看出珠三角领先优势明显，而粤西粤北地区发展相对缓慢，整体上同样呈现出“珠三角—粤东—粤西粤北”从高到低梯度分布的空间格局。

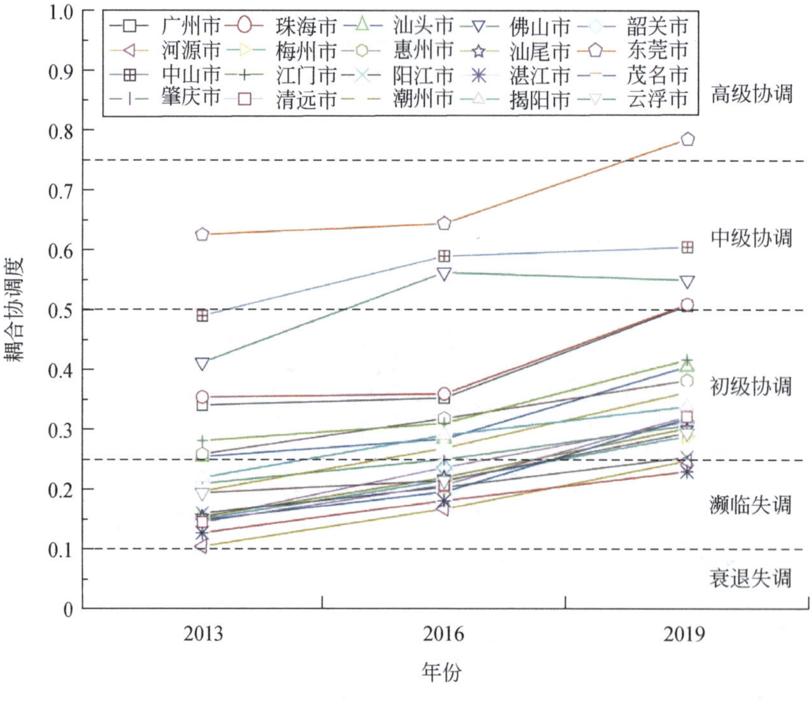

图9-3　2013～2019年广东省各市乡村振兴耦合协调度时间演变

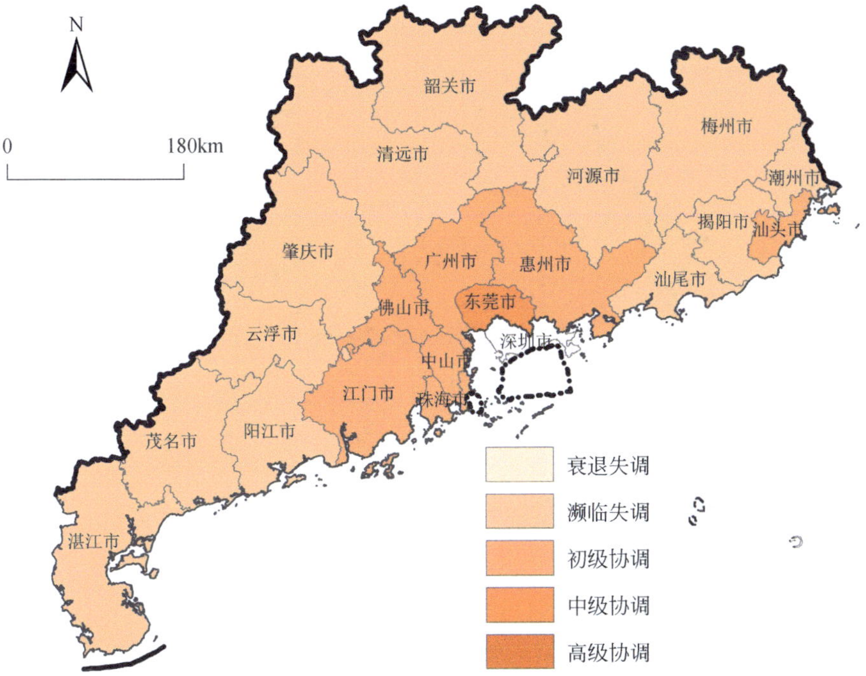

(a) 2013年

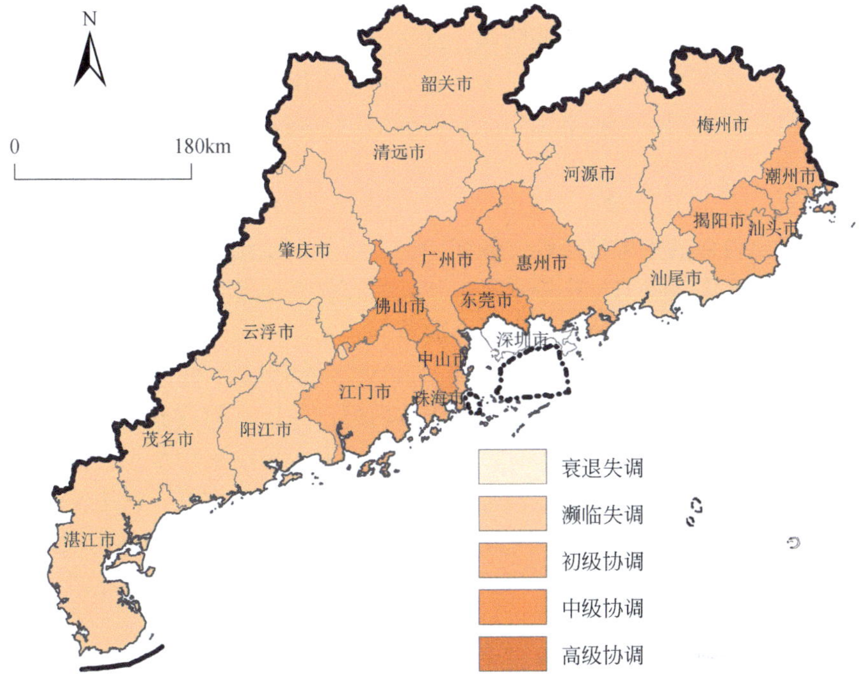

(b) 2016年

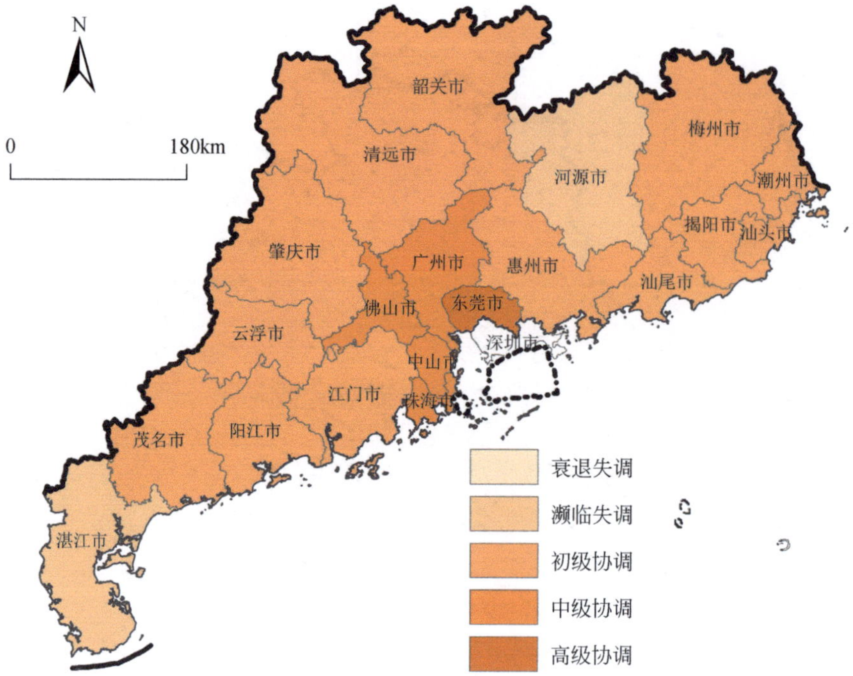

(c) 2019年

图 9-4　2013～2019 年广东省各市乡村振兴耦合协调度空间格局

珠三角地区耦合协调度 2013 年、2016 年、2019 年的均值分别为 0. 37、0. 42 和 0. 51，整体上从初级协调阶段步入中级协调阶段，远高于非珠三角地区。其中东莞乡村的五维耦合协调水平最高，常年稳居第一，得益于其五个目标维度均衡发展的优势；中山和佛山紧抓生态宜居、治理有效和生活富裕工作，全面推进“千村示范、万村整治”工程和脱贫攻坚工作，并实施基层党组织“头雁”工程和推动“数字乡村”工程试点建设，使得三大目标维度皆达到较高的发展水平，实现“生态-治理-生活”三维高水平耦合协调发展；广州和珠海表现出较强的生态宜居领先倾向，但由于其他四维发展水平限制，整体耦合协调发展在珠三角地区内部仅属于中等水平；比较而言，其他各市产业兴旺和乡风文明呈明显短板，与其他三维目标耦合协调存在严重脱节。

粤东地区耦合协调度 2013 年、2016 年、2019 年的均值分别为 0. 21、0. 26 和 0. 35，整体从濒临失调阶段步入初级协调阶段，属于省内第二梯队。根据五维目标发展状态，粤东地区乡风文明方面处于省内较高水平，生活富裕接近全省的平均水平，但产业兴旺和生态宜居水平较低，制约了各目标维度间进一步高水平耦合协调发展。其中汕头、汕尾、揭阳均反映出明显的“高生态-低产业”发展特征，潮州市相对特别，显示出“高产业-低生态”的特征。相比其他三市，潮州市经济水平发达，被誉为“岭东首邑”，其本身具有优秀的产业基础，农业发展呈现出高机械化水平特点，生产效率高，但生态宜居方面的严重脱节造成整体耦合协调度仍处于低水平。

粤西、粤北地区耦合协调度 2013 年、2016 年、2019 年的均值分别为 0. 15、0. 20 和 0. 28，刚刚部分步入初级协调阶段。尽管粤西和粤北地区耦合协调度发展水平类似，但各目标维度发展水平却存在明显差异。粤西地区各目标维度发展情况总体相对均衡，不存在落后严重的情况。其中茂名在乡村振兴战略提出后，奋力打造高水平乡村振兴“茂名样板”，发展增速明显，在粤西三市中存在明显产业兴旺、乡风文明和治理有效优势。而粤北地区各目标维度发展差距较大，其中生态宜居目标维度处于区域领先水平，但产业兴旺和生活富裕发展相对落后，限制了其整体耦合协调发展。

9.3 广东省乡村振兴耦合协调度影响分析

利用协调影响力指标（见 3.4.3 节）来反映五个目标维度对乡村振兴整体耦合协调度的作用方向和大小（图 9-5）。2013 ~ 2019 年广东省各市乡村产业兴旺的协调影响力普遍为负值，表明其对乡村振兴整体耦合协调发展通常起反向阻滞作用，乡村在地产业发展问题仍是未来乡村振兴的主要突破点。与之相反，治理有效和生活富裕对综合多维耦合协调普遍起正向推动作用。生态宜居和乡风文明在不同城市对耦合协调度的作用各异，生态宜居普遍随着时间的推移更多转为正向作用，而乡风文明影响力则在较多城市表现为负向增长，说明乡村振兴工作中各地更注重人居环境等实体空间的改善，而对于乡风文明的提升关注不足，未来乡村全面振兴更加注重乡村本土产业的发展与乡村精神文明建设。

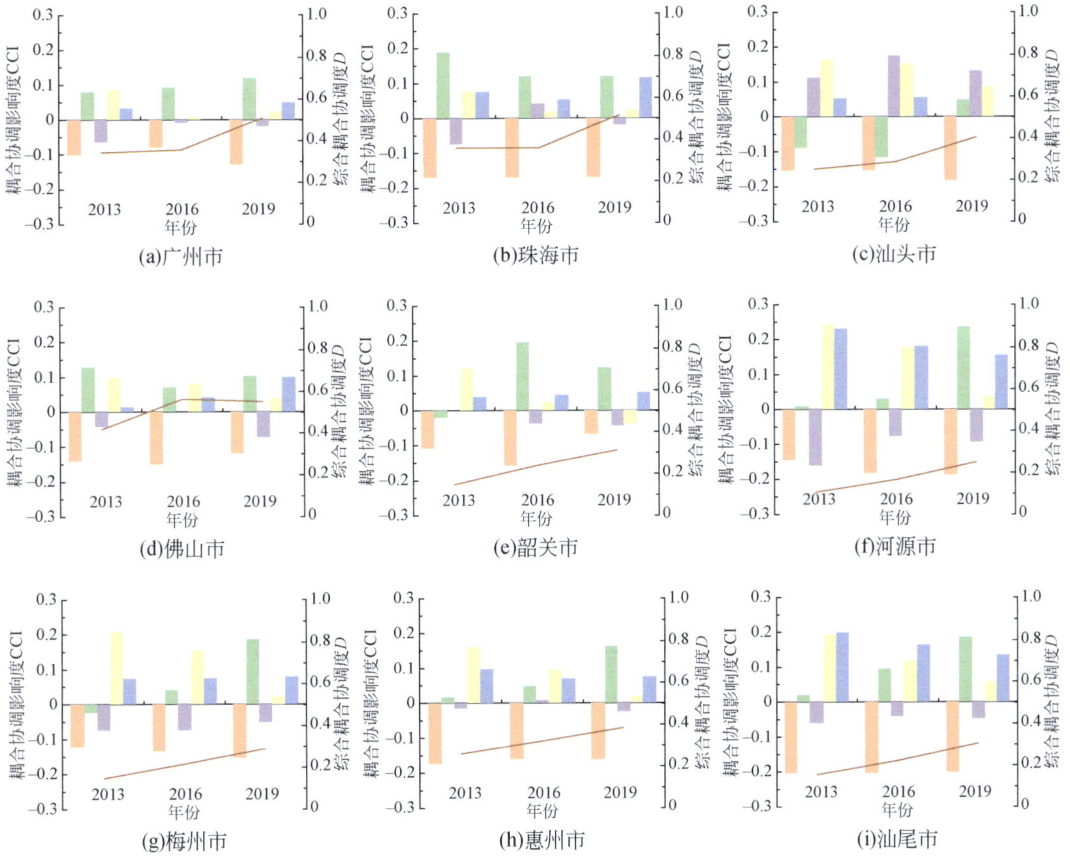

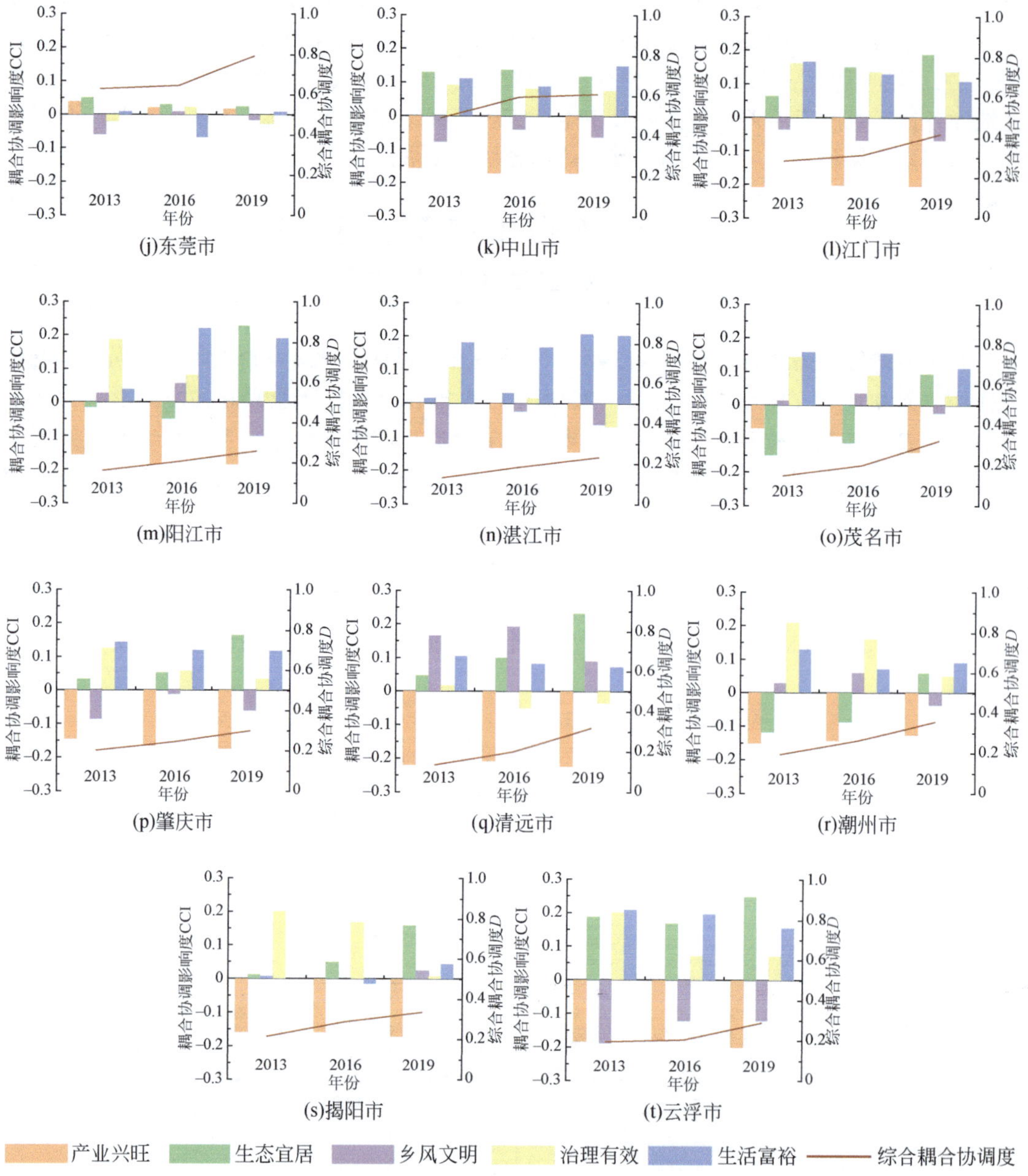

图 9-5　2013～2019 年广东省各市乡村振兴子系统的耦合协调影响力

9.4　广东省乡村振兴耦合协调类型分析与规划引导

实现乡村全面振兴是一个长期过程，要充分考虑各乡村发展的实际情况和地域条件，才能对不同发展类型和阶段的乡村提出切实有效的规划引导建议。本书在采取耦合协调度来划分乡村发展阶段的同时，引入各目标维度的耦合协调影响力指数，对处于同一耦合协调发展阶段的乡村进行细分，发现共存在 4 类 5 型 13 亚类型（表 9-1）。其中均衡型、双驱引领型、单核引领型、极化发展型和单极滞后型占比分别为 70%、5%、12%、3% 和 10%，各类型乡村在空间分布上表现出较强的集聚性，同时在时序发展上也表现出一定的关联性。

表 9-1　2013 ~ 2019 年广东省各市乡村振兴耦合协调类型

年份	2013 年	2016 年	2019 年
广州市	初级协调—均衡型	初级协调—均衡型	中级协调—均衡型
珠海市	初级协调—均衡型	初级协调—均衡型	中级协调—均衡型
佛山市	中级协调—均衡型	中级协调—均衡型	中级协调—均衡型
惠州市	初级协调—均衡型	初级协调—均衡型	中级协调—均衡型
东莞市	中级协调—均衡型	高级协调—均衡型	高级协调—均衡型
中山市	中级协调—均衡型	中级协调—均衡型	中级协调—均衡型
江门市	初级协调—单极滞后型	初级协调—单极滞后型	中级协调—单极滞后型
肇庆市	初级协调—均衡型	初级协调—均衡型	初级协调—均衡型
汕头市	初级协调—均衡型	初级协调—均衡型	中级协调—均衡型
汕尾市	濒临失调—极化发展型	初级协调—单极滞后型	初级协调—均衡型
潮州市	初级协调—单核引领型	初级协调—均衡型	中级协调—均衡型
揭阳市	初级协调—单核引领型	初级协调—均衡型	初级协调—均衡型
阳江市	濒临失调—均衡型	初级协调—单核引领型	初级协调—单核引领型
湛江市	濒临失调—均衡型	初级协调—均衡型	初级协调—双驱引领型
茂名市	濒临失调—均衡型	初级协调—均衡型	初级协调—均衡型
韶关市	濒临失调—均衡型	初级协调—均衡型	初级协调—均衡型
河源市	濒临失调—双驱引领型	初级协调—均衡型	初级协调—单核引领型
梅州市	濒临失调—单核引领型	初级协调—均衡型	初级协调—均衡型
清远市	濒临失调—单极滞后型	初级协调—单极滞后型	初级协调—极化发展型
云浮市	初级协调—双驱引领型	初级协调—均衡型	初级协调—单核引领型

（1）均衡型

均衡型乡村主要集中于珠三角、粤东后期和粤西前期，表现各系统相对均衡发展的特征。其中，珠三角均衡型乡村在时序上稳步从较低发展水平向较高发展水平演变，经济发展迅速，其他各项发展指数也处于省内的较高水平梯队，乡村整体发展已经进入相对成熟的阶段，未来应注重产业集约化和绿色化发展需求，积极开展特色乡村建设，加强基层治理和制度创新，促进乡村五维融合发展。粤东和粤西均衡型乡村自然和区位条件相对较差，发展水平停滞在初级协调阶段，产业调整也无实质性进展，并且呈现出明显的资源依赖性，但其模式类型的时序演变说明在乡村发展进入瓶颈期内，可以考虑依据本地资源特色与发展愿景重点发展某一目标维度来作为突破点，引领整体耦合进入一个更高的发展阶段，如创新产业经营主体、加强农村人才队伍建设、走知识密集型发展道路、加强政策引导和扶持、明确发展定位突出比较优势、积极培育农村新业态等。

（2）双驱引领型

处于这一模式的城市仅为2013年云浮市和2019年湛江市，二者皆处于初级协调阶段，分别表现出“生活+生态”以及“生活+治理”的双轮驱动特征。这一类型的城市乡村村民经济条件相对其他目标维度发展较好，并且生态宜居发展水平较高，属于典型的传统农业发达地区，拥有较为优秀的自然资源本底，地区特色显著，并且治理水平满足进一步发展需求。这类乡村作为均衡型乡村阶段性水平跃迁的过渡阶段，往往承担着突破性快速发展的历史使命，应善于利用民间资本、自身环境和治理优势，逐步走上具有自身特色的发展道路。例如，依托优越的地理环境和气候资源大力发展特色高效农业，加快“一村一品，一镇一业”的建设。同时充分发挥生活富裕优势带动产业短板，如鼓励大众创业，营造良好政策环境，转变乡村产业经济发展方式，强调工业的绿色化和集约化发展，实现乡村产业的快速发展。在突破产业兴旺的短板后，增强乡土文化塑造，打造特色旅游产业。注重优势互补、协同发展，同时对发展落后地区加大振兴投入，核心突破“乡风文明”板块，实现自身五维目标耦合协调发展。

（3）单核引领型

单核引领型乡村主要分布于粤东前期和粤西粤北后期，前期普遍以治理有效为单核引领，后期转变为生态宜居。这印证了治理有效作为乡村地域系统振兴发展的制度保障基础，可以为后期全面振兴打下坚实基础；而生态宜居作为乡村全面振兴的空间支撑与品质追求，能为振兴高级阶段提供突破性动力。对于这类乡村现阶段需要重点倡导绿色发展，以乡村良好的生态人居环境为资本，凭借前期积累的制度治理优势，增强帮扶力度和政策扶持，吸引人才返乡，支持本地农民就业创业，推动生态人居的社会化效益产出，将乡村推进到“经济效益+社会效益+生态效益”的“多效益”协同实现阶段，实现“生态美、农民富”的“美美与共”乡村社会发展新格局。

（4）极化发展型

处于这一模式的城市仅为2013年汕尾市和2019年清远市，二者皆处于较低发展水平阶段，分别表现出“产业+治理”以及“产业+生态”的两极分化式发展特征。二者近年来各目标维度发展表现出极高的相似性，生态宜居和生活富裕获得持续性进步的同时，乡村产业发展几乎停滞。因为两座城市的乡村发展表现为典型的空心村模式，农村进城务工赚得的收入用于农村本地消费和环境建设，但是实际上导致乡村在地性产业发展受限，进一步拉大了城乡之间的差异。对于这类乡村应在落实差异化针对性落实农民“市民化”政策的基础上，增加多元化生机方式，保障农民在本地的收入，吸引人才回流，进而利用制度和生态优势，实现多元耦合发展。

（5）单极滞后型

单极滞后型主要发生在江门、汕尾和清远三市的前中期，主要表现为产业滞后而其他目标维度未见明显引领作用。这种情况下应积极寻求城乡融合发展，加强城乡要素间流通共享，镇村联动发展形成乡村群，以此集中力量培育乡村振兴新的增长极，并辅以生计扶贫政策，完善城乡金融服务体系来克服乡村内生性产业短板问题。

参考文献

白吕纳 . 1935. 人地学原理［M］. 任美愕，李旭旦，译 . 南京：钟山书局 .
白雪，宋玉祥，浩飞龙 . 2018. 东北地区“五化”协调发展的格局演变及影响机制［J］. 地理研究，37（1）：67-80.
白雪冰 . 2019. 广西县域乡村发展类型及乡村性评价研究［D］. 桂林：广西师范大学硕士学位论文 .
卜心国，王仰麟，吴健生 . 2008. 深圳快速城市化中地形对景观垂直格局的影响［J］. 地理学报，（1）：75-82.
蔡运龙 . 1995. 中国西南喀斯特山区的生态重建与农林牧业发展：研究现状与趋势［J］. 资源科学，（5）：39-43.
陈东湘 . 2007. 村镇聚落演替及理性调控模式初探——以南京市江宁镇为例［D］. 南京：南京大学硕士学位论文 .
陈国生，刘小凤，蒋淑玲，等 . 2019. 湖南省乡村振兴耦合协调发展测度与路径选择研究［J］. 经济地理，39（5）：191-197，206.
陈述彭，杨利普 . 1943. 遵义附近之聚落［J］. 地理学报：71-83.
陈行上 . 2000. 关于中心村规划建设探讨［J］. 小城镇建设，（6）：48.
陈彦光 . 1998. 城市分形研究取得新成果——中心地、乡镇聚落和交通网络［J］. 信阳师范学院学报（自然科学版），（1）：76.
陈永林，谢炳庚 . 2016. 江南丘陵区乡村聚落空间演化及重构——以赣南地区为例［J］. 地理研究，35（1）：184-194.
陈玉福，孙虎，刘彦随 . 2010. 中国典型农区空心村综合整治模式［J］. 地理学报，65（6）：727-735.
陈宗兴，陈晓键 . 1994. 乡村聚落地理研究的国外动态与国内趋势［J］. 世界地理研究，（1）：72-79.
成亮 . 2016. 甘南藏区乡村聚落空间模式研究［D］. 武汉：华中科技大学博士学位论文 .
成亮，陈锦富，李巍 . 2016. 甘南藏区乡村聚落空间构建模式研究——以乡（镇）政府驻地村为例［J］. 华中建筑，34（8）：118-122.
程莉，文传浩 . 2018. 乡村绿色发展与乡村振兴：内在机理与实证分析［J］. 技术经济，37（10）：98-106.
程明洋，刘彦随，蒋宁 . 2019. 黄淮海地区乡村人–地–业协调发展格局与机制［J］. 地理学报，74（8）：1576-1589.
程钰 . 2014. 人地关系地域系统演变与优化研究——以山东省为例［D］. 济南：山东师范大学博士学位论文 .
党云晓，董冠鹏，余建辉，等 . 2015. 北京土地利用混合度对居民职住分离的影响［J］. 地理学报，70（6）：919-930.
邓南荣，张金前，冯秋扬，等 . 2009. 东南沿海经济发达地区农村居民点景观格局变化研究［J］. 生态环境学报，18（3）：984-989.
董光龙，许尔琪，张红旗 . 2019. 华北平原不同乡村发展类型农村居民点的比较研究［J］. 中国农业资源与区划，40（11）：1-8.
杜国明，薛濡壕，王介勇 . 2021. 村域尺度乡村振兴评价及推进路径——以黑龙江省拜泉县为例［J］. 经济地理，41（8）：19-27.
段进，章国琴 . 2015. 政策导向下的当代村庄空间形态演变——无锡市乡村田野调查报告［J］. 城市规划学刊，（2）：65-71.
段小薇，李小建 . 2018. 山区县域聚落演化的空间分异特征及其影响因素——以豫西山地嵩县为例［J］. 地理研究，37（12）：2459-2474.
范德种 . 2009. 新农村建设中中心村建设存在问题、模式及对策［J］. 小城镇建设，（11）：68-72.
范少言 . 1994. 乡村聚落空间结构的演变机制［J］. 西北大学学报（自然科学版），24（4）：295-298.
范少言 . 2004. 城市地域系统演变的理论研究［D］. 长春：东北师范大学博士学位论文 .
范少言，陈宗兴 . 1995. 试论乡村聚落空间结构的研究内容［J］. 经济地理，（2）：44-47.
方创琳，崔学刚，梁龙武 . 2019. 城镇化与生态环境耦合圈理论及耦合器调控［J］. 地理学报，74（12）：2529-2546.
方迎风 . 2019. 国家级贫困县的经济增长与减贫效应：基于中国县级面板数据的实证分析［J］. 社会科学研究，（1）：15-25.
房艳刚，刘继生 . 2012. 理想类型叙事视角下的乡村景观变迁与优化策略［J］. 地理学报，67（10）：1399-1410.
费孝通 . 2020. 乡土中国［M］. 北京：人民文学出版社 .
丰雷，魏丽，蒋妍 . 2008. 论土地要素对中国经济增长的贡献［J］. 中国土地科学，（12）：6-12.
冯长春，赵若曦，古维迎 . 2012. 中国农村居民点用地变化的社会经济因素分析［J］. 中国人口·资源与环境，22（3）：6-12.
冯健 . 2012. 基于地理学思维的人口专题研究与城市规划［J］. 城市规划，36（5）：27-37.
冯应斌，杨庆媛 . 2016. 1980～2012 年村域居民点演变特征及其驱动力分析［J］. 农业工程学报，32（5）：280-288.
付孟泽，闫凤英，林建桃 . 2019. 人地关系驱动下浙北乡村聚落空间演变与发展研究［J］. 地域研究与开发，38（6）：152-157.
高葆旺，王卫，邹德传，等 . 2002. 两次人口普查城乡统计口径变化对重庆市城镇化进程的影响［J］. 人口研究，（1）：10-14.
高楠，张新成，王琳艳，等 . 2018. 中国乡村旅游与农村经济耦合协调关系的实证研究［J］. 陕西师范大学学报（自然科学版），46（6）：10-19.
龚炜华，滕丽，蔡砥 . 2018. 粤北山区乡村聚落的时空演变特征及影响因素分析——以韶关市武江区为例［J］. 广州大学学报：自然科学版，17（6）：85-91.
广东省人民政府 . 2019. 广东省实施乡村振兴战略规划（2018—2022 年）［OL］. http://drc. gd. gov. cn/fzgh5637/content/post_2575321. html［2019-07-31］.
郭焕成 . 1988. 乡村地理学的性质与任务［J］. 经济地理，（2）：125-129.
郭晓东 . 2007. 黄土丘陵区乡村聚落发展及其空间结构研究——以葫芦河流域为例［D］. 兰州：兰州大学博士学位论文 .
郭晓东，马利邦，张启媛 . 2012a. 基于 GIS 的秦安县乡村聚落空间演变特征及其驱动机制研究［J］. 经济地理，32（7）：56-62.
郭晓东，牛叔文，吴文恒，等 . 2010. 陇中黄土丘陵区乡村聚落空间分布特征及其影响因素分析——以甘肃省秦安县为例［J］. 干旱区资源与环境，24（9）：27-32.
郭晓东，张启媛，马利邦 . 2012b. 山地—丘陵过渡区乡村聚落空间分布特征及其影响因素分析［J］. 经济地理，32（10）：114-120.
郭炎，唐鑫磊，陈昆仑，等 . 2018. 武汉市乡村聚落空间重构的特征与影响因素［J］. 经济地理，38（10）：180-189.
郭远智，刘彦随 . 2021. 中国乡村发展进程与乡村振兴路径［J］. 地理学报，76（6）：1408-1421.
国务院发展研究中心农村部课题组，叶兴庆，徐小青 . 2014. 从城乡二元到城乡一体——我国城乡二元体制的突出矛盾与未来走向［J］. 管理世界，（9）：1-12.
国务院扶贫开发领导小组办公室 . 2020. 高质量打赢脱贫攻坚战：政策解读聚焦中央一号文件［EB］. http://www.cpad.gov.cn/art/2020/2/12/art_1461_111507.html[2020-02-12].
海贝贝，李小建，许家伟 . 2013. 巩义市农村居民点空间格局演变及其影响因素［J］. 地理研究，32（12）：2257-2269.
韩非，蔡建明 . 2011. 我国半城市化地区乡村聚落的形态演变与重建［J］. 地理研究，30（7）：1271-1284.
韩俊 . 2009. 中国城乡关系演变 60 年：回顾与展望［J］. 改革，（11）：5-14.
何仁伟，陈国阶，刘邵权，等 . 2012. 中国乡村聚落地理研究进展及趋向［J］. 地理科学进展，31（8）：1055-1062.
贺艳华，邬建国，周国华，等 . 2020. 论乡村可持续性与乡村可持续性科学［J］. 地理学报，75（4）：736-752.
侯杰泰 . 2004. 结构方程模型及其应用［M］. 北京：教育科学出版社 .
胡雪瑶，张子龙，陈兴鹏，等 . 2019. 县域经济发展时空差异和影响因素的地理探测：以甘肃省为例［J］. 地理研究，38（4）：772-783.
胡最，刘沛林，曹帅强 . 2013. 湖南省传统聚落景观基因的空间特征［J］. 地理学报，68（2）：219-231.
华章，周武忠 . 2021. 基于空间生产理论的乡村旅游社区空间演化与治理研究——以无锡市鸿山街道大坊桥旅游社区为例［J］. 江苏社会科学，（2）：232-240.
黄晓军，黄馨，王颖 . 2011. 新时期县域村镇体系规划编制的思考——以吉林省集安市为例［J］. 国土与自然资源研究，（2）：38-39.
黄亚平，郑有旭 . 2021. 江汉平原乡村聚落形态类型及空间体系特征［J］. 地理科学，41（1）：121-128.
黄玉顺 . 2011. "周礼"的现代价值究竟何在——《周礼》社会正义观念诠释［J］. 学术界，（6）：115-128，286.
黄志平 . 2018. 国家级贫困县的设立推动了当地经济发展吗？基于 PSM-DID 方法的实证研究［J］. 中国农村经济，（5）：98-111.
霍仁龙，杨煜达，满志敏 . 2016. 云南省掌鸠河流域近 300 年来聚落空间演变［J］. 地理研究，35（9）：1647-1658.
简钰清，陈颖怡，谢圆圆，等 . 2019. 1980—2015 年广东省乡村聚落的空间特征与演变［J］. 生态与农村环境学报，35（6）：698-706.
姜广辉，张凤荣，周丁扬，等 . 2007. 北京市农村居民点用地内部结构特征的区位分析［J］. 资源科学，29（2）：109-116.
姜转芳，颉耀文，李汝嫣，等 . 2019. 基于 GIS 的干旱区绿洲农村居民点格局演变研究：以甘肃河西地区为例［J］. 生态与农村环境学报，35（3）：324-331.

角媛梅，胡文英，速少华，等 . 2006. 哀牢山区哈尼聚落空间格局与耕作半径研究［J］. 资源科学，28（3）：66-72.

金其铭 . 1988. 我国农村聚落地理研究历史及近今趋向［J］. 地理学报，55（4）：311-317.

金其铭 . 1989. 中国农村聚落地理［M］. 南京：江苏科学技术出版社 .

金其铭，董昕，张小林 . 1990. 乡村地理学［M］. 南京：江苏教育出版社 .

金三林，曹丹丘，林晓莉 . 2019. 从城乡二元到城乡融合——新中国成立 70 年来城乡关系的演进及启示［J］. 经济纵横，（8）：13-19.

柯文前，陆玉麒，俞肇元，等 . 2013. 多变量驱动的江苏县域经济空间格局演化［J］. 地理学报，68（6）：802-812.

李恩康，陆玉麒，陈娱 . 2019. 中国外贸货物出口的地理格局演化及影响因素分析——基于货物出口距离和 GTWR 模型［J］. 地理研究，38（11）：2624-2638.

李刚，范鸿儒 . 2019. 安徽省乡村振兴水平测度与聚类分析［J］. 长春理工大学学报（社会科学版），32（5）：104-109.

李贵才，朱倩琼，刘樱，等 . 2018. 广州市乡村发展类型及演化模式［J］. 地域研究与开发，37（4）：156-161.

李国珍 . 2018. 基于 FLUS 模型的深圳市土地利用变化与模拟研究［D］. 武汉：武汉大学硕士学位论文 .

李贺楠 . 2006. 中国古代农村聚落区域分布与形态变迁规律性研究［D］. 天津：天津大学博士学位论文 .

李红波，胡晓亮，张小林，等 . 2018. 乡村空间辨析［J］. 地理科学进展，37（5）：591-600.

李红波，张小林 . 2012. 国外乡村聚落地理研究进展及近今趋势［J］. 人文地理，27（4）：103-108.

李红波，张小林 . 2015. 乡村性研究综述与展望［J］. 人文地理，30（1）：16-20，142.

李红波，张小林，吴江国，等 . 2012. 欠发达地区聚落景观空间分布特征及其影响因子分析——以安徽省宿州地区为例［J］. 地理科学，32（6）：711-716.

李红波，张小林，吴江国，等 . 2014. 苏南地区乡村聚落空间格局及其驱动机制［J］. 地理科学，34（4）：438-446.

李虹，田亚平，石义霞 . 2007. 村级新农村建设评价实证研究——以湖南省衡南县工联村为例［J］. 农业经济问题，（4）：77-80，111-112.

李晶晶，苗长虹，叶信岳 . 2016. 区域经济核心：边缘结构多尺度演化机制分析：以河南省为例［J］. 经济地理，36（10）：9-17.

李静，刘自强，董国皇，等 . 2018. 宁夏县域经济发展的演变类型与城乡耦合协调发展分析［J］. 人文地理，33（2）：68-75.

李君，李小建 . 2009. 综合区域环境影响下的农村居民点空间分布变化及影响因素分析——以河南巩义市为例［J］. 资源科学，31（7）：1195-1204.

李琳娜，璩路路，刘彦随 . 2019. 乡村地域多体系统识别方法及应用研究［J］. 地理研究，38（3）：563-577.

李培林 . 2002. 巨变：村落的终结——都市里的村庄研究［J］. 中国社会科学，（1）：168-179，209.

李培林 . 2004. 村落的终结：羊城村的故事［M］. 北京：商务印书馆 .

李平星，陈雯，孙伟 . 2014. 经济发达地区乡村地域多功能空间分异及影响因素——以江苏省为例［J］. 地理学报，69（6）：797-807.

李骞国，石培基，刘春芳，等 . 2015. 黄土丘陵区乡村聚落时空演变特征及格局优化——以七里河区为例［J］. 经济地理，35（1）：126-133.

李文，汪三贵．2004. 中央扶贫资金的分配及影响因素分析［J］. 中国农村经济，(8)：44-48.
李小建，胡雪瑶，史焱文，等．2021. 乡村振兴下的聚落研究——来自经济地理学视角［J］. 地理科学进展，40（1）：3-14.
李小建，杨慧敏．2017. 乡村聚落变化及发展型式展望［J］. 经济地理，37（12）：1-8.
李旭，崔皓，李和平，等．2020. 近40年我国村镇聚落发展规律研究综述与展望——基于城乡规划学与地理学比较的视角［J］. 城市规划学刊，(6)：79-86.
李旭旦．1941. 白龙江中游人生地理观察［J］. 地理学报：1-18.
李扬，汤青．2018. 中国人地关系及人地关系地域系统研究方法述评［J］. 地理研究，37（8）：1655-1670.
李阳兵，李潇然，张恒，等．2016. 基于聚落演变的岩溶山地聚落体系空间结构整合——以后寨河地区为例［J］. 地理科学，36（10）：1505-1513.
李瑛，陈宗兴．1994. 陕南乡村聚落体系的空间分析［J］. 人文地理，(3)：13-21.
李玉恒，阎佳玉，宋传垚，等．2020. 京津冀地区乡村演化分异研究［J］. 经济地理，40（9）：160-167.
李玉恒，阎佳玉，武文豪，等．2018. 世界乡村转型历程与可持续发展展望［J］. 地理科学进展，37（5）：627-635.
李裕瑞，常贵蒋，曹丽哲，等．2020. 论乡村能人与乡村发展［J］. 地理科学进展，39（10）：1632-1642.
李裕瑞，刘彦随，龙花楼．2010. 中国农村人口与农村居民点用地的时空变化［J］. 自然资源学报，25（10）：1629-1638.
李裕瑞，刘彦随，龙花楼．2011. 黄淮海地区乡村发展格局与类型［J］. 地理研究，30（9）：1637-1647.
李裕瑞，刘彦随，龙花楼，等．2013. 大城市郊区村域转型发展的资源环境效应与优化调控研究——以北京市顺义区北村为例［J］. 地理学报，68（6）：825-838.
李裕瑞，王婧，刘彦随，等．2014. 中国“四化”协调发展的区域格局及其影响因素［J］. 地理学报，69（2）：199-212.
李裕瑞，尹旭．2019. 镇域发展研究进展与展望［J］. 经济地理，39（7）：1-8.
李媛媛，李锋，陈春．2021. 青藏高原地区农村居民点空间演化特征及驱动力研究［J］. 农业现代化研究，42（6）：1114-1125.
李远行，李慈航．2019. 重新认识乡土中国——基于社会结构变迁的视角［J］. 中国农业大学学报（社会科学版），36（3）：31-39.
梁发超，刘诗苑，起晓星，等．2019. 近30年闽南沿海乡村聚落用地空间演化过程研究［J］. 农业工程学报，35（22）：18-26.
廖军，吴彩燕，吕波，等．2019. 基于GIS的北川县乡村聚落空间分布及演变特征［J］. 西南科技大学学报，34（3）：61-67.
廖荣华，喻光明，刘美文．1997. 城乡一体化过程中聚落选址和布局的演变［J］. 人文地理，(4)：35-38.
林超．1938. 聚落分类之讨论［J］. 地理，1（6）：17-18.
林金萍，雷军，吴世新，等．2020. 新疆绿洲乡村聚落空间分布特征及其影响因素［J］. 地理研究，39（5）：1182-1199.
林琳．2018. 当代粤西乡村聚落空间环境提升研究［D］. 广州：华南理工大学博士学位论文．
林涛．2012. 浙北乡村集聚化及其聚落空间演进模式研究［D］. 杭州：浙江大学博士学位论文．
刘畅．2016. 利益相关者理论视角下的社区工作关系研究——以J社区环境治理为例［J］. 社会工作与管理，16（6）：57-62.

刘海猛，方创琳，李咏红 . 2019. 城镇化与生态环境“耦合魔方”的基本概念及框架［J］. 地理学报，74（8）：1489-1507.
刘慧 . 2002. 我国农村发展地域差异及类型划分［J］. 地理学与国土研究，18（4）：71-75.
刘纪远，匡文慧，张增祥，等 . 2014. 20 世纪 80 年代末以来中国土地利用变化的基本特征与空间格局［J］. 地理学报，69（1）：3-14.
刘纪远，宁佳，匡文慧，等 . 2018. 2010～2015 年中国土地利用变化的时空格局与新特征［J］. 地理学报，73（5）：789-802.
刘纪远，张增祥，徐新良，等 . 2009. 21 世纪初中国土地利用变化的空间格局与驱动力分析［J］. 地理学报，64（12）：1411-1420.
刘纪远，张增祥，庄大方，等 . 2003. 20 世纪 90 年代中国土地利用变化时空特征及其成因分析［J］. 地理研究，（1）：1-12.
刘琎 . 2015. 顺德乡村空间要素认知研究［D］. 广州：华南理工大学硕士学位论文 .
刘静萍 . 2017. 苏南地区乡村空间形态量化评价及其演变趋势研究［D］. 南京：东南大学硕士学位论文 .
刘龙 . 2020. 湖南省乡村聚落景观空间分布特征及评价研究［J］. 中国农业资源与区划，41（2）：284-289.
刘沛林，刘春腊，李伯华，等 . 2010. 中国少数民族传统聚落景观特征及其基因分析［J］. 地理科学，30（6）：810-817.
刘荣 . 2011. 基于产品生命周期理论的旅游产品结构优化研究——以焦作云台山为例［J］. 地域研究与开发，30（6）：111-115.
刘小鹏，李伟华，王鹏，等 . 2019. 发展地理学视角下欠发达地区贫困的地方分异与治理［J］. 地理学报，74（10）：2108-2122.
刘彦随 . 2018. 中国新时代城乡融合与乡村振兴［J］. 地理学报，73（4）：637-650.
刘彦随 . 2020. 中国乡村振兴规划的基础理论与方法论［J］. 地理学报，75（6）：1120-1133.
刘彦随，陈聪，李玉恒 . 2014. 中国新型城镇化村镇建设格局研究［J］. 地域研究与开发，33（6）：1-6.
刘彦随，刘玉，陈秧分，等 . 2010. 快速城市化中的中国农村空心化［J］. Journal of Geographical Sciences，20（6）：876-888.
刘彦随，刘玉，翟荣新 . 2009. 中国农村空心化的地理学研究与整治实践［J］. 地理学报，64（10）：1193-1202.
刘彦随，龙花楼，张小林，等 . 2011. 中国农业与乡村地理研究进展与展望［J］. 地理科学进展，30（12）：1498-1505.
刘彦随，周扬，李玉恒 . 2019. 中国乡村地域系统与乡村振兴战略［J］. 地理学报，74（12）：2511-2528.
刘彦随，周扬，刘继来 . 2016. 中国农村贫困化地域分异特征及其精准扶贫策略［J］. 中国科学院院刊，（3）：269-278.
刘燕华，郑度，葛全胜，等 . 2005. 关于开展中国综合区划研究若干问题的认识［J］. 地理研究，24（3）：321-329.
刘玉，刘彦随，郭丽英 . 2011. 乡村地域多功能的内涵及其政策启示［J］. 人文地理，26（6）：103-106.
刘自强，李静，鲁奇 . 2008. 乡村空间地域系统的功能多元化与新农村发展模式［J］. 农业现代化研究，29（5）：532-536.
龙花楼 . 2013. 论土地整治与乡村空间重构［J］. 地理学报，68（8）：1019-1028.

龙花楼，李裕瑞，刘彦随．2009a. 中国空心化村庄演化特征及其动力机制［J］. 地理学报，64（10）：1203-1213.
龙花楼，刘彦随，邹健．2009b. 中国东部沿海地区乡村发展类型及其乡村性评价［J］. 地理学报，64（4）：426-434.
龙花楼，屠爽爽．2017. 论乡村重构［J］. 地理学报，72（4）：563-576.
龙花楼，屠爽爽．2018. 乡村重构的理论认知［J］. 地理科学进展，37（5）：581-590.
龙花楼，屠爽爽，戈大专．2016. 新型城镇化对扶贫开发的影响与应对研究［J］. 中国科学院院刊，31（3）：309-319.
龙花楼，邹健，李婷婷，等．2012. 乡村转型发展特征评价及地域类型划分——以“苏南-陕北”样带为例［J］. 地理研究，31（3）：495-506.
娄帆，李小建，陈晓燕．2017. 平原和山区县域聚落空间演变对比分析——以河南省延津县和宝丰县为例［J］. 经济地理，37（4）：158-166.
陆大道，郭来喜．1998. 地理学的研究核心——人地关系地域系统——论吴传钧院士的地理学思想与学术贡献［J］. 地理学报，（2）：3-11.
罗光强，谢卫卫．2013. 中国人口抚养比与居民消费——基于生命周期理论［J］. 人口与经济，（5）：3-9.
罗静，蒋亮，罗名海，等．2019. 武汉市新城区乡村发展水平评价及规模等级结构研究［J］. 地理科学进展，38（9）：1370-1381.
骆南．2018. 西昌市安宁镇乡村聚落空间形态演变研究［D］. 成都：成都理工大学硕士学位论文．
马历，龙花楼．2020. 中国乡村地域系统可持续发展模拟仿真研究［J］. 经济地理，40（11）：1-9.
马历，龙花楼，戈大专，等．2018. 中国农区城乡协同发展与乡村振兴途径［J］. 经济地理，38（4）：37-44.
马少春．2013. 环洱海地区乡村聚落系统的演变与优化研究［D］. 郑州：河南大学博士学位论文．
马侠．1988. 中国城乡划分标准与城镇发展水平［J］. 人口与经济，（6）：31-35.
马晓冬，李全林，沈一．2012. 江苏省乡村聚落的形态分异及地域类型［J］. 地理学报，67（4）：516-525.
牟发松．2013. 江南“火耕水耨”再思考［J］. 中国农史，32（6）：37-45.
宁越敏．1998. 新城市化进程——90 年代中国城市化动力机制和特点探讨［J］. 地理学报，（5）：470.
牛剑平，杨春利，白永平．2010. 中国农村经济发展水平的区域差异分析［J］. 经济地理，30（3）：479-483.
牛敏杰．2016. 基于生态文明视角的我国农业空间格局评价与优化研究［D］. 北京：中国农业科学院博士学位论文．
潘竟虎，靳学涛，韩文超．2011. 甘谷县农村居民点景观格局与空间分布特征［J］. 西北大学学报（自然科学版），41（1）：127-133.
裴进堂．2020. 河南省乡村内核系统与外缘系统发展协调度及空间格局——基于 18 个省辖市数据分析［J］. 中国农业资源与区划，41（5）：215-222.
浦欣成．2012. 传统乡村聚落二维平面整体形态的量化方法研究［D］. 浙江：浙江大学博士学位论文．
浦欣成，董一帆．2018. 国内传统乡村聚落形态量化研究综述［J］. 建筑与文化，（8）：59-61.
浦欣成，黄铃斌．2019. 国内传统乡村聚落公共空间形态研究综述［J］. 建筑与文化，（12）：28-30.
钱丽，陈忠卫，肖仁桥．2012. 中国区域工业化、城镇化与农业现代化耦合协调度及其影响因素研究［J］.

经济问题探索，(11)：10-17.
乔家君 . 2012. 村庄选址区位研究［J］. 河南大学学报（自然科学版），42（1）：47-55.
乔家君，刘嘉俊，谢森 . 2011. 欠发达农区村域空心化特征及其微观机理——以兰考县三个村为例［J］. 人文地理，26（6）：98-102.
乔家君，马玉玲 . 2016. 城乡界面动态模型研究［J］. 地理研究，35（12）：2283-2297.
乔伟峰，戈大专，高金龙，等 . 2019. 江苏省乡村地域功能与振兴路径选择研究［J］. 地理研究，38（3）：522-534.
乔伟峰，盛业华，方斌，等 . 2013. 基于转移矩阵的高度城市化区域土地利用演变信息挖掘——以江苏省苏州市为例［J］. 地理研究，32（8）：1497-1507.
乔晓春，李景武 . 1991. 对第四次人口普查市镇人口划分口径的探讨［J］. 人口研究，(3)：22-28.
秦红增，刘佳 . 2009. 超越村落：文化农民社会资本的扩展及其结构研究［J］. 中国农业大学学报（社会科学版），26（4）：62-71.
仇方道，佟连军，朱传耿，等 . 2009. 省际边缘区经济发展差异时空格局及驱动机制：以淮海经济区为例［J］. 地理研究，28（2）：451-463.
曲衍波 . 2020. 论乡村聚落转型［J］. 地理科学，40（4）：572-580.
邵楠 . 2020. 南阳市乡村聚落空间分布特征及驱动力分析［J］. 中国农业资源与区划，41（2）：220-225.
沈费伟，刘祖云 . 2018. 海外“乡村复兴”研究——脉络走向与理论反思［J］. 人文地理，33（1）：16-23.
盛科荣，樊杰 . 2018. 地域功能的生成机理：基于人地关系地域系统理论的解析［J］. 经济地理，38（5）：11-19.
师满江，颉耀文，曹琦 . 2016. 干旱区绿洲农村居民点景观格局演变及机制分析［J］. 地理研究，35（4）：692-702.
石忆邵 . 1992. 乡村地理学发展的回顾与展望［J］. 地理学报，(1)：80-88.
石忆邵，任浩然 . 2019. 关于特色小镇规划与发展中若干问题的思考［J］. 上海国土资源，40（3）：1-6.
石忆邵，徐妍菲 . 2011. 行政区划调整对住宅价格变化的影响效应分析——以南汇并入浦东新区为例［J］. 经济地理，31（9）：1452-1457，1482.
帅传敏，梁尚昆，刘松 . 2008. 国家扶贫开发重点县投入绩效的实证分析［J］. 经济问题，(6)：84-86.
宋金平 . 2001. 中国农业与农村可持续发展的障碍与对策［J］. 中国软科学，(2)：18-22.
宋明洁，王宏志，邵奇慧，等 . 2013. 小城镇可达性及其与农村聚落空间格局的关系——以荆州市 93 个小城镇为例［J］. 人文地理，28（5）：54-60.
宋小冬，柳朴，周一星 . 2006. 上海市城乡实体地域的划分［J］. 地理学报，(8)：787-797.
宋晓英，李仁杰，傅学庆，等 . 2015. 基于 GIS 的蔚县乡村聚落空间格局演化与影响机制分析［J］. 人文地理，30（3）：79-84.
孙丽敏，张军，蒋涛 . 2006. 三峡库区城镇居民地移民迁建分布规律的分析与应用［J］. 测绘科学，(3)：123-126，8.
孙天胜，徐登祥 . 1996. 风水——中国古代的聚落区位理论［J］. 人文地理，(S2)：60-62.
孙招谦，周游 . 2019. 国内乡村空间形态研究综述［J］. 小城镇建设，37（8）：5-10.
谭见安 . 2008. 地理辞典［M］. 北京：化学工业出版社 .
谭雪兰，刘卓，贺艳华，等 . 2015. 江南丘陵区农村居民点地域分异特征及类型划分——以长沙市为例［J］. 地理研究，34（11）：2144-2154.

汤学兵，陈秀山. 2007. 我国八大区域的经济收敛性及其影响因素分析 [J]. 中国人民大学学报，21（1）：106-113.
唐承丽，贺艳华，周国华，等. 2018. 乡村聚落空间优化研究 [J]. Journal of Geographical Sciences，28（5）：685-704.
唐丽静，王冬艳，王霖琳. 2014. 基于耕作半径合理布局居民点研究——以山东省沂源县城乡建设用地增减挂钩项目区为例 [J]. 中国人口·资源与环境，24（6）：59-64.
田光进，刘纪远，张增祥，等. 2002. 基于遥感与GIS的中国农村居民点规模分布特征 [J]. 遥感学报，（4）：307-312，326.
田光进，刘纪远，庄大方. 2003. 近10年来中国农村居民点用地时空特征 [J]. 地理学报，（5）：651-658.
田雪原. 1989. 中国城市人口划分标准问题研究 [J]. 人口与经济，（1）：5-10.
田毅鹏，韩丹. 2011. 城市化与“村落终结” [J]. 吉林大学社会科学学报，（2）：13-19.
“挑战杯”拓行团队，李铜山. 2019. 中部六省乡村振兴质量评价及制宜化建议 [J]. 河南工业大学学报（社会科学版），15（4）：1-14.
仝德，冯长春，邓金杰. 2011. 城中村空间形态的演化特征及原因——以深圳特区为例 [J]. 地理研究，30（3）：437-446.
佟宝全，包玉龙，杨兵兵，等. 2018. 锡林郭勒牧区聚落体系演化特征及其机制 [J]. 地理科学，38（3）：410-418.
屠爽爽，龙花楼. 2020. 乡村聚落空间重构的理论解析 [J]. 地理科学，40（4）：509-517.
屠爽爽，龙花楼，李婷婷，等. 2015. 中国村镇建设和农村发展的机理与模式研究 [J]. 经济地理，35（12）：141-147.
屠爽爽，郑瑜晗，龙花楼，等. 2020. 乡村发展与重构格局特征及振兴路径——以广西为例 [J]. 地理学报，75（2）：365-381.
屠爽爽，周星颖，龙花楼，等. 2019. 乡村聚落空间演变和优化研究进展与展望 [J]. 经济地理，39（11）：142-149.
汪凡，汪明峰. 2020. 基于格网的淘宝村集聚特征及影响因素分析 [J]. 地理科学，40（2）：8.
汪火根，曹卉. 2011. 新农村建设中的乡村共同体与社会秩序的重构 [J]. 经济研究导刊，（31）：39-40.
汪霖. 2019. 江西省乡村聚落空间分布及评价 [J]. 中国农业资源与区划，40（10）：116-121.
汪民. 2016. 江汉平原水网地区农村聚落空间演变机理及其调控策略研究 [D]. 武汉：华中科技大学博士学位论文.
汪三贵. 2018. 中国40年大规模减贫：推动力量与制度基础 [J]. 中国人民大学学报，32（6）：1-11.
汪阳. 2012. 我国城乡划分标准研究 [D]. 成都：西南交通大学硕士学位论文.
王成，唐宁. 2018. 重庆市乡村三生空间功能耦合协调的时空特征与格局演化 [J]. 地理研究，37（6）：1100-1114.
王成新，姚士谋，陈彩虹. 2005. 中国农村聚落空心化问题实证研究 [J]. 地理科学，25（3）：257-262.
王传胜，孙贵艳，孙威，等. 2011. 云南昭通市坡地聚落空间特征及其成因机制研究 [J]. 自然资源学报，26（2）：237-246.
王丹，刘祖云. 2019. 国外乡村空间研究的进展与启示 [J]. 地理科学进展，38（12）：1991-2002.
王福定，马骁. 2006. 中心村规划建设实践中的问题与对策——以浙江省温岭市为例 [J]. 城市规划，（7）：48-51.

王富喜.2009. 山东省新农村建设与农村发展水平评价［J］. 经济地理，(10)：128-133.
王富喜.2020. 山东半岛城市群人口-土地城镇化质量测度与协调发展研究［J］. 地理科学，40（8）：1345-1354.
王国刚，刘彦随.2017. 农村空心化过程及其资源环境效应［M］. 北京：科学出版社.
王海军，张彬，刘耀林，等.2018. 基于重心-GTWR模型的京津冀城市群城镇扩展格局与驱动力多维解析［J］. 地理学报，73（6）：1076-1092.
王建康，谷国锋.2015. 土地要素对中国城市经济增长的贡献分析［J］. 中国人口·资源与环境，25（8）：10-17.
王介勇，刘彦随，陈玉福.2010. 黄淮海平原农区典型村庄用地扩展及其动力机制［J］. 地理研究，29（10）：1833-1840.
王珞珈.2016. 基于城市空间文本观的生态城市空间系统及其评价研究［D］. 兰州：兰州大学博士学位论文.
王朋冲，于强，裴燕如，等.2020. 翁牛特旗景观格局尺度效应分析［J］. 农业机械学报，51（5）：223-231，181.
王少剑，方创琳，王洋.2015b. 京津冀地区城市化与生态环境交互耦合关系定量测度［J］. 生态学报，35（7）：2244-2254.
王少剑，汪洋，赵亚博.2015a. 1990年来广东省区域发展的空间溢出效应及驱动因素［J］. 地理学报，70（6）：965-979.
王声跃，王龚.2015. 乡村地理学［M］. 昆明：云南大学出版社.
王婷，周国华，杨延.2008. 衡阳南岳区农村居民点用地合理布局分析［J］. 地理科学进展，（6）：25-31.
王婷琳.2017. 行政区划调整与城镇空间结构的变化研究［J］. 城市发展研究，4（6）：155-160.
王勇，李广斌.2011. 苏南乡村聚落功能三次转型及其空间形态重构——以苏州为例［J］. 城市规划，35（7）：54-60.
王跃，陈亚莉.2005. 苏州城郊村镇分布特征［J］. 地理学报，60（2）：229-236.
王兆林，杨庆媛，李计，等.2019. 山地都市边缘区农村居民点布局优化策略——以重庆渝北区石船镇为例［J］. 经济地理，39（9）：182-190.
王智勇.2018. 中国的城乡划分与城镇化评估——基于国际比较的视角［J］. 人口与经济，(2)：1-15.
王中源.2017. 新农村建设评价指标体系研究［D］. 重庆：重庆大学硕士学位论文.
魏成，赖寿华.2006. 珠江三角洲大都市地区高密集城中村的形成——一个分析框架［J］. 现代城市研究，(7)：25-32.
魏宏森.2013. 钱学森构建系统论的基本设想［J］. 系统科学学报，21（1）：1-8.
魏宏森，曾国屏.1994. 试论系统的整体性原理［J］. 清华大学学报（哲学社会科学版），(3)：57-62.
魏立华，阎小培.2005. 中国经济发达地区城市非正式移民聚居区——“城中村”的形成与演进——以珠江三角洲诸城市为例［J］. 管理世界，(8)：48-57.
魏璐瑶，陆玉麒.2020. 江苏省县域乡村集聚与脆弱性评价［J］. 地球信息科学学报，22（2）：218-230.
文琦，郑殿元.2019. 西北贫困地区乡村类型识别与振兴途径研究［J］. 地理研究，38（3）：509-521.
吴传钧.1991. 论地理学的研究核心——人地关系地域系统［J］. 经济地理，11（3）：1-6.
吴传钧.2001. 中国农业与农村经济可持续发展问题［M］. 北京：中国环境科学出版社.
吴江国，张小林，冀亚哲，等.2013. 县域尺度下交通对乡村聚落景观格局的影响研究——以宿州市埇桥区为例［J］. 人文地理，(1)：116-121.

吴良镛 . 2001. 人居环境科学导论［M］. 北京：中国建筑工业出版社 .
吴森森 . 2018. 地理时空神经网络加权回归理论与方法研究［D］. 杭州：浙江大学博士学位论文 .
吴新静，李铜山 . 2019. 乡村振兴背景下乡村人口—经济—土地空间集聚及耦合协调发展研究——以河南省为例［J］. 湖北社会科学，(6)：61-69.
伍光和，张英 . 2000. 中国绿洲地域系统研究［J］. 干旱区资源与环境，(3)：1-10.
武廷海 . 2014. 面向公共服务设施配置的村镇中心布局规划研究［J］. 小城镇建设，(11)：39-47.
项凯潮 . 2019. 乡村地理学视角下国内乡村聚落空间演进机制研究［C］//2019 城市发展与规划论文集：960-966.
肖红娟 . 2013. 珠江三角洲地区乡村转型及规划策略研究［J］. 现代城市研究，28（6）：41-45，50.
肖锦成，欧维新 . 2013. 城乡统筹下的城市与乡村空间重构研究——以宿迁市为例［J］. 中国土地科学，27（2）：54-60，97.
肖路遥，周国华，唐承丽，等 . 2016. 改革开放以来我国乡村聚落研究述评［J］. 西部人居环境学刊，31（6）：79-85.
邢谷锐，徐逸伦，郑颖 . 2007. 城市化进程中乡村聚落空间演变的类型与特征［J］. 经济地理，27（6）：932-935.
徐藜丹，邓祥征，姜群鸥，等 . 2021. 中国县域多维贫困与相对贫困识别及扶贫路径研究［J］. 地理学报，76（6）：1455-1470.
徐小东，沈宇驰 . 2015. 新型城镇化背景下水网密集地区乡村空间结构转型与优化［J］. 南方建筑，(5)：70-74.
徐勇，段健，徐小任 . 2016. 区域多维发展综合测度方法及应用［J］. 地理学报，71（12）：2129-2140.
许学强，李郇 . 2009. 改革开放 30 年珠江三角洲城镇化的回顾与展望［J］. 经济地理，(1)：15-20.
薛凤旋，杨春 . 1997. 外资：发展中国家城市化的新动力：珠江三角洲个案研究［J］. 地理学报，52（3）：193-206.
闫周府，吴方卫 . 2019. 从二元分割走向融合发展——乡村振兴评价指标体系研究［J］. 经济学家，(6)：90-103.
严钦尚 . 1939. 西康居住地理［J］. 地理学报：43-58.
阎小培，刘筱 . 1998. 珠江三角洲乡村城市化的形成机制与调控措施［J］. 热带地理，(1)：7-11.
杨保清，晁恒，李贵才，等 . 2021. 中国村镇聚落概念、识别与区划研究［J］. 经济地理，41（5）：165-175.
杨忍 . 2017. 基于自然主控因子和道路可达性的广东省乡村聚落空间分布特征及影响因素［J］. 地理学报，72（10）：1859-1871.
杨忍，刘彦随，陈秧分 . 2012. 中国农村空心化综合测度与分区［J］. 地理研究，31（9）：1697-1706.
杨忍，刘彦随，刘玉 . 2011. 新时期中国农村发展动态与区域差异格局［J］. 地理科学进展，30（10）：1247-1254.
杨忍，刘彦随，龙花楼，等 . 2015a. 基于格网的农村居民点用地时空特征及空间指向性的地理要素识别——以环渤海地区为例［J］. 地理研究，34（6）：1077-1087.
杨忍，刘彦随，龙花楼，等 . 2015b. 中国乡村转型重构研究进展与展望：逻辑主线与内容框架［J］. 地理科学进展，34（8）：1019-1030.
杨忍，潘瑜鑫 . 2021. 中国县域乡村脆弱性空间特征与形成机制及对策［J］. 地理学报，76（6）：1438-1454.

杨忍，徐茜，余昌达 . 2016. 中国县域交通优势度与农村发展的空间协同性及影响机制解析［J］. 地理科学，36（7）：1017-1026.
杨山 . 2000. 发达地区城乡聚落形态的信息提取与分形研究——以无锡市为例［J］. 地理学报，（6）：671-678.
杨毅 . 2016. 顾及时空非平稳性的地理加权回归方法研究［D］. 武汉：武汉大学博士学位论文 .
杨勇，邓祥征，吴锋，等 . 2019. 华北平原农村居民点演变及社会经济影响因素分析［J］. 人文地理，34（2）：116-124.
尹怀庭，陈宗兴 . 1995. 陕西乡村聚落分布特征及其演变［J］. 人文地理，（4）：17-24.
游宏滔，王士兰 . 2008. 从典型实证探析中心镇培育中小城市的规划设计——以浙江省绍兴县杨汛桥镇总体规划为例［J］. 城市规划，（3）：93-96.
余斌，曾菊新，罗静 . 2006. 论城乡地域系统空间组织的微观机制［J］. 经济地理，26（3）：364-368.
郁枫 . 2006. 空间重构与社会转型［D］. 北京：清华大学博士学位论文 .
袁洁，杨钢桥，朱家彪 . 2008. 农村居民点用地变化影响机制——基于湖北省孝南区农户调查的研究［J］. 经济地理，28（6）：991-994.
袁莉莉，孔翔 . 1998. 中心地理论与聚落体系规划——以苏州工业园区中心村建设规划为例［J］. 世界地理研究，（2）：67-71.
袁奇峰，方正兴，黄莉，等 . 2006. 中心镇规划：从村镇到城市的路径设计——《广东省中心镇规划指引》编制的背景与创新［J］. 城市规划，（7）：32-36.
曾山山，周国华 . 2011. 农村聚居的相关概念辨析［J］. 云南地理环境研究，23（3）：26-31.
张佰林，蔡为民，张凤荣，等 . 2016. 中国农村居民点用地微观尺度研究进展及展望［J］. 地理科学进展，35（9）：1049-1061.
张彬斌 . 2013. 新时期政策扶贫：目标选择和农民增收［J］. 经济学（季刊），12（3）：959-982.
张杜鹃，刘科伟 . 2010. 村庄体系重构与县域经济发展问题分析——以陕西省咸阳市三原县为例［J］. 生产力研究，（5）：181-183.
张富刚，刘彦随 . 2008. 中国区域农村发展动力机制及其发展模式［J］. 地理学报，63（2）：115-122.
张京祥，申明锐，赵晨 . 2014. 乡村复兴：生产主义和后生产主义下的中国乡村转型［J］. 国际城市规划，29（5）：1-7.
张京祥，张小林，张伟 . 2002. 试论乡村聚落体系的规划组织［J］. 人文地理，（1）：85-88，96.
张竞竞，郭志富 . 2013. 县域尺度的河南省城乡协调发展空间格局研究［J］. 经济地理，33（9）：58-64.
张军，顾盼 . 2019. 东北地区乡村聚落空间分布特征及影响因素分析［J］. 中国农业资源与区划，40（10）：110-115.
张凯，马明 . 2019. 内蒙古农牧交错带山地聚落空间形态研究［J］. 地域研究与开发，38（6）：165-170.
张莉 . 2018. 面向公共政策的城乡划分与城镇人口统计［J］. 城市发展研究，（6）：1-7.
张孟梦 . 2019. 乡村振兴背景下河南省农业与旅游业耦合协调发展研究［D］. 开封：河南大学硕士学位论文 .
张文奎 . 1993. 人文地理学概论［M］. 长春：东北师范大学出版社 .
张小林 . 1998. 乡村概念辨析［J］. 地理学报，65（4）：365-371.
张小林 . 1999. 乡村空间系统及其演变研究［M］. 南京：南京师范大学出版社 .
张小林，盛明 . 2002. 中国乡村地理学研究的重新定向［J］. 人文地理，（1）：81-84.
张学波，于伟，张亚利，等 . 2018. 京津冀地区经济增长的时空分异与影响因素［J］. 地理学报，73（10）：

1985-2000.
张雅杰，金海，谷兴，等.2015. 基于ESDA-GWR多变量影响的经济空间格局演化：以长江中游城市群为例［J］. 经济地理，35（3）：28-35.
张义丰，贾大猛，谭杰，等.2009. 北京山区沟域经济发展的空间组织模式［J］. 地理学报，64（10）：1231-1242.
张英男，龙花楼，屠爽爽，等.2019. 电子商务影响下的“淘宝村”乡村重构多维度分析——以湖北省十堰市郧西县下营村为例［J］. 地理科学，39（6）：947-956.
张增祥，赵晓丽.2012. 中国土地利用遥感监测［M］. 北京：星球地图出版社.
赵思敏.2013. 基于城乡统筹的农村聚落体系重构研究——以咸阳市为例［D］. 西安：西北大学博士学位论文.
赵之枫，巩冉冉，张健.2017. 我国城市开发边界划定模式比较研究［J］. 规划师，33（7）：105-111.
郑文升，姜玉培，李孝环，等.2015. 公安县农村居民点用地分布影响因子评价——基于GWR的空间异质性分析［J］. 人文地理，145（5）：77-82.
郑有旭.2019. 江汉平原乡村聚落形态类型及空间结构特征研究［D］. 武汉：华中科技大学.
中共中央国务院.2018. 乡村振兴战略规划（2018～2022）［OL］. http：//politics. people. com. cn/n1/2018/0926/c10013031-5263-2. html［2018-09-26］.
中国机械工业年鉴编辑委员会，中国农业机械工业协会.2021. 中国农业机械工业年鉴2020［M］. 北京：机械工业出版社.
钟世坚.2013. 区域资源环境与经济协调发展研究［D］. 长春：吉林大学博士学位论文.
周国华，贺艳华，唐承丽，等.2011. 中国农村聚居演变的影响机制及态势分析［J］. 地理学报，66（4）：515-524.
周国华，刘畅，唐承丽，等.2018. 湖南乡村生活质量的空间格局及其影响因素［J］. 地理研究，37（12）：2475-2489.
周心琴，张小林.2005. 我国乡村地理学研究回顾与展望［J］. 经济地理，（2）：142-145.
周扬，郭远智，刘彦随.2019. 中国乡村地域类型及分区发展途径［J］. 地理研究，38（3）：467-481.
周一星.2007. 城市地理学［M］. 北京：商务印书馆.
周一星，史育龙.1992. 城乡划分与“中国城镇人口之谜”——中外对比研究［J］. 中国国情国力，（5）：60-65.
周一星，史育龙.1993. 城乡划分与城镇人口统计——中外对比研究［J］. 城市问题，（1）：22-26.
周一星，史育龙.1995. 建立中国城市的实体地域概念［J］. 地理学报，（4）：289-301.
周一星，于海波.2001. 对我国第五次人口普查城镇化水平的初步分析［J］. 管理世界，（5）：193-194.
周禹佳，沈辛夷，金盛.2019. 用于交通需求预测的时空地理加权回归模型及应用［C］. 中国科学技术协会、中华人民共和国交通运输部、中国工程院.2019世界交通运输大会论文集（上）. 中国科学技术协会、中华人民共和国交通运输部、中国工程院、中国公路学会：1411-1420.
周志刚.1993. 第四次人口普查市镇人口统计口径的几个问题［J］. 人口研究，（3）：34-40.
朱彬.2015. 江苏省县域城乡聚落的空间分异及其形成机制研究［D］. 南京：南京师范大学博士学位论文.
朱会义，李秀彬.2003. 关于区域土地利用变化指数模型方法的讨论［J］. 地理学报，（5）：643-650.
朱纪广，李小建.2020. 传统农区乡村聚落等级规模演变特征研究——以河南省周口市为例［J］. 地域研究与开发，39（3）：133-137.
朱希刚，刘延风.1997. 我国农业科技进步贡献率测算方法的意见［J］. 农业技术经济，（1）：17-23.

朱晓翔，朱纪广，乔家君. 2016. 国内乡村聚落研究进展与展望［J］. 人文地理，31（1）：33-41.
朱宇. 2002. 超越城乡二分法：对中国城乡人口划分的若干思考［J］. 中国人口科学，（4）：36-41.
朱宇. 2012. 51.27%的城镇化率是否高估了中国城镇化水平：国际背景下的思考［J］. 人口研究，36（2）：31-36.
卓晓岚. 2015. 潮汕地区乡村聚落形态现代演变研究［D］. 广州：华南理工大学硕士学位论文.
Richard H，黎樵. 1963. 地理学性质的透视［M］. 北京：商务印书馆.
Argent N M，Smailes P J，Griffin T. 2005. Tracing the density impulse in rural settlement systems：a quantitative analysis of the factors underlying rural population density across south-eastern Australia，1981 ~ 2001［J］. Population and Environment，27（2）：151-190.
Baldock D. 2001. The nature of rural development，towards a sustainable integrated rural policy in Europe［D］. Newcastle：Newcastle University.
Bański J，Stola W. 2002. Transformation of the spatial and functional structure of rural areas in Poland［J］. Studia Obszarów Wiejskich，3：1-12.
Bollen K A. 1989. Structural Equations with Latent Variables［M］. Hoboken，NJ：John Wiley & Sons.
Boyer W W，Ahn B M. 1991. Rural Development in South Korea，A Sociopolitical Analysis［M］. Delaware：University of Delaware Press.
Brunhes J. 1920. Human Geography：An Attempt at A Positive Classification，Principles and Examples［M］. Chicago：Rand，McNally & Company.
Brunsdon C，Fotheringham A S，Charlton M E. 1996. Geographically weighted regression：a method for exploring spatial nonstationarity［J］. Geographical Analysis，28（4）：281-298.
Brunsdon C，Fotheringham S，Charlton M. 1998. Geographically weighted regression［J］. Journal of the Royal Statal Society Series D（The Statian），47（3）：281-298.
Bryant C R，Russwurm L J，McLellan A G. 1982. The City's Countryside：Land and Its Management in the Rural-Urban Fringe［M］. London：Longman.
Byrne B M. 2010. Structural equation modeling with AMOS：basic concepts，applications，and programming（multivariate applications series）［M］. New York：Taylor & Francis Group，396：7384.
Carrión-Flores C，Irwin E G. 2004. Determinants of residential land-use conversion and sprawl at the rural-urban fringe［J］. American Journal of Agricultural Economics，86（4）：889-904.
Castells M. 2008. European cities，the informational society and the global economy［J］. Tijdschrift Voor Economische En Sociale Geografie，84（4）：247-257.
Chen C，Feng C C. 2010. Research on driving forces for rural settlement land changes in China［J］. Ecological Economy，6（3）：228-238.
Chu H J，Huang B，Lin C Y. 2015. Modeling the spatio-temporal heterogeneity in the PM10-PM2.5 relationship［J］. Atmospheric Environment，102（12）：176-182.
Chukwusa E，Verne J，Polato G，et al. 2019. Urban and rural differences in geographical accessibility to inpatient palliative and end-of-life（PEoLC）facilities and place of death：a national population-based study in England，UK［J］. International Journal of Health Geographics，18（1）：8-11.
Daniels T L，Lapping M B. 1987. Small town triage：a rural settlement policy for the American Midwest［J］. Journal of Rural Studies，3（3）：273-280.
Demangeon A. 1939. Types de villages en France［J］. Annales de Geographie，48：1-21.

Diane K M L, Stokes C S, Atsuko N. 2001. Residence and income inequality: effects on mortality among U. S. counties [J]. Rural Sociology, 66 (4): 579-598.

Du Z, Wu S, Zhang F, et al. 2018. Extending geographically and temporally weighted regression to account for both spatiotemporal heterogeneity and seasonal variations in coastal seas [J]. Ecological Informatics, 43: 185-199.

Dubovyk O, Sliuzas R, Flacke J. 2011. Spatio-temporal modelling of informal settlement development in Sancaktepe district, Istanbul, Turkey [J]. Isprs Journal of Photogrammetry & Remote Sensing, 66 (2): 235-246.

Duckham A N. 1980. Rural settlement and land use: an essay in location [J]. Agricultural Systems, 6 (2): 156-157.

Dumreicher H. 2008. Chinese villages and their sustainable future: the European Union-China-Research Project "SUCCESS" [J]. Journal of Environmental Management, 87 (2): 204-215.

Ebdon D. 1985. Statistics in Geography Second Edition: A Practical Approach [M]. Malden, MA: Blackwell Publishing.

Eveland Jr W P, Hayes A F, Shah D V, et al. 2005. Understanding the relationship between communication and political knowledge: a model comparison approach using panel data [J]. Political Communication, 22 (4): 423-446.

Fotheringham A S, Crespo R, Yao J. 2015. Geographical and temporal weighted regression (GTWR) [J]. Geographical Analysis, 47: 431-452.

Fuchs R J, Pernia E M. 1987. External Economic Forces and National Spatial Development: Japanese Direct Investment in Pacific Asia [C] //Fuchs R J et al. Urbanization and Urban Policies in Pacific Asia. Boulder and London: Westview Press: 88-111.

Fujimoto I. 1992. Lessons from abroad in rural community revitalization, the One Village, One Product movement in Japan [J]. Community Development Journal, 27 (1): 10-20.

Giarchi G G. 2006. Older people 'on the edge' in the countrysides of Europe [J]. Social Policy & Administration, 40 (6): 705-721.

Grimes S. 2000. Rural areas in the information society: diminishing distance or increasing learning capacity [J]. Journal of Rural Studies, 16 (10): 13-21.

Halfacree K. 2006. Rural space: constructing a three-fold architecture [J]. Handbook of Rural Studies: 44-62.

Hall D R. 1996. Rural development, migration and uncertainty [J]. GeoJournal, 38 (2): 185-189.

Hashemi N, Ghaffary G. 2017. A proposed sustainable rural development index (SRDI): Lessons from Hajij village, Iran [J]. Tourism Management, 59: 130-138.

Holmes J. 1985. Policy issues concerning rural settlement in Australia's pastoral zone [J]. Australian Geographical Studies, 23 (1): 3-27.

Hoskins W G. 1995. The Making of the English Landscape [M]. London: Hodder & Stoughton: 58-72.

Huang B, Wu B, Barry M. 2010. Geographically and temporally weighted regression for modeling spatio-temporal variation in house prices [J]. International Journal of Geographical Information Science, 24 (3-4): 383-401.

Hugo G, Champion A, Lattes A. 2003. Toward a new conceptualization of settlements for demography [J]. Population and Development Review, 29 (2): 277-297.

Jones E E. 2010. An analysis of factors influencing sixteenth and seventeenth century Haudenosaunee (Iroquois) settlement locations [J]. Journal of Anthropological Archaeology, 29 (1): 1-14.

Jöreskog K G. 1970. A general method for estimating a linear structural equation system [J]. ETS Research Bulletin Series, (2): 1-41.

Kim S Y, Suh Y, Kim J S, et al. 2013. Single and multiple ability estimation in the SEM framework: a noninformative Bayesian estimation approach [J]. Multivariate Behavioral Research, 48 (4): 563-591.

Kiss E. 2000. Rural restructuring in Hungary in the period of socio- economic transition [J]. GeoJournal, 51 (3): 221-233.

Kleinbaum D G, Kupper L L, Muller K E, et al. 1998. Applied Regression Analysis and Other Multivariable Methods (3rd ed.) [M]. Pacific Grove, CA: Duxbury Press.

Kline R B. 2015. Principles and Practice of Structural Equation Modeling [M]. London: Guilford Publications.

Kohl J G. 1841. Der Verkehr und die Ansiedelungen der Menschen in ihrer Abhängigkeit von der Gestaltung der Erdoberfläche [M]. Dresden: Arnoldische Buchhandlung.

Lang M. 1986. Redefining urban and rural for the u. s. census of population: assessing the need and alternative approaches [J]. Urban Geography, 7 (2): 118-134.

Li H, Wei Y D, Liao F H, et al. 2015. Administrative hierarchy and urban land expansion in transitional China [J]. Applied Geography, 56: 177-186.

Li L, Liu Y. 2019. Spatial- temporal patterns and driving forces of sustainable urbanization in China since 2000 [J]. Journal of Urban Planning and Development, 145 (4): 05019014.

Liu J Y, Liu M L, Tian H Q, et al. 2005. Spatial and temporalpatterns of China's cropland during 1990-2000: an analysis based on Landsat TM data [J]. Remote Sensing of Environment, 98 (4): 442-456.

Liu Y, Yang R, Long H, et al. 2014. Implications of land-use change in rural China: a case study of Yucheng, Shandong province [J]. Land Use Policy, 40: 111-118.

Long H. 2014. Land consolidation: an indispensable way of spatial restructuring in rural China [J]. Journal of Geographical Sciences, 24 (2): 211-225.

Long H, Li T. 2012. The coupling characteristics and mechanism of farmland and rural housing land transition in China [J]. Journal of Geographical Sciences, 22 (3): 548-562.

Long H, Tu S, Ge D, et al. 2016. The allocation and management of critical resources in rural China under restructuring: problems and prospects [J]. Journal of Rural Studies, 47: 392-412.

Madsen L M, Adriansen H K. 2004. Understanding the use of rural space: the need for multi- methods [J]. Journal of Rural Studies, 20 (4): 485-497.

Marsden T. 1993. Constructing the Countryside [M]. London: UCL Press.

Marsh S P, Pannell D. 2000. Agricultural extension policy in Australia, the good, the bad and the misguided. [J]. Australian J. Agric. Resour. Econ., 44 (4): 605-627.

McBee M. 2010. Examining the probability of identification for gifted programs for students in Georgia elementary schools: a multilevel path analysis study [J]. Gifted Child Quarterly, 54 (4): 283-297.

McGee T G. 2017. Desakota [M] // The International Encyclopedia of Geography. New York: John Wiley & Sons, Ltd.

Mcgrath B. 1998. The sustainability of a car dependent settlement pattern: an evaluation of new rural settlement in Ireland [J]. Environmentalist, 19: 99-107.

Menconi M E, Grohmann D, Mancinelli C. 2017. European farmers and participatory rural appraisal: a systematic literature review on experiences to optimize rural development [J]. Land Use Policy, 60: 1-11.

Nepal S K. 2007. Tourism and rural settlements Nepal's Annapurna region [J]. Annals of Tourism Research, 34 (4): 855-875.

Oldfield P. 2005. Rural settlement and economic development in Southern Italy: Troia and its contado [J]. Journal of Medieval History, 31 (4): 327-345.

Olszowski T. 2019. Influence of individual household heating on PM2.5 concentration in a rural settlement [J]. Atmosphere, 10 (12): 782.

Orleans L A, Burnham L. 1984. The enigma of China's urban population [J]. Asian Survey, 24 (7): 788-804.

Peter B N. 2001. Rural restructuring in the American West: land use, family and class discourses [J]. Journal of Rural Studies, 17 (4): 395-407.

Peter S R. 2003. Implication of rural settlement patterns for development: a historical case study in Qaukeni, Eastern Cape, South Africa [J]. Development Southern Africa, 20 (3): 405-421.

Phokaides P. 2018. Rural networks and planned communities: Doxiadis Associates' plans for rural settlements in post-independence Zambia [J]. The Journal of Architecture, 23 (3): 471-497.

Raagmaa G. 2016. Social capital and rural development in the knowledge society [J] . European Journal of Development Research, 28 (2): 354-356.

Ramniceanu I, Ackrill R. 2007. EU rural development policy in the new member states, promoting multifunctionality? [J]. J. Rural Stud., 23 (4): 416-429.

Rey V, Bachvarov M. 1998. Rural settlements in transition- agricultural and countryside crisis in the Central-Eastern Europe [J]. GeoJournal, 44 (4): 345-353.

Ripley B D. 1977. Modelling spatial patterns [J]. Journal of the Royal Statistical Society, 39 (2): 172-192.

Ristić D, Vukoičić D, Milinčić M. 2019. Tourism and sustainable development of rural settlements in protected areas–Example NP Kopaonik (Serbia) [J]. Land Use Policy, 89: 104231.

Roberts B K. 1979. Rural Settlement in Britain [M]. London: Hutchinson.

Ruda G. 1998. Rural buildings and environment [J]. Landscape and Urban Planning, 41 (2): 93-97.

Saaroni H, Bitan A, Dor E B, et al. 2004. The mixed results concerning the "oasis effect" in a rural settlement in the Negev Desert, Israel [J]. Journal of Arid Environments, 58 (2): 1-248.

Sarly R M. 2005. A model for the location of rural settlement [J]. Papers in Regional Ence, 29 (1): 87-104.

Schumacher E. 1973. Residential situation in urban village: a case study of Ningbo city [J]. Economic and Social System Comparison, 12 (5): 35-38.

Sevenant M, Antrop M. 2007. Settlement models, land use and visibility in rural landscapes: two case studies in Greece [J]. Landscape and Urban Planning, 80 (4): 362-374.

Soja E W. 1989. Postmodern Geographies: The Reassertion of Space in Critical Social Theory [M]. Verso.

Spearman C. 1904. "General intelligence", objectively determined and measured [J]. The American Journal of Psychology, 15 (2): 201-292.

Spearman C E. 1927. The Abilities of Man [M]. New York: Macmillan.

Tan M, Li X. 2013. The changing settlements in rural areas under urban pressure in China: patterns, driving forces and policy implications [J]. Landscape and Urban Planning, 120: 170-177.

Torreggiani D, Dall'Ara E, Tassinari P. 2012. The urban nature of agriculture: bidirectional trends between city and countryside [J]. Cities, 29 (6): 412-416.

Wang H, Wang J, Huang B. 2012. Prediction for spatio- temporal models with autoregression in errors [J]. Journal of Nonparametric Stats, 24 (1-2): 217-244.

Winders B. 2009. The Politics of Food Supply, US Agricultural Policy in the World Economy [M]. New Haven: Yale University Press.

Wong C S, Law K S. 1999. Testing reciprocal relations by nonrecursive structuralequation models using cross-sectional data [J]. Organizational Research Methods, 2 (1): 69-87.

Wong C S, Wong Y, Hui C, et al. 2001. The significant role of Chinese employees' organizational commitment: implications for managing employees in Chinese societies [J]. Journal of World Business, 36 (3): 326-340.

Woods M. 1998. Researching rural conflicts: hunting, local politics and actor- networks [J]. Journal of Rural Studies, 14 (3): 321-340.

Wright S. 1918. On the nature of size factors [J]. Genetics, 3 (4): 367.

Wright S. 1921. Correlation and causation [J]. Journal of Agricultural Research, 20: 557-580.

Wright S. 1934. The method of path coefficients [J]. The Annals of Mathematical Statistics, 5 (3): 161-215.

Wu B, Li R, Huang B. 2014. A geographically and temporally weighted autoregressive model with application to housing prices [J]. International Journal of Geographical Information Science, 28 (5): 1186-1204.

Yang R, Xu Q, Long H. 2016. Spatial distribution characteristics and optimized reconstruction analysis of China's rural settlements during the process of rapid urbanization [J]. Journal of Rural Studies, 47: 413-424.

Zhou G, He Y, Tang C, et al. 2013. Dynamic mechanism and present situation of rural settlement evolution in China [J]. Journal of Geographical Sciences, 23 (3): 513-524.

后　记

聚落作为人类聚居和生产活动的场所，是人地关系的基本单元。本书试图从全国和广东省两个尺度，结合我国城镇化和工业化发展进程，厘清在不同土地资源禀赋、社会和经济发展基础，以及其他政策环境等因素影响下，乡村聚落空间格局的演变特征，揭示乡村聚落空间发展规律。这对于探索我国乡村聚落未来变化趋势、丰富乡村聚落空间演变规律相关理论、促进城乡协调发展和落实乡村振兴战略大计，具有重要的理论和现实意义。

乡村聚落发展离不开国家与区域可持续发展大背景，也与其所处中微观地域系统的现实状态密切相关。今天，乡村聚落的研究对象和视角日益丰富，研究方法和技术日益多元，已经几乎涵盖了聚落地理学和城乡规划等学科关注的各个领域。限于作者的知识背景和能力，本书仅从乡村聚落空间演化这一视角切入，探寻规律和机制。我们希望，本书可以对相关学科发展做出些许有益贡献，更希望可以为助力我国乡村振兴、推进城乡融合发展提供若干有价值的决策参考。本人有信心也有责任，继续在探索乡村发展的学术道路上，不断前行。

本书写作历时四年，伴随国家重点研发计划项目“村镇聚落空间重构数字化模拟及评价模型”（2018YFD1100300）课题一“村镇聚落演变的阶段特征与衍化规律”（2018YFD1100301）的全过程。在项目首席科学家——重庆大学李和平教授的领衔下，我跟随项目组走访了重庆永川、陕西杨凌、浙江宁海、广东番禺等全国性典型村镇区域，与来自重庆大学、北京大学、清华大学、东南大学、中国建筑设计研究院、西安建筑科技大学、华中科技大学、浙江大学、北京师范大学、重庆交通大学、中国科学院空天信息创新研究院、中国科学院城市环境研究所等高校和科研机构的学者数十次交流碰撞，深入调研访谈了广东省多个市县的乡村聚落（包括广州番禺、肇庆永安、汕尾海丰、珠海斗门、中山南朗、东莞水乡、惠州惠东等），逐渐形成书稿的构思。在完稿过程中，得到了北京大学冯长春教授、李贵才教授、曹广忠教授、刘涛教授，重庆大学李和平教授、李旭教授、肖竞教授、刘志教授、左立教授，中国科学院空天信息创新研究院董文研究员、重庆交通大学陈春教授、西安建筑科技大学郑晓伟教授等的倾力指导，在此一并致谢！

本书的成稿还离不开我的多位博士和硕士研究生的鼎力协助，特别是孙裔煜、罗圳英、高静、陈可欣、杨辉宇、吕可和龙嘉骞等多位同学，从资料查阅、图纸绘制到文稿输入与编排整理，都投入了大量时间和精力，后浪学者表现出的学术热情和责任感令人感动与振奋，期待我与他们一道，在我国城乡融合发展科研领域取得更大成绩、做出更多贡献。

仝　德

2022 年春